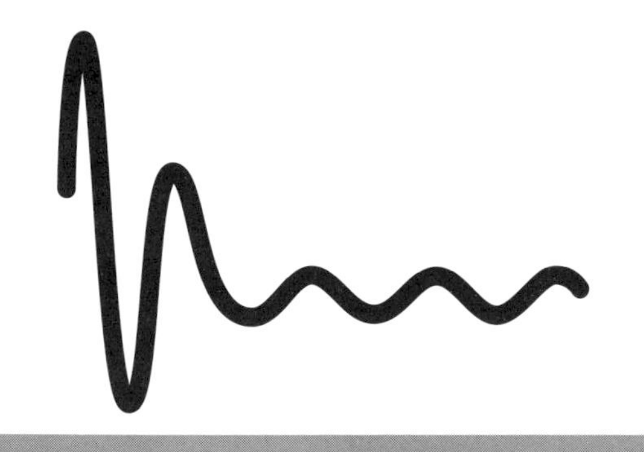

"十三五"国家重点图书出版物出版规划项目

绿色建筑模拟技术应用

Application of Simulation Technologies in Green Buildings

建筑声环境

Building Sound Environment

孟琪 闵鹤群 编著

康健 闫国军 审

图书在版编目（CIP）数据

建筑声环境/孟琪，闵鹤群编著．—北京：知识产权出版社，2021.12
（绿色建筑模拟技术应用）
ISBN 978-7-5130-7195-6

Ⅰ.①建… Ⅱ.①孟… ②闵… Ⅲ.①建筑声学—环境声学 Ⅳ.①TU112②X121

中国版本图书馆 CIP 数据核字（2020）第 180757 号

责任编辑：张　冰　　**责任校对：**潘凤越
封面设计：杰意飞扬·张　悦　　**责任印制：**刘译文

绿色建筑模拟技术应用

建筑声环境

孟琪　闵鹤群　编著

康健　闫国军　审

出版发行：	知识产权出版社有限责任公司	**网　址：**	http：//www.ipph.cn
社　址：	北京市海淀区气象路 50 号院	**邮　编：**	100081
责编电话：	010-82000860 转 8024	**责编邮箱：**	740666854@qq.com
发行电话：	010-82000860 转 8101/8102	**发行传真：**	010-82000893/82005070/82000270
印　刷：	三河市国英印务有限公司	**经　销：**	新华书店、各大网上书店及相关专业书店
开　本：	720mm×1000mm　1/16	**印　张：**	23.25
版　次：	2021 年 12 月第 1 版	**印　次：**	2021 年 12 月第 1 次印刷
字　数：	332 千字	**定　价：**	79.00 元

ISBN 978-7-5130-7195-6

“绿色建筑模拟技术应用”丛书
编写委员会

总　序

绿色建筑作为世界的热点问题和我国的战略发展产业，越来越受到社会的关注。我国相继出台了一系列支持绿色建筑发展的政策，我国绿色建筑产业也已驶入快车道。但是绿色建筑是一个庞大的系统工程，涉及大量需要经过复杂分析计算才能得出的指标，尤其涉及建筑物理的风环境、光环境、热环境和声环境的分析和计算。根据国家的相关要求，到2020年，我国新建项目绿色建筑达标率应达到50%以上，截至2016年，绿色建筑全国获星设计项目达2000个，运营获星项目约200个，不到总量的10%，因此模拟技术应用在绿色建筑的设计和评价方面是不可或缺的技术手段。

随着BIM技术在绿色建筑设计中的应用逐步深入，基于模型共享技术，实现一模多算，高效快捷地完成绿色建筑指标分析计算已成为可能。然而，掌握绿色建筑模拟技术的适用人才缺乏。人才培养是学校教育的首要任务，现代社会既需要研究型人才，也需要大量在生产领域解决实际问题的应用型人才。目前，国内各大高校几乎没有完全对口的绿色建筑专业，所以专业人才的输送成为高校亟待解决的问题之一。此外，作为知识传承、能力培养和课程建设载体的教材和教学参考用书在绿色建筑相关专业的教学活动中起着至关重要的作用，但目前出版的相关图书大多偏重于按照研究型人才培养的模式进行编写，绿色建筑“应用型”教材和相关教学参考用书的建设远远滞后于应用型人才培养的步伐。为了更好地适应当前绿色建筑人才培养跨越式发展的需要，探索和建立适合我国绿色建筑应用型人才培养体系，知识产权出版社联合中国城市科学研究会绿色建筑与节能专业委员会、中国建设教育协会、中国勘察设计协会等，组织全国近20所院校的教师编写出版了本套丛书，以适应绿色建筑模拟技术应用型人才培养的需要。其培养目标是帮助相关人员既掌握绿色建筑相关学科的基本知识和基本技能，同时也擅长应用非技术知识，具有较强的技术思维能力，能够解决生产实际中的具体技术问题。

本套丛书旨在充分反映“应用”的特色，吸收国内外优秀研究成果的成功经验，并遵循以下编写原则：

➢ 充分利用工程语言，突出基本概念、思路和方法的阐述，形象、直观地表达知识内容，力求论述简洁、基础扎实。

➢ 力争密切跟踪行业发展动态，充分体现新技术、新方法，详细说明模拟技术的应用方法，操作简单、清晰直观。

➢ 深入剖析工程应用实例，图文并茂，启发创新。

本套丛书虽然经过编审者和编辑出版人员的尽心努力，但由于是对绿色建筑模拟技术应用型参考读物的首次尝试，故仍会存在不少不足之处。真诚欢迎选用本套丛书的读者提出宝贵意见和建议，以便我们不断修改和完善，共同为我国绿色建筑教育事业的发展做出贡献。

丛书编委会

2018年1月

前　言

建筑声环境是绿色建筑和健康人居环境的重要组成部分，包括声学原理、厅堂音质设计、隔声减振以及声景等内容，用于创造适宜的声学空间与环境，屏蔽或降低噪声，使人们能够获得良好的听觉感受。

随着建筑模拟技术的快速发展，通过计算机辅助声学设计可以为设计者提供直观的声环境效果，并且可以根据需求对设计方案进行修改，从而达到预期的效果。然而目前国内相关的教材和参考书目相对偏少，因此，本书在介绍了传统的建筑声学基本内容之外，着重介绍了声环境模拟方法和典型建筑的声环境模拟案例，以便工程技术人员在实际工作中参考和应用。

本书分为 6 个章节。第 1 章建筑声环境及其评价，介绍了国内外建筑声环境的发展沿革、现行的绿色建筑声环境评价标准的相关要求以及声景的相关内容。第 2 章建筑声学基础，介绍了声学基本常识以及室内声波传播规律。第 3 章室内吸声与隔声，介绍了吸声和隔声原理以及吸声和隔声材料的相关特性。第 4 章建筑室内声环境与噪声控制，介绍了室内噪声产生与传播机制以及噪声控制的相关标准。第 5 章计算机辅助建筑声学设计，介绍了几种计算机辅助建筑声学设计软件工作原理以及相关工作流程。第 6 章建筑声学设计实例分析，介绍了不同功能建筑的相关设计案例。

本书由哈尔滨工业大学孟琪和东南大学闵鹤群共同编写，孟琪负责第 1 章、第 5 章、第 6 章的内容，闵鹤群负责第 2 章、第 3 章、第 4 章的内容。本书由英国伦敦大学学院康健和中国建筑科学研究院有限公司闫国军担任主审。

由于所涉及学科内容的广泛性，书中可能存在不当之处，敬请各位读者提出宝贵意见，使本书不断得到完善。

本书在编写过程中得到了国内外同行的大力支持，并且吸收了部分同行的最新成果，在此一并致以衷心的感谢和崇高的敬意！

作　者

2021 年 12 月

目　　录

1　建筑声环境及其评价

1.1　建筑声环境的发展沿革

建筑声环境是建筑环境的重要组成部分，其主要包括厅堂声学（室内声学）、噪声控制学及声景学三部分。建筑声学主要研究改善人居声环境的理论、技术和方法，目的在于创造适宜的声学空间与环境，屏蔽或降低噪声，并且在保证听觉信息清晰、安全的基础上，使人们能够获得良好的听觉感受。

1.1.1　欧洲声学古建筑

建筑声学的历史可以追溯到古希腊和古罗马时期。古典露天剧场择天然场地而建，在选址和设计方面对声音环境均十分重视。但露天剧场的听觉条件也存在一些问题，其主要原因在于以下三方面：①当声波在露天传播时，声能逐渐下降；②大部分声能被听众所吸收；③来自各方面噪声源的干扰。对于上述问题，露天剧场可以在声源的周围安装声反射罩或把听众席位建成倾斜的坡度，从而使听觉效果得到改善。古希腊和古罗马曾按照这一原理来建造露天剧场。

古希腊露天剧场（见图 1.1）的舞台设在中央，围绕舞台四周是呈阶梯状的观众席位，长方形建筑物内为更衣室、储藏室和舞台背景。后期的露天剧场把舞台移至观众席前沿，可能是为了利用舞台背景和剧场中部地面的声反射作用，这些区域常常使用对声音反射较好的大理石来铺设。现在在雅典、埃皮达鲁斯、普里埃内和德洛斯等地还能看到古希腊露天剧场的遗迹。

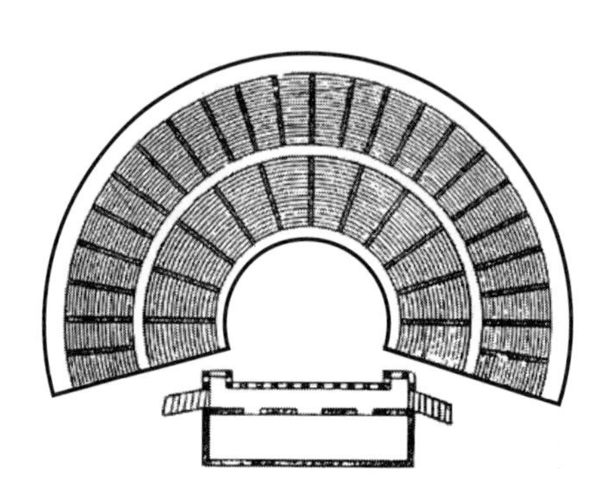

图 1.1　古希腊露天剧场示意

古罗马露天剧场延续了希腊剧场的座位模式，将观众席平面布置成半圆形，从而提高听觉效果。此外，演员使用面具表达夸张的面部表情，并增加了向观众席的声辐射。其后，罗马人把圆形乐队席改为半圆形，使听众更加接近声源；在舞台上方修建大型的斜屋顶，在两侧修建侧墙，有利于对声音的反射并提高语言清晰度。埃皮达鲁斯露天剧场（见图 1.2）是罗马式露天剧场的典型代表，可容纳观众 1.7 万人，上述改善剧场声环境的措施在该剧场得以充分体现。此外，古代室外背景噪声很低，当全场观众鸦雀无声时，即使表演者的声音很微弱，也依然能听清。

图 1.2　埃皮达鲁斯露天剧场

中世纪，欧洲建造了教堂、会议室（通常在市政厅内）等厅堂形式。由于中世纪继承了封闭空间声学的经验，因此中世纪建筑声环境的特点为音质特别丰满，但混响时间过长，可懂度较差。

在16世纪后的几个世纪里建成了很多剧场，如由帕拉第奥（Palladio）设计的奥林匹克剧院、由阿里奥蒂（A1eotti）设计的意大利帕尔马市的法尔内塞剧院等。17世纪又发展了马蹄形歌剧院，这种剧院有较大的舞台和舞台建筑，以及环形包厢或台阶式席位，最高处席位接近顶棚。它的特点是利用观众席面积大量吸收声音，使混响时间比较短。

19世纪之前，由于缺少建筑声学的相关理论知识，在演奏音乐的厅堂设计中（当时主要指教堂、歌剧院和舞厅）声学被神秘化，它的声学问题附属于其他因素来考虑。由于建筑石材在室内反射声音强烈，这些演出场所往往混响较长，讲话声音听不清楚，但演奏时音质浑厚、圆润。当时作曲家都要尽力适应长混响效果。据说，20世纪之前，唯一一个在设计中考虑了建筑声学的厅堂，是位于德国拜罗伊特的瓦格纳节日歌剧院，该剧院建成于1876年，为演奏瓦格纳歌剧而设计建造。该剧院没有环形包厢和一层层座位，因而减少了声吸收表面，其混响时间比欧洲的典型剧院要长得多。

由于人们对建筑声学知之甚少，19世纪的很多剧院的声音效果都不太理想。但这一时期仍然出现了一些以音质效果著称的剧场，如奥地利维也纳国家歌剧院、维也纳音乐协会金色大厅、法国巴黎歌剧院、荷兰阿姆斯特丹皇家音乐厅等。这些19世纪建造的声乐厅已反映出声学上的丰硕成果，直到今天仍然有参考价值。

19世纪末至20世纪初，建筑声学研究取得巨大进展，明确和解决了一些当代室内声学问题。20世纪初期，按赛宾理论建造的鞋盒形剧场或马蹄形平面剧场都取得了较好的声学效果，“鞋盒形”也成了剧场建筑设计的主流。20世纪中期，剧场建筑设计的个性化推动了建筑声学研究，并在实践运用中成果显著。例如，德国柏林交响音乐厅（见图1.3）的观众席布置采用了高低错落的葡萄田式，将观众席分成小区块，每个小块的侧墙能够为邻近区块提供声音反射，从而达到与“鞋盒形”殊途同归的音效；悉尼歌剧院（见图 1.4）通过建筑墙体角度设计，合理地控制来自两侧墙面反射声和来自头顶反射声能量分布与声音时间延迟的比例，利用双耳效应，获得令人满意的音效。

图 1.3　德国柏林交响音乐厅

图 1.4　悉尼歌剧院

20 世纪末期，计算机的飞速发展对建筑声学的影响巨大，采用声线束法和镜像虚声源法可以较好地模拟和预估剧场的声学效果。而且，以计算机为手段的声学测量技术也逐渐发展起来，使人们能够更加深入、细致地预测剧场中的声音问题。

1.1.2　我国声学古建筑

中国古代在建筑声学方面的实践与欧洲截然不同。演出大多是在古戏台半开敞环境下进行的，空间不封闭，混响时间较短。表演者的音量、语调、节奏必须考虑古戏台声学效果，否则难以有效地传递语言信息。中国古代戏台的观场大都是一块平地，观众站立观看，来去自由，还可边看边聊天，甚至允许商贩穿插其间做生意。这种戏台视听条件很粗糙。

中国古代戏台长期依附于宗教建筑或礼制建筑。起初为有顶而无墙的“亭子”。春秋时期，孔子在杏坛讲堂讲学（见图 1.5），他的音量、语调、节奏必须考虑杏坛建筑的声学效果，否则难以传递语言信息。而其后的2000多年里，受到礼教的束缚，没有人去改变这种声环境，而是不断改变自己，创造各种各样有利于迎合这种声环境的讲法、唱法和演奏方法。宋、金、元时期的古戏台在有顶无墙的“亭子”的基础上，增加了侧墙等围合构造，形成三面通透或一面镂空的形式。侧墙对表演者的声音起到一定反射作用，但效果并不明显。例如，位于山西临汾市西北 25 km 魏村的牛王庙古戏台（见图 1.6），兴建于金代，是中国古戏台的重要代表之一。明、清戏台突破“亭子”的单一风格，发展出前后台拥有独立构架的分离戏台、与山门殿堂等其他建筑合并在一起的依附式戏台等形式。例如，故宫的漱芳斋戏台（见图 1.7），是清代修建的豪华皇家戏台。

图 1.5 复建的杏坛讲堂

图 1.6 临汾牛王庙古戏台

图 1.7 故宫漱芳斋戏台

中国古代也有大量室内表演，如敦煌莫高窟 172 窟描绘的“西方净土变”，以及唐五代名画《韩熙载夜宴图》（见图 1.8）和明崇祯本《金瓶梅词话》中的插图。由于这些表演都是为王公贵族服务的，观众数量很少，距离演出者很近，建筑声学的问题表现得不够突出。

图 1.8　韩熙载夜宴图

保存完好的室内的本土戏台至今仍在演出使用，典型代表为北京的湖广会馆（见图 1.9）和天津的广东会馆（见图 1.10）。这两个会馆的室内音质较好，演讲以及表演京剧、话剧等效果俱佳。究其原因，有两方面：一方面是房间容积适中；另一方面是室内各界面多为木夹板装修，后空腔大，低频共振吸声好。此外，戏台上方的台顶板对舞台声具有一定的反射作用。

图 1.9　湖广会馆

图 1.10　广东会馆

民国时期，在上海及周边经济发达地区，为了娱乐民众，由杨小楼和张謇等人邀请外国设计师仿效西欧剧场，结合本土戏剧演出修建了一些剧场，具有代表性的主要有上海大新舞台（创建于 1926 年）和南通更俗剧场（创建于 1919 年）。不过，因当时无声学专家的配合，剧场的声学效果都不尽如人意。中华人民共和国成立后，这些剧场大都因音效问题被改造过。

1.1.3 建筑声学理论的发展

就建筑声环境理论而言，公元前1世纪，维特鲁威第一次在其著作《建筑十书》中提及建筑声学，描述了露天剧场在观众区设置多个声瓮，即敞口大坛子，用于“聚拢声音”，还对声瓮的不同共鸣音调、位置及布局做了详细的介绍。现代声学研究认为，声瓮对于古罗马露天剧场声学效果的贡献并不大，仅起到一点点储能器的作用，但是却对后来建筑音效设计产生了极大的影响，甚至在1000多年后的欧洲教堂里，还常见到在墙壁上埋入向外开口的坛子，以期提高声音效果。

近代建筑声学的创立源自社会发展的需要和划时代人物的出现。中世纪的教堂，因空间大、石材墙面多，室内声音听不清楚；文艺复兴时期意大利建造的大型剧场，声学缺陷相当普遍。随着工业化与城市化进程的推进，大型集会增多，建筑体量增大，声学问题更加明显地反映出来。17世纪，阿塔纳斯·珂雪（A. Kircher）所著的《声响》（*Phonurgia*）一书是一本最早介绍室内声学现象的“科学”著作。它论述了早期的简单声学实践，可以认为这是对建筑声学历史发展的一个贡献。19世纪初，德国人弗里德里希·察拉迪（E. F. Freidrich Chloudi）对室内混响现象进行了研究，并编著《声学》。19世纪50年代以后，贝尔（Bell）、韦伯（Weber）和费克纳（Fechner）等人对声学做出了重大贡献。德国物理学家亥姆霍兹（Hermann Ludwig Ferdinand von Helmholtz）于1862年发表了伟大著作《音的感知》，较为系统地论述了声音物理现象和听觉现象。瑞利（Lord Rayleigh）发表了其经典著作《声学理论》。

20世纪，建筑声环境得到了巨大的发展，主要表现在室内声学和噪声控制等方面。随着建筑声环境的发展和人们生活水平的提高，绿色建筑声环境、声景观等概念逐渐被提出。

在室内声学理论研究方面，20世纪，美国哈佛大学赛宾（W. C. Sabine）教授在室内声学设计中第一次提出了声吸收系数，并得出它与房间体积、吸声材料用量和混响时间之间的关系。赛宾发现混响公式的经过是颇富戏剧性的。1895 年，哈佛大学弗格艺术博物馆讲演厅落成，因声效不佳而不能使用。哈佛大学校长埃利奥特（Charles W. Eliot）委托物理学系 27 岁的助教赛宾解决这一问题。赛宾在将近 40 个不同容积的房子里进行了实验研究，对比了声效极佳的桑德尔斯剧院、声效一般的杰弗逊大厅讲演室和声效极差的弗格讲演厅，发现座椅具有收声的效果，得出了经验公式——赛宾公式，提出了混响时间和吸声的概念，找到了过长的混响时间是影响语言清晰度的原因，总结出混响时间与房间容积成正比、与吸声量成反比的重要结论。解决了哈佛大学的问题后，赛宾声名鹊起，随即被邀请进行波士顿音乐厅的声学设计，该大厅优良的音质至今仍为全世界称道。1900 年，赛宾发表了题为《混响》的著名论文，奠定了厅堂声学乃至整个建筑声学的科学基础。混响时间至今仍是厅堂音质评价的首选物理指标，为指导厅堂声学设计提供了科学依据。

在赛宾之前，建筑声学可以说是仅仅停留在感性认识和实践经验阶段的。尽管 19 世纪世界各地也曾建造过以维也纳音乐协会音乐厅为代表的厅堂建筑，音质也非常出色，但是这些音乐厅的设计与建造主要依靠的是建筑师的经验和直觉判断，并未经过科学计算。这种情况直到赛宾定义了混响时间这一评价厅堂音质的物理指标之后，才发生根本的改变。

自赛宾之后至第二次世界大战之前，声学家的注意力都集中于改进混响时间的计算、改进测试技术、研究材料的吸声性能及探讨混响时间的优选值上。1929—1930 年，有几位声学家各自用统计声学方法导出混响时间的理论公式。其中最有代表性的是依林（C. Eyring）公式。1930 年，麦克纳西（W. A. MacNasi）发表了有关厅堂最佳混响时间值的论文。这时期还有莫尔斯（P. M. Morse）等人（包括我国的马大猷）在室内波动声学和简正理论上获得了开创性的研究成果。1932 年努特生（V. O. Knudsen）出版的《建筑声学》和 1936 年莫尔斯出版的《振动与声》标志着建筑声学已初步形成一门系统的学科。20 世纪 30 年代，声学缩尺模型开始出现。声学家采用 1∶5 的模型和变速录音的方法研究混响过程。从 40 年代开始，声学家探求将缩尺模型应用于指导厅堂声学设计。

20 世纪五六十年代，一批重要的建筑声学著作相继出版，如 1950 年努特生和哈里斯（C. M. Harris）合著的《建筑中的声学设计》、1954 年白瑞纳克（L. L. Berabeck）的《声学》、1949—1961 年克莱默的《室内声学的科学基础》、1962 年白瑞纳克的《音乐、声学和建筑》等。

第二次世界大战后，对房间的声脉冲响应进行了较系统的研究。当时声学家对反射声的时延和相对强度与主观听觉的关系进行了深入的研究。1951 年，哈斯（H. Haas）发现时延大于 35 ms 且具有一定强度的延迟声可以从听觉上被分辨出来，但其方向仍在未经延时的声源方向。只有当延时为 50 ms 时，第二声源才被听到。这就是著名的哈斯效应。哈斯效应的发现促使声学家自 20 世纪 50 年代以来掀起寻找新的厅堂音质指标的热潮，混响时间不再成为唯一的指标。在所提出的音质指标中，有一类是从时域上求出声能比。例如，1950 年由白瑞纳克和舒尔茨（T. J. Schultz）提出的混响声能对早期声能的比值（1965 年，他们把此值的对数的 10 倍定义为行进活跃度 R），席勒（R. Thiele）于 1953 年提出的清晰度 D，以及克来默（L. Cremer）和库勒（Kurer）于 1969 年建议的涉及能量重心到达时间的指标，称为重心时间 T_s。另一类是与混响时间相类似的用于描述稳态声能衰变快慢的指标。其中最重要的是乔丹（V. L. Jordan）于 1975 年提出的早期衰变时间（EDT）。这类指标后来都被证明与混响时间密切相关，并非独立的指标。

20 世纪 60 年代末，厅堂声学研究的一个重大进展是认识到侧向反射声能对于听觉空间感的重要性。这意味着对反射声的研究从时间域发展到空间域。最早是德国声学家施罗德（Schroeder）等人于 1966 年在测量纽约菲哈莫尼音乐厅时，发现早期侧向声能与非侧向声能比例关系的意义。接着，新西兰声学家马歇尔（H. Marshall）发现，第一个反射声若来自侧向，则对音质有好处。这方面系统的研究工作是由英国声学家巴隆

（M. Barron）及德国声学家达马斯克（P. Damaske）于20世纪60年代末70年代初进行的。他们的研究证实早期侧向反射声与良好的音乐空间感有关。据此，声学家又提出若干与空间感有关的物理指标。较重要的是侧向能量因子（*LEF*，由乔丹和巴隆分别于1980年和1981年提出）以及双耳互相关系数［*IACC*，由德国声学家戈特洛伯（Gottlob）于1973年提出］。

从20世纪50年代开始，厅堂缩尺模型研究有了较大进展。首先是关于模型相似性原理的研究取得成果，其次是测试技术有所改进，使这一技术在厅堂声学研究与设计中获得初步应用。从60年代起，日本、英国、荷兰等国都加入研究和应用缩尺模型的行列，推动这方面的研究达到极盛期。例如，日本的伊藤毅等人（1965年）开展了界面吸声系数模拟的研究；石井圣光等人（1967年）提出用氮气置换法来解决空气吸声模拟的问题等，使缩尺模型开始大量应用于指导厅堂设计实践。这一时期，厅堂音质测试技术及方法本身也取得突破。特别值得一提的是施罗德提出用脉冲响应积分法来测量混响时间（*RT*），并提出室内声场增长和衰变的互补理论。与此同时，厅堂声学的数字仿真技术也发展起来。

20世纪70年代以来，厅堂声学方面的重要著作有1985年安藤四一（Y. Ando）著的《音乐厅声学》、1973年库特鲁夫著的《室内声学》、1978年克莱默和缪勒（H. Muller）合著的《室内声学的原理和应用》，以及白瑞纳克1996年所著的《音乐厅和歌剧院的音质》等。此外，还提出了若干新的音质指标（包括前述的*LEF*、*IACC*等）。但这时研究的重点已不在于提出新的指标，而在于研究这些指标的独立性，它们与主观听觉的关联以及音质的综合评价。70年代中期，由施罗德领导的哥廷根大学研究小组与由克莱默领导的柏林技术大学研究小组进行了一系列有关音质主观优选试验的研究工作，日本神户大学的安藤四一参加并总结了哥廷根小组近十年的工作，出版了《音乐厅声学》一书。该书提出4个独立的音质指标：①混响时间（*RT*）；②听者处声压级（L_p）；③初始延时间隙（*ITDG*，指直达声与第一个强反射声之间的时间间隔）；④双耳互相关系数（*IACC*）。

他还提出用这 4 个参数的主观优选值的指数进行计权相加的方法来综合评价厅堂音质。

20 世纪七八十年代，豪特古斯特（T. Houtgust）和斯邓肯（H. J. M. Steenken）提出了基于调制传输函数（MTF）对厅堂语言清晰度作快速定量测量与评价的新方法。为了加速测量过程，豪特古斯特又于 1988 年提出快速测量语言传输指数（RASTI）的简便方法。该方法得到国际电工委员会（IEC）的认可。测试仪器已商品化，如语言传输测试仪 BK3361，使室内语言清晰度可用电子仪器做出快速、客观的评价。

声场计算机数字仿真技术自 20 世纪 70 年代以来进入蓬勃发展期。1972 年，琼斯（D. K. Jones）和吉勃斯（B. M. Gibbs）发表了利用虚声源法模拟室内声场的工作。此后，计算机模拟沿两个方向进行：一个方向是利用计算机试验来研究室内声学，对经典理论进行验证；另一个方向是致力于仿真技术实用化，用于指导厅堂声学设计。此外，利用有限元和边界元法计算室内声学参量的数值计算技术也发展起来。80 年代，计算机仿真技术不断发展，如声像法用于复杂形体仿真的新算法以及声线跟踪法用于衍射效应仿真的算法等都在这时先后提出。近年来，计算机仿真着重考虑扩散问题以及关于声场的听觉模拟研究。这意味着计算机声场仿真已发展到可听化技术（Auralisation）的新阶段。

尽管自 20 世纪 70 年代以来，建筑声学在理论和实践上均取得了巨大的成就，人们对于影响厅堂音质的若干独立参量有了更为清楚的认知，然而由于音质感受与评价涉及人的主观心理、生理过程，而人类目前对于自身的认识尚处于初级阶段，因此这方面的探索可谓未有尽期。以安藤四一为首的研究小组在日本神户大学开展关于听觉的心理、生理机制的研究，试图揭示音质感受的内在奥秘。尽管这已涉及心理与生理声学的范畴，但却是厅堂声学欲取得重大突破的必由之路。此外，对音质的主观参量与客观物理指标相互关系的许多环节至今仍不十分清楚。这二者之间并非简单的一一对应的关系，而是一种复杂的多元映射关系。

在室内声学研究方面，我国最早开展建筑声学工作的也许是叶企孙和施汝威两位教授，他们研究了清华大学礼堂的音质，并测量了中式服装的吸声系数。但在国际建筑声学界最有影响的开创性工作当推马大猷教授在20世纪30年代末对矩形房间简正波理论的研究，使他成为该理论的奠基者之一。此后半个多世纪，他在建筑声学和其他声学领域建树甚多，并一直活跃在声学研究第一线。

1954年，我国第一个混响室在南京大学物理系的半地下室改建而成。次年，一座新的正规混响室在同济大学建成。随后，建筑声学的研究工作逐渐在全国范围蓬勃开展起来。

20世纪50年代中期，随着大量厅堂（包括剧场、电影院等）和播音室、录音室的兴建，建筑声学设计受到较大重视。于是，开展了厅堂音质的测量和主观反应的调查工作，对适合国情的最佳混响时间选择、模型试验和室内声扩散等问题进行了研究。部分研究成果在当时编制的《剧院、电影院和多用途礼堂声学设计规范（草案）》和《厅堂扩声特性测量方法》（GB 4959—85）等国家标准中有所反映。

室内脉冲响应和第二评价参量的研究在20世纪50年代中期开始受到关注。早先着重于室内声场的方向性扩散，至20世纪80年代则对声能比研究较多。有关汉语与声能比以及快速语言传输指数（RASTI）这两个参量的关系，有了一些实验结果的报道。与听音响度有关的厅内总声强指标如何更客观地反映出房间的作用是声学设计基本内容之一，于是开展了早期反射声对响度作用的研究和厅堂早期声能分布的现场研究等工作。

为了保证厅内语言清晰，我国陆续在有关汉语的一些基本特征、影响清晰度的一些主要因素以及汉语清晰度的测量方法（现已制定国家标准）等方面开展了大量工作。20世纪40年代初期有少数科学家从事这方面研究，而目前已形成较完备的规模。

音质评价的现场主观调查是于20世纪60年代开始进行的。当时着重于话剧演出时的言语清晰度、响度、亲切感和总印象等方面。调查工作深入到全厅各区域比较。这是利用等级序列评分方式进行的，并按非参数统计方法进行分析，使评价工作有了半定量的结果。至于音质的总印象，实际上是多种因素的综合判断，很难有一个划一的指标。但作为音质设计依据，又很需要有一个数量概念并给出最佳范围。再加上诸因素中会有主次，又是互有影响的，问题的复杂性可想而知。所以，综合评价结果应是一个“模糊集合”，只能用近似推理——模糊逻辑来处理。这可能比之经典的二值逻辑更接近人类决策过程中所包括的逻辑。当然在综合评价的诸因素计权处理中，如何摆脱主观任意性仍然是一项关键的难题。吴硕贤于1991年在论文中提出了用模糊集理论来综合评价厅堂音质的方法（我国学者包紫薇、王季卿也独立地提出或建议用模糊数学的方法评价音质）。此外，吴硕贤与奥地利声学家奇廷格（E. Kittinger）还建议用乐队齐奏强音标志乐段的平均声压级 L_{pf} 来作为表征厅堂响度的物理指标。

在噪声控制研究方面，最初，控制噪声是从群众需求开始，而不是专家首先提出来的。有些噪声源太吵了，人们提出意见，采取行政措施进行干预，这种状况大体延续到20世纪30年代。

1953年在美国出版了《噪声控制手册》（*Handbook of Acoustic Noise Control*）。20世纪六七十年代，噪声污染成为世界公害，交通噪声、工业噪声日趋严重，噪声控制技术、声学材料、减振降噪手段也随之快速地发展起来。但是很快人们就发现，先进的噪声控制技术并不能彻底解决噪声问题，治理噪声的根本途径在于“立法”，立法的根基是评价标准。当时，世界范围内的声学学会已经建立，其重要的工作之一即制定噪声标准，为噪声防治提供法律依据。

20世纪80年代，噪声控制工程学诞生。面对日益严重威胁人类生存环境的噪声污染，噪声控制七大技术——吸声、消声、隔声、隔振、阻尼、个人防护、建筑布局——得到重大发展。在吸声方面，标志着近代声学开始的著名的赛宾公式以及艾润-努特生公式加上室内波动理论、几何声学可以精确地计算和设计任何室内吸声减噪工程。在消声器方面，别洛夫和赛宾奠定了基础；国内外相继研制出大量实用的系列化的阻性消声器、抗性消声器以及阻抗复合消声器。在隔声方面，国际建筑声学领域逐渐形成了成熟的隔声理论和实践，如隔声质量定律及一系列经验公式，这些自然而然地成为隔声技术的基础。

从 20 世纪 90 年代到现在，噪声控制工程学在世界范围内得到蓬勃发展。噪声控制工程学将“噪声控制”交给工业界。近 20 年来，在世界范围内，声源降噪取得突出的成绩。以飞机噪声为例，计权等效连续感觉噪声级（weighted equivalent continuous perceived noise level）从 20 世纪 60 年代的 120 dB 降低到现在的 80 dB，这投入了大量的人力、物力、财力，并采用多项技术，如强化消声、隔声、有源噪声控制，是优化机体设计的综合成果。

1.1.4 声景的发展

与传统的噪声控制不同，声景重视感知，而非仅重视物理量；声景考虑积极正面的声音，而非仅考虑噪声；声景将声环境看成是资源，而非“废物”。综合了物理、工程、社会、心理、医学、艺术等多学科的声景研究给环境声学领域带来了革命性进展。国际标准化组织将声景定义为：在某场境下个人或群体所感知、体验或理解的声环境（见图 1.11）。虽然声景在 20 世纪六七十年代起即由加拿大作曲家默里·沙弗（R. Murray Schafer）等率先展开研究，但其在学术界及实践界引起极大重视却是在 2002 年欧盟的《环境噪声指令》（*The EC Environmental Noise Directive*）要求每个城市确定并保护安静区域的政策出台之后。声学及噪声控制领域的各大重要国际会议上均有定期的声景专题，而且《欧洲声学学报》（AAA）、《美国声学学报》（JASA）、《噪声控制工程杂志》（NCEJ）、《国际环境研究与公共卫生杂志》（IJERPH）、《应用声学》（AA）等均出版了声景特刊。在一系列欧盟项目中，如 SILENCE、QCity、CALM、RANCH、MINET、ENNAH 等，均不同程度地涉及声景研究。同时，越来越多的欧洲城市积

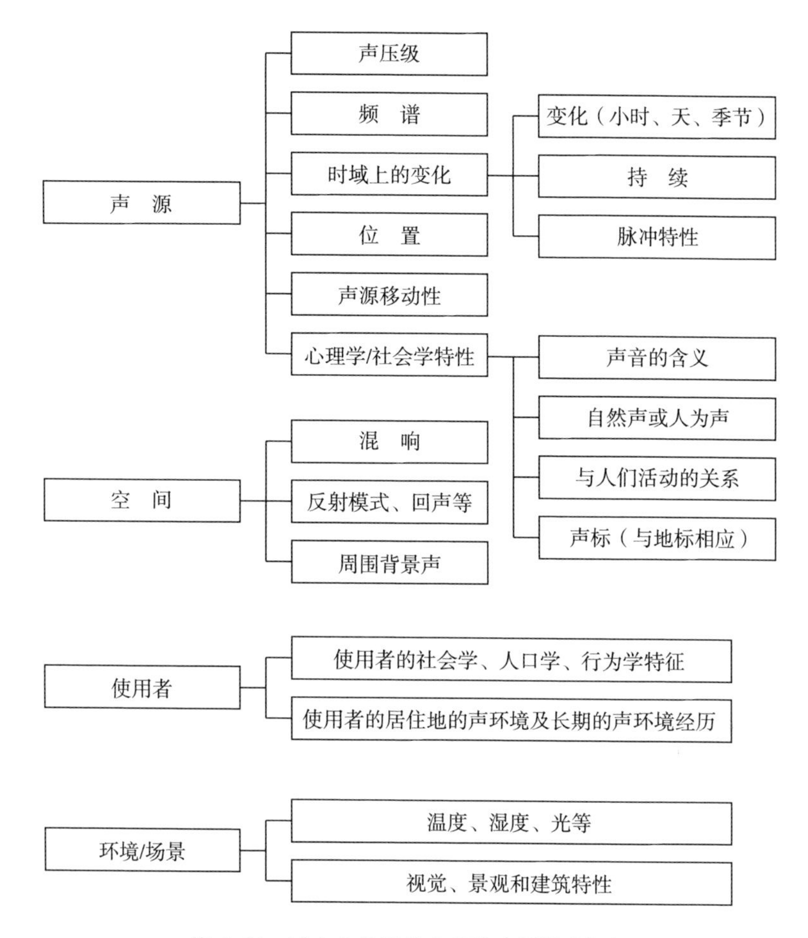

图 1.11　城市公共开放空间的声景描述框架

极推动声景范例项目。声景的方法亦被应用于文化遗产的保护和恢复，如在庞贝古城，游客能够更充分地体验现场的历史氛围。

声景研究的一个关键课题是了解声环境是怎样在给定场景下影响其使用者的。在现场或实验室条件下，已有大量多学科、跨学科的研究工作。就空间、功能而言，研究了城市街道、公园、学校、公交站、自行车道、户外音乐场、赛车场、考古遗址，以及各种室内空间，如地下购物街；就声源而言，研究范围包括噪声（如工业、飞机、铁路、道路、风力发电机等）、积极的声音（如自然声）、中性的声音（如婴儿啼哭声）等。声源特征影响（如低频成分、音调和脉冲特性等）方面亦有较多研究；就使用者而言，考虑各种人群，包括特定群体如儿童、聋人、听力受损的人和盲人，针对社会和人口特征的影响进行了大量研究。虽然大部分声景评价基于社会学和心理学的方法，一些声景评价也使用了生理学的方法，例如使用核磁共振成像技术探讨对人们安静度的感知，利用心率、呼吸速率和额肌肌电图等指标比较声景元素对愉悦度和兴奋度的影响等。

声景评价和其他物理环境之间的相互作用也是一个重要的研究课题，特别是视听交互作用。研究发现，景观和声景满意度之间，以及在选择生活环境时景色和安静度之间均有显著相关性。语言分析，包括有关词汇和叙述的语义学研究，亦是声景评价的一个重要方面，特别是针对声音和场景感知多样性的情感层面的分类。尽管声景评价方面已经开展了大量工作，但在声景认知科学方面仍有许多工作要做，如研究感官知觉中信息组织的方式，以及个人特征如何决定此方式、注意力如何影响声景评价、不同文化和社会背景下声音的含义对声景评价的影响、心理健康与声景评价的关系等。利用脑成像、神经成像、神经信息等领域的方法研究这些方面非常有效。

鉴于声景研究的多学科特征，国际上已建立了一系列跨学科、跨行业的研究联盟，如 2006 年成立的英国噪声未来联盟（UK Noise Future Network）、2009 年成立的欧洲声景联盟（Soundscape of European Cities and Landscapes）、2012 年成立的全球可持续发展声景联盟（Global Sustainable Soundscape Network）等。国际标准化组织亦于 2008 年成立了声景标准工作组 ISO/TC43/SC1/WG54，旨在制定评价声景质量的标准方法。

1.2 绿色建筑声环境的评价

1.2.1 《建筑环境通用规范》的声学要求

《建筑环境通用规范》（GB 55016—2021）对建筑声环境有如下要求。

2.1.1 条指出民用建筑室内应减少噪声干扰，应采取隔声、吸声、消声、隔振等措施使建筑声环境满足使用功能要求。本条说明建筑声学保障的目标是关乎建筑使用者的舒适感、健康及安全。

2.1.2 条规定噪声与振动敏感建筑在 2 类或 3 类或 4 类声环境功能区时，应在建筑设计前对建筑所处位置的环境噪声、环境振动调查与测定。声环境功能区分类应符合表 1.1 的规定。本条说明根据建筑类型将其设置在相宜的声环境，是建筑选址必须考虑的环境因素和遵循的原则，是保障建筑内使用者日常生活、工作、学习、睡眠等活动和身心健康的基本要求，避免出现因建筑选址不当，外部噪声偏高导致建设成本高或建成后建筑内部噪声超标引发的公共安全事件。

表 1.1　声环境功能区分类

声环境功能区类别	区域特征
0 类	指康复疗养区等特别需要安静的区域
1 类	指以居民住宅、医疗卫生、文化教育、科研设计、行政办公为主要功能，需要保持安静的区域
2 类	指以商业金融、集市贸易为主要功能，或者居住、商业、工业混杂，需要维护住宅安静的区域
3 类	指以工业生产、仓储物流为主要功能，需要防止工业噪声对周围环境产生严重影响的区域
4 类	指交通干线两侧一定距离之内，需要防止交通噪声对周围环境产生严重影响的区域，包括 4a 类和 4b 类两种类型。4a 类为高速公路、一级公路、二级公路、城市快速路、城市主干路、城市次干路、城市轨道交通（地面段）、内河航道两侧区域；4b 类为铁路干线两侧区域

2.1.3 条指出建筑物外部噪声源传播至主要功能房间室内的噪声限值及适用条件应符合以下规定：

（1）建筑物外部噪声源传播至主要功能房间室内的噪声限值应符合表 1.2 的规定。

表 1.2　主要功能房间室内的噪声限值

房间的使用功能	噪声限值（等效声级 $L_{Aeq,T}$）/dB	
	昼间	夜间
睡眠	40	30
日常生活	40	
阅读、自学、思考	35	
教学、医疗、办公、会议	40	

注：1. 当建筑位于 2 类、3 类、4 类声环境功能区时，噪声限值可放宽 5 dB。

2. 夜间噪声限值应为夜间 8 h 连续测得的等效声级 $L_{Aeq,8h}$。

3. 当 1 h 等效声级 $L_{Aeq,1h}$能代表整个时段噪声水平时，测量时段可为 1 h。

（2）噪声限值应为关闭门窗状态下的限值。

（3）昼间时段应为 6：00—22：00，夜间时段应为 22：00—次日 6：00。当昼间、夜间的划分当地另有规定时，应按其规定。

本条主要反映了建筑物外部噪声源传播至室内的噪声限值，降低此类噪声源对主要功能房间的影响主要通过提高建筑外围护结构隔声性能来实现。

2.1.4 条指出建筑物内部建筑设备传播至主要功能房间室内的噪声限值应符合表 1.3 的规定。

表 1.3　建筑物内部建筑设备传播至主要功能房间室内的噪声限值

房间的使用功能	噪声限值（等效声级 $L_{Aeq,T}$）/dB
睡眠	33
日常生活	40
阅读、自学、思考	40
教学、医疗、办公、会议	45
人员密集的公共空间	55

本条规定的是建筑物内部的所有建筑设备传播至主要功能房间室内的噪声限值，是建筑设备通过各种传声途径（含空气声传播、撞击声传播、结构声传播）传播至主要功能房间室内的噪声总和。测量时，应排除建筑

物外部噪声的干扰，可以通过改变测量时段，关闭其他声源，提高外围护结构隔声能力等来降低其他噪声的干扰。

2.1.5 条规定，主要功能房间室内的 Z 振级限值及适用条件应符合以下规定：

（1）主要功能房间室内的 Z 振级限值应符合表 1.4 的规定。

表 1.4 主要功能房间室内的 Z 振级限值

房间的使用功能	Z 振级 VL_Z/dB	
	昼间	夜间
睡眠	78	75
日常生活	78	

（2）昼间时段应为 6：00—22：00，夜间时段应为 22：00—次日 6：00。当昼间、夜间的划分当地另有规定时，应按其规定。

本条室内振动限值与《城市区域环境振动标准》（GB 10070—1988）保持一致。虽然二者均以 Z 振级作为评价量，由于所用计权因子不同，在相同振动水平上两个标准在数值上相差约 3 dB。本条中规定的室内振动限值 Z 振级的测量，按照《住宅建筑室内振动限值及其测量方法标准》（GB/T 50355—2018）规定的方法进行。

2.2.1—2.2.3 条主要考虑隔声设计。条文指出对噪声敏感房间、有噪声源房间的围护结构应做隔声设计，并且管线在穿过有隔声要求的墙或楼板时，应采取密封隔声措施。噪声敏感房间包括但不限于卧室、起居室、阅览室、办公室、会议室等。有噪声源房间包括但并不限于风机房、水泵房等。

2.2.4—2.2.6 条主要考虑吸声设计。条文指出建筑内有减少反射声要求的空间，应做吸声设计。吸声设计应根据不同建筑的类型与用途，采取相应的技术措施来控制混响时间、降低噪声、提高语言清晰度和消除音质缺陷。吸声材料应符合相应功能建筑的防火、防水、防腐、环保和装修效果等要求。

2.2.7 条和 2.2.8 条主要考虑消声设计。条文指出当通风空调系统送风口、回风口辐射的噪声超过所处环境的室内噪声限值，或相邻房间通过风管传声导致隔声达不到标准时，应采取消声措施。通风空调系统消声设计时，应通过控制消声器和管道中的气流速度降低气流再生噪声。

2.3.1—2.3.5 条主要考虑隔振设计。条文指出当噪声与振动敏感建筑或设有对噪声、振动敏感房间的建筑物，附近有可觉察的固定振动源，或距建筑外轮廓线 50 m 范围内有城市轨道交通地下线时，应对其建设场地进行环境振动测量。当噪声与振动敏感建筑或设有对噪声、振动敏感房间的建筑物的建设场地振动测量结果超过 2 类声环境功能区室外环境振动限值规定时，应对建筑整体或建筑内敏感房间采取隔振措施，并应符合表 1.2 和表 1.4 的规定。对建筑物内部产生噪声与振动的设备或设施，当其正常运行对噪声、振动敏感房间产生干扰时，应对其基础及连接管线采取隔振措施，并应符合表 1.3 和表 1.4 的规定。对建筑物外部具有共同基础并产生噪声与振动的室外设备或设施，当其正常运行对噪声、振动敏感房间产生干扰时，应对其基础及连接管线采取隔振措施，并应符合表 1.2 和表 1.4 的规定。设备或设施的隔振设计以及隔振器、阻尼器的配置，应经隔振计算后制定和选配。

2.4.1 条和 2.4.2 条主要考虑建筑声学设计的竣工验收。条文规定建筑声学工程竣工验收前，应进行竣工声学检测。竣工声学检测应包括主要功能房间的室内噪声级、隔声性能及混响时间。室内噪声级、隔声性能和混响时间检测可依据现行国家标准有关规定。

1.2.2 《绿色建筑评价标准》的声学要求

《绿色建筑评价标准》（GB/T 50378—2019）在“基本规定”的 3.2.8 中给出了二星级和三星级住宅的建筑隔声的技术要求。

二星级：室外与卧室之间、分户墙（楼板）两侧卧室之间的空气声隔声性能以及卧室楼板的撞击声隔声性能达到低限标准限值和高要求标准限值的平均值。

三星级：室外与卧室之间、分户墙（楼板）两侧卧室之间的空气声隔声性能以及卧室楼板的撞击声隔声性能达到高要求标准限值。

其“条文说明”中指出：二星级绿色建筑的室外与卧室之间的空气声隔声性能按（$D_{nT,w}+C_{tr}$）≥35 dB进行评价，三星级绿色建筑的室外与卧室之间的空气声隔声性能按（$D_{nT,w}+C_{tr}$）≥40 dB进行评价，其他指标按国家标准《民用建筑隔声设计规范》（GB 50118—2010）的有关规定进行评价。

在“健康舒适”中的5.1.4控制项指出，主要功能房间的室内噪声级和隔声性能应符合下列规定：①室内噪声级应满足国家标准《民用建筑隔声设计规范》（GB 50118—2010）中的低限要求；②外墙、隔墙、楼板和门窗的隔声性能应满足国家标准《民用建筑隔声设计规范》（GB 50118—2010）中的低限要求。同时指出本条适用于各类民用建筑的预评价、评价。

对应5.1.4中室内噪声级要求第1款，影响建筑室内噪声级大小的噪声源主要包括两类：一类是室内自身声源，如室内的通风空调设备、日用电器等；另一类是来自室外的噪声源，包括建筑内部其他空间的噪声源（如电梯噪声、空调机组噪声等）和建筑外部的噪声源（如周边交通噪声、社会生活噪声、工业噪声等）。对于建筑外部噪声源的控制，应首先在规划选址阶段就做综合考量，建筑设计时应进行合理的平面布局，避免或降低主要功能房间受到室外交通、活动区域等的干扰。否则，应通过提高围护结构隔声性能等方式改善。对建筑物内部的噪声源，应通过选用低噪声设备，设置有效隔声、隔振、吸声、消声等综合措施来控制。若该标准中没有明确室内噪声级的低限要求，即对应该标准规定的室内噪声级的最低要求。

对应5.1.4中第2款，外墙、隔墙和门窗的隔声性能指空气声隔声性能；楼板的隔声性能除了空气声隔声性能之外，还包括撞击声隔声性能。

本款所指的外墙、隔墙和门窗的隔声性能的低限要求，与国家标准《民用建筑隔声设计规范》（GB 50118—2010）中的低限要求规定对应，若该标准中没有明确围护结构隔声性能的低限要求，即对应该标准规定的隔声性能的最低要求。

本条的评价方法为：预评价查阅相关设计文件、环评报告、噪声分析报告、构件隔声性能的实验室检验报告，评价查阅相关竣工图、噪声分析报告、室内噪声级检测报告、构件隔声性能的实验室检验报告。

此外，在“健康舒适”评分项的 5.2.6 中指出采取措施优化主要功能房间的室内声环境，评价总分值为 8 分。噪声级达到国家标准《民用建筑隔声设计规范》（GB 50118—2010）中的低限标准限值和高要求标准限值的平均值，得 4 分；达到高要求标准限值，得 8 分。在这一节中要求采取减少噪声干扰的措施进一步优化主要功能房间的室内声环境，包括优化建筑平面、空间布局，没有明显的噪声干扰；设备层、机房采取合理的隔振和降噪措施；采用同层排水或其他降低排水噪声的有效措施等。国家标准《民用建筑隔声设计规范》（GB 50118—2010）将住宅、办公、商业、医院等建筑主要功能房间的室内允许噪声级分“低限标准”和“高要求标准”两档列出。对于国家标准《民用建筑隔声设计规范》（GB 50118—2010）中包含的一些只有唯一室内噪声级要求的建筑（如学校），本条认定该室内噪声级对应数值为低限标准，而高要求标准则在此基础上降低 5 dB（A）。需要指出，对于不同星级的旅馆建筑，其对应的要求不同，需要一一对应。

本条的评价方法为：预评价查阅相关设计文件、噪声分析报告，评价查阅相关竣工图、室内噪声检测报告。

“健康舒适” 5.2.7 评分项规定主要功能房间的隔声性能良好，评价总分值为 10 分，并按下列规则分别评分并累计：①构件及相邻房间之间的空气声隔声性能达到国家标准《民用建筑隔声设计规范》（GB 50118—2010）中的低限标准限值和高要求标准限值的平均值，得 3 分；达到高要求标准限值，得 5 分。②楼板的撞击声隔声性能达到国家标准《民用建筑隔声设计规范》（GB 50118—2010）

计规范》(GB 50118—2010) 中的低限标准限值和高要求标准限值的平均值，得 3 分；达到高要求标准限值，得 5 分。

对应 5.2.7 评分项中第 1 款，对于国家标准《民用建筑隔声设计规范》(GB 50118—2010) 中只规定了构件的单一空气声隔声性能的建筑，本条认定该构件对应的空气声隔声性能数值为低限标准限值，而高要求标准限值则在此基础上提高 5 dB。

对应第 2 款，对于国家标准《民用建筑隔声设计规范》(GB 50118—2010) 中只有单一楼板撞击声隔声性能的建筑类型，本条认定对应的楼板撞击声隔声性能数值为低限标准限值，高要求标准限值在低限标准限值基础上降低 10 dB。

对于国家标准《民用建筑隔声设计规范》(GB 50118—2010) 没有涉及的类型建筑的围护结构构件隔声性能可对照相似类型建筑的要求评价。

本条的评价方法为：预评价查阅相关设计文件、构件隔声性能的实验室检验报告，评价查阅相关竣工图、构件隔声性能的实验室检验报告。

在 8.2.6 评分项中也指出场地内的环境噪声优于国家标准《声环境质量标准》(GB 3096—2008) 的要求，评价总分值为 10 分，并按下列规则评分：①环境噪声值大于 2 类声环境功能区标准限值，且小于或等于 3 类声环境功能区标准限值，得 5 分；②环境噪声值小于或等于 2 类声环境功能区标准限值，得 10 分。本条适用于各类民用建筑的预评价、评价。其中国家标准《声环境质量标准》(GB 3096—2008) 中对各类声环境功能区的环境噪声等效声级限值进行了规定（见表 1.5）。

表 1.5 各类声环境功能区的环境噪声等效声级限值 单位：dB (A)

声环境功能区类别	时段	
	昼间	夜间
0 类	50	40
1 类	55	45

续表

声环境功能区类别		时段	
		昼间	夜间
2类		60	50
3类		65	55
4类	4a类	70	55
	4b类	70	60

本条评价时，仅考虑室外环境噪声对人的影响，不考虑建筑所处的声环境功能分区，项目应尽可能地采取措施来实现环境噪声控制。本条既可以通过合理选址规划来实现，也可以通过设置植物防护等方式对室外场地的超标噪声进行降噪处理实现。有研究表明，10 m左右宽的乔木林可降低噪声5 dB（A）。

本条的评价方法为：预评价查阅环评报告（含有噪声检测及预测评价或独立的环境噪声影响测试评估报告）、相关设计文件、声环境优化报告；评价查阅相关竣工图、声环境检测报告。

1.2.3 《健康建筑评价标准》的声学要求

《健康建筑评价标准》（T/ASC 02—2021）中的第6章"舒适"提出，建筑物外部噪声源传播至主要功能房间的室内噪声级应符合下列规定：①以睡眠为主要功能的房间，夜间室内噪声等效声级（$L_{Aeq,8\,h}$）不应大于30 dB（A）；②以阅读、自学、思考为主要功能的房间，室内噪声等效声级（L_{Aeq}）不应大于35 dB（A）；③以教学、医疗、办公、会议及日常生活为主要功能的房间，室内噪声等效声级（L_{Aeq}）不应大于40 dB（A）；④通过扩声系统传输语言信息的场所，室内噪声等效声级（L_{Aeq}）不应大于50 dB（A）。本条适用于各类民用建筑的设计、运行评价。

噪声对人体健康的影响是多方面的：容易导致心理压力增加，加重人员的忧虑、愤怒、疲劳等消极情绪；能明显损害人的认知能力，降低思维的连贯性和敏捷性，严重影响人的思维效率，降低工作效率；过高的背景噪声会妨碍人与人之间的语言交流，甚至产生“鸡尾酒会效应”。噪声对人的这些影响都不利于人们身心健康，需采取有效措施控制人所处环境的噪声级，减少噪声对人体健康的影响。此外，由于房间的不同用途，以及人的不同行为，对声环境的要求水平是不同的。例如，人睡眠的时候对安静环境要求最高。

影响主要功能房间室内噪声级大小的噪声源主要包括两类：一类是建筑外部的噪声源（如周边交通噪声、社会生活噪声、工业噪声等）；另一类是建筑物内部的噪声源，包括建筑内部其他空间的噪声（如电梯噪声、空调机组噪声等）和主要功能房间室内的通风空调设备、日用电器等产生的噪声。本条主要规定建筑物外部噪声源传播至室内的噪声限值，对于建筑外部噪声源的控制，应首先在规划选址阶段就做综合考量，同时在建筑设计阶段应进行合理的平面布局，避免或降低主要功能房间受到的室外交通、活动区域等的干扰，否则，应通过提高围护结构隔声性能等方式改善。本条规定的室内噪声等效声级不包含由于建筑物内部的噪声源产生的噪声。

房间使用类型和健康需求分类如下：

（1）以睡眠为主要功能的房间，主要包括住宅建筑中的卧室、酒店建筑中的客房、医院建筑中的病房等。

（2）以日常生活为主要功能的房间，主要包括住宅建筑的起居室等。

（3）以阅读、自学、思考为主要功能的房间主要包括学校建筑中的阅览室等。

（4）以教学、医疗、办公、会议为主要功能的房间，主要包括学校建筑中的教室、医院建筑中的诊室、办公建筑中的办公室与会议室等。

（5）需保证通过扩声系统传输语言信息的场所，主要包括多功能厅、火车站候车大厅、机场候机大厅、医院入口大厅及候诊厅等。

本条的评价方法为：设计评价查阅相关设计文件、环评报告、噪声分析报告；运行评价查阅相关竣工图、环评报告、噪声分析报告、室内噪声级检测报告，并现场核实。

《健康建筑评价标准》（T/ASC 02—2021）第6章“舒适”的控制项中还提到，建筑物内部建筑设备传播至主要功能房间的室内噪声级应符合下列规定：①以睡眠为主要功能的房间，夜间室内噪声等效声级（L_{Aeq}）不应大于33 dB（A）；②以日常生活为主要功能的房间，室内噪声等效声级（L_{Aeq}）不应大于40 dB（A）；③以阅读、自学、思考为主要功能的房间，室内噪声等效声级（L_{Aeq}）不应大于40 dB（A）；④以教学、医疗、办公、会议为主要功能的房间，室内噪声等效声级（L_{Aeq}）不应大于45 dB（A）；⑤通过扩声系统传输语言信息的场所，室内噪声等效声级（L_{Aeq}）不应大于55 dB（A）。本条适用于各类民用建筑的设计、运行评价。《健康建筑评价标准》（T/ASC 02—2021）6.1.1规定了建筑物外部噪声源传播至主要功能房间室内的噪声限值。该条规定的是建筑物内部建筑设备产生的振动和噪声传播至主要功能房间的室内噪声限值。对于不同类型建筑设备产生的噪声，应采取不同的降噪措施。例如，对于各类风机沿通风管道传播的噪声，应通过消声设计来降低其产生的噪声干扰；对于建筑设备产生振动随结构传播产生的结构噪声，应通过隔振设计来降低其产生的噪声干扰；对于有些设备或机房噪声，可能需要采用吸声、消声、隔声与隔振等综合降噪处理才能达到降低噪声的目的。该条规定的是建筑物内部的所有建筑设备传播至主要功能房间室内的噪声限值，是建筑设备通过各种传声途径（含空气声传播、撞击声传播、结构声传播）传播至主要功能房间室内的噪声总和。该限值不包含建筑物外部噪声源对室内噪声等效声级产生的影响。

本条的评价方法为：设计评价查阅相关设计文件、环评报告、噪声分析报告；运行评价查阅相关竣工图、环评报告、噪声分析报告、室内噪声级检测报告，并现场核实。

“舒适”一节中还提到主要功能房间的隔声性能应符合下列规定：①住

宅卧室不应与产生噪声房间毗邻，住宅卧室与邻户房间之间的空气声隔声性能，其计权标准化声压级差与粉红噪声频谱修正量之和（$D_{nT,w}+C$）不应小于 50 dB；②噪声敏感房间与产生噪声房间之间的空气声隔声性能，其计权标准化声压级差与交通噪声频谱修正量之和（$D_{nT,w}+C_{tr}$）不应小于 50 dB，噪声敏感房间与普通房间之间的空气声隔声性能，其计权标准化声压级差与粉红噪声频谱修正量之和（$D_{nT,w}+C$）不应小于 45 dB；③室外与噪声敏感房间之间的空气声隔声性能，其计权标准化声压级差与交通噪声频谱修正量之和（$D_{2m,nT,w}+C_{tr}$）不应小于 35 dB；④以睡眠为主要功能的房间顶部楼板的撞击声隔声性能，其计权标准化撞击声压级（$L'_{nT,w}$）不应大于 65 dB；其他噪声敏感房间顶部楼板的撞击声隔声性能，其计权标准化撞击声压级（$L'_{nT,w}$）不应大于 70 dB。本条适用于各类民用建筑的设计、运行评价。本条在《健康建筑评价标准》（T/ASC 02—2016）6.1.2 的基础上发展而来，增加了室外与噪声敏感房间之间的隔声性能要求。

规定噪声敏感房间的空气声隔声性能，主要是为了控制敏感房间外的噪声源对其室内的噪声干扰；规定噪声敏感房间的顶部楼板的撞击声隔声性能，主要是为了控制敏感房间免受上部楼层敲击地面或设备振动对楼下产生的噪声干扰。以保证噪声敏感房间内的室内声压级水平，以及保证居家生活和工作中声音的私密性，进而提高建筑的健康水平。

噪声敏感房间主要是指《健康建筑评价标准》（T/ASC 02—2021）6.1.1 中有睡眠要求的房间，有阅读、自学、思考要求的功能房间和有教学、医疗、办公、会议及日常生活要求的功能房间。产生噪声房间是指各类设备机房、健身房等。

在住宅建筑中，卧室是噪声要求最高的房间，如果卧室紧邻产生噪声房间，其室内噪声级超标风险极大，且很难有措施将其降低到对人睡眠不产生影响的程度，因此，将住宅卧室不与产生噪声房间紧邻作为控制项要求。对于其他类型的噪声敏感房间，首先宜保证其不与产生噪声房间毗邻布置，否则，应采取合理措施提高噪声敏感房间与产生噪声房间之间的空气声隔声性能。建筑外部的噪声源通过空气途径传播至室内也是室内噪声干扰的主要来源，因此本次修订增加了室外与噪声敏感房间之间的隔声性能要求。由于敲击楼板或设备振动引起的噪声主要是通过结构传播的，其传播机理不同于空气声，因此其检测与评价方法、治理和预防措施均不同于空气声隔声。

设计评价阶段，由于待评建筑尚未建设，无法对房间实际隔声效果进行评价。可依据国家标准《民用建筑隔声设计规范》（GB 50118—2010）对建筑拟选用的各类建筑构件（如隔墙、门窗等）实验室测得的隔声性能进行评价。运行评价阶段，以人住进房间之后的实际感受为核心，应现场检测空气声隔声性能和楼板撞击声隔声性能。需要考核同层相邻房间的、楼上楼下相邻房间之间的空气声隔声性能和室外与噪声敏感房间之间的空气声隔声性能，还应考核典型房间楼板的撞击声隔声性能。

本条的评价方法为：设计评价查阅相关设计文件、隔声性能分析报告或建筑构件隔声性能检测报告；运行评价查阅相关竣工图、隔声性能分析报告、房间之间或室外与房间之间空气声隔声性能检测报告、楼板撞击声隔声性能检测报告，并现场核实。

第 6 章“舒适”的评分项中提到声环境的评分规则如下。

建筑所处场地的环境噪声平均值低于国家标准《声环境质量标准》（GB 3096—2008）的限值，评价总分值为 4 分，并按下列规则评分：

（1）环境噪声值大于 1 类声环境功能区标准限值，且不大于 3 类声环境功能区标准限值，得 2 分。

（2）环境噪声值不大于 1 类声环境功能区标准限值，得 4 分。

本条适用于各类民用建筑的设计、运行评价。对于具有明确作息时间规律的建筑（如办公建筑），可在确保建筑内外无大量人员受噪声污染影响的时段（如夜晚），不对室外环境噪声进行要求。本条沿用《健康建筑评价标准》（T/ASC 02—2016）6.2.1。

控制建筑室外环境噪声的主要作用有两方面，一方面保证人员在建筑室内外活动时的良好声环境；另一方面为控制建筑室内声环境创造良好的前提条件。国家标准《声环境质量标准》（GB 3096—2008）5.1 规定的各类声环境功能区规定的环境噪声等效声级限值，具体要求如表 1.1 所示。

本条评价时，前提条件是场地内的环境噪声满足国家标准《声环境质量标准》（GB 3096—2008）规定的限值。如果场地内的环境噪声不满足国家标准《声环境质量标准》（GB 3096—2008）的要求，例如，对于处于 1 类声环境功能区的建筑，若环境噪声仅仅满足 2 类或 3 类声环境功能区的限值，本条不能得分。评分时，不再考虑建筑所处的声环境功能分区，仅以环境噪声值作为评判和得分依据。又如，环境噪声不大于昼间 65 dB（A）、夜间 55 dB（A），本条可得 2 分；如不大于昼间 55 dB（A）、夜间 45 dB（A），本条可得 4 分。这是因为，一方面，人在室外活动时，并不会因声环境功能分区的不同，对环境噪声的需求不同；另一方面，避免出现同一类型的建筑仅因所处声环境功能分区不同，导致得分不同的结果。本条可通过合理选址规划实现，对于室外场地存在噪声污染的情况，可通过设置植物防护等方式进行降噪处理。

本条的评价方法为：设计评价查阅相关设计文件、环境噪声影响测试评估报告、噪声预测分析报告；运行评价查阅相关竣工图、建筑室外环境噪声现场检测报告，并现场核实。

降低主要功能房间的室内噪声级，评价总分值为 8 分，并按下列规则分别评分并累计，累计分值超过 8 分时，应取为 8 分：

（1）以睡眠为主要功能的房间，夜间室内噪声等效声级（$L_{Aeq,8\,h}$）$\leqslant$ 30 dB（A），最大时间计权声级 $L_{AFmax} \leqslant 45$ dB（A），得 4 分。

（2）以阅读、学习、思考为主要功能的房间，室内噪声等效声级（L_{Aeq}）$\leqslant 35$ dB（A），得 4 分。

（3）以日常生活活动、教学、医疗、办公、会议为主要功能的房间，室内噪声等效声级（L_{Aeq}）$\leqslant 40$ dB（A），得 4 分。

（4）通过扩声系统传输语言信息的场所，室内噪声等效声级（L_{Aeq}）$\leqslant$

50 dB（A），得 3 分。

本条适用于各类民用建筑的设计、运行评价。

本条是对 6.1.1、6.1.2 中控制项指标的提升。本条中的室内噪声级限值是包含建筑物外部噪声源传播至主要功能房间及建筑物内部建筑设备传播至主要功能房间的两种噪声叠加后的限值。本条要求电梯间不得紧邻噪声敏感房间。对于预留孔洞由用户自行安装分体式空调的项目，当结合项目情况，针对室外机噪声采取预防与控制措施。需要说明的是对于参评建筑中占比最高的主要功能房间不符合本条要求的情况，评价时应结合各主要功能房间的实际占比，酌情处理。

本条的评价方法为：设计评价查阅相关设计文件、噪声分析报告；运行评价查阅噪声分析报告、室内噪声级检测报告，并现场核实。

噪声敏感房间隔声性能良好，评价总分值为 8 分，并按下列规则分别评分并累计：

(1) 住宅卧室与邻户房间之间的空气声隔声性能，其计权标准化声压级差与粉红噪声频谱修正量之和（$D_{nT,w}+C$）≥55 dB，除住宅卧室以外的噪声敏感房间与相邻房间之间的空气声隔声性能，其计权标准化声压级差与粉红噪声频谱修正量之和（$D_{nT,w}+C$）≥50 dB，得 4 分。

(2) 室外与噪声敏感房间之间的空气声隔声性能，其计权标准化声压级差与交通噪声频谱修正量之和（$D_{2m,nT,w}+C_{tr}$）≥40 dB，得 2 分。

(3) 以睡眠为主要功能的房间顶部楼板的撞击声隔声性能，其计权标准化撞击声压级（$L'_{nT,w}$）≤60 dB；其他噪声敏感房间顶部楼板的撞击声隔声性能，其计权标准化撞击声压级（$L'_{nT,w}$）≤65 dB，评价分值为 2 分。

本条适用于各类民用建筑的设计、运行评价。本条沿用《健康建筑评价标准》（T/ASC 02—2016）评分项 6.2.3，有修改。

噪声敏感房间主要是指有睡眠要求的房间和需要集中精力、提高学习和工作效率的功能房间。空气声隔声性能需要考核室外与噪声敏感房间之间、同层相邻房间的隔声性能和楼上楼下相邻房间的隔声性能。

本条对房间之间的隔声性能提出了更高要求。其隔声性能指标参考了国家标准《民用建筑隔声设计规范》（GB 50118—2010）中的高要求标准。

本条的评价方法为：设计评价查阅相关设计文件、隔声性能分析报告（包括建筑构件隔声性能的依据或证明材料）；运行评价查阅相关竣工图、隔声性能分析报告、室外与房间之间、房间之间空气声隔声性能检测报告、楼板撞击声隔声性能现场检测报告，并现场核实。

建筑物内外部振动源对噪声敏感房间无结构噪声干扰，评价总分值为3分，并按下列规则分别评分：

（1）居住建筑中有睡眠要求的功能房间，夜间结构噪声低频等效声级（$L_{\mathrm{Aeq,T,L}}$）≤30 dB（A），得3分。

（2）公共建筑中有阅读、自学、思考要求，以及有教学、医疗、办公、会议要求的功能房间，结构噪声低频等效声级（$L_{\mathrm{Aeq,T,L}}$）≤35 dB（A），得3分。

本条适用于各类民用建筑的设计、运行评价。本条为新增条文。

噪声敏感房间除了易受到户外空气传声和楼板撞击直接传声影响外，室内外的振动源（如地铁、水泵等）产生的振动通过楼梯结构传播至噪声敏感房间，当传播的振动激励频率与建筑构件的共振频率接近时，易激发结构噪声。结构噪声的产生和传播方式与空气传声或撞击传声完全不同，而且多为低频窄带噪声，对人的干扰更严重，为了保证人的正常睡眠和学习工作，对有睡眠要求的房间和需集中精力、提高学习和工作效率的功能房间，规定了结构噪声的最低限值。

在设计评价阶段，由于参评建筑尚未建设，无法对房间内结构噪声进行实际测试与评价，可审查相同建筑外部的振动源（如地铁、高铁等）与建筑之间的关系，确认振动源的隔振措施。对于建筑内部的振动源（如水泵、电梯等），应考察振动源和噪声敏感房间之间的位置关系，确认振动源的隔振措施。运行评价阶段，以人住进房间之后的实际感受为核心，现场测试可能受振动影响的典型房间的结构噪声。

本条的评价方法为：设计评价查阅相关设计文件，重点考核振动源与参评建筑之间的位置关系、振动源的隔振措施和隔振计算分析报告；运行评价查阅相关竣工图纸并现场核实，对于可能产生结构噪声的噪声敏感房间，还应提供结构噪声检测报告。

采取有效措施改善建筑内外部的声环境，评价总分值 7 分，建筑内外部声环境改善措施按表 1.6 的规则分别评分并累计。

表 1.6　建筑内外部声环境改善措施的规则与评分

建筑类别	措　施	得　分
居住建筑	1. 交通干线两侧采取设置声屏障、绿化降噪等措施	2
	2. 采取措施降低排水噪声	2
	3. 设置通风隔声窗或其他措施降低室内换气时噪声	2
	4. 运用声音的要素，结合建筑或建筑群的景观设计，进行声景设计	1
公共建筑	1. 开放办公空间、会议室、医院就诊大厅或其他类似空间吊顶采用降噪系数（NRC）≥0.6 的吸声材料或构造	2
	2. 开放办公空间采取声掩蔽系统保证交流秘密性	1
	3. 扩声系统传输语言信息的场所，500～1000 Hz 混响时间不超过 2.0 s，或语言清晰度指标≥0.50	2
	4. 建筑内服务设备选用低噪声设备，并采取有效隔振、消声、隔声措施	2

本条适用于各类民用建筑的设计、运行评价。本条在《健康建筑评价标准》（T/ASC 02—2016）6.2.5 基础上发展而来。

本条是为改善建筑内外部的声环境，提出的具体措施条款。由于居住建筑和公共建筑的使用功能、对声环境的要求不同，本条按居住建筑和公共建筑两类分别规定。评价时，按项目不同类型，对不同款进行评价和累计得分。如果项目中同时包含居住建筑和公共建筑两类建筑类型，评价时，应分别对居住建筑和公共建筑的该条分款进行评价和累计得分，最终得分为居住建筑和公共建筑分别累计得分的平均值。

（1）关于居住建筑。对于紧邻交通干线或其他噪声源的居住建筑，通常临噪声源侧的环境噪声较高，如果人员在该侧活动或健身，会受到较为严重的噪声干扰，影响人的身心健康。虽然国家标准《声环境质量标准》（GB 3096—2008）对临近交通干线的限值要求较其他区域要求低，但是通常还是很难达到标准要求。为降低交通干线或其他噪声源引起的噪声干扰，应该采取有效措施来降低该侧的环境噪声。在靠近噪声源一侧采取设置声屏障、绿化降噪等降噪措施，是降低场地环境噪声的有效途径。如果待评建筑所处场地采取了有效的降噪措施，而且采取措施后，该侧的场地环境噪声得到了有效控制，满足了国家标准《声环境质量标准》（GB 3096—2008）的要求，本款即可得分。

居住建筑中，卫生间排水噪声是影响正常生活的主要噪声，特别是紧邻主卧室的卫生间。采用同层排水、旋流弯头等是控制卫生间排水噪声的有效措施。

居住建筑的通风换气和隔声一直是一对矛盾。为了通风换气，需要敞开窗户，而敞开窗户后，围护结构隔声性能会严重降低，影响人的生活和睡眠。通风隔声窗能在满足通风要求的前提下，保证外窗还有足够的隔声能力，是改善居住建筑通风换气和隔声之间矛盾的关键设施。当然，新风系统也是解决通风换气和隔声矛盾的解决方案，如果采用了新风系统，且新风系统对噪声敏感房间无明显噪声干扰，本款也可以得分。

居住街坊内的场地环境噪声控制是为了保证人不受到外界噪声的干扰，但是人对声音的感受并不仅仅与声音能量的大小相关，还与声音的类型、频谱特性等诸多因素相关。通过声景设计营造让人产生放松、愉悦情绪的声环境，是环境噪声控制的更高层次的要求。

（2）关于公共建筑。对于公共建筑，由于使用功能的不同，其对声环境的要求也不同。对于开放办公空间或类似场所，在吊顶上方布置足够的吸声材料，是保证室内安静和语言交谈清晰的主要技术措施。设置声掩蔽系统，是保证开放式办公室语言交流私密性的关键技术措施。

对于采用扩声系统传输语言信息的场所，首先应保证语言清晰度。语言清晰度是衡量讲话人语音可理解程度的物理量，反映厅堂或扩声系统的声音传输质量。语言清晰度的影响因素主要包括语言声压级、背景噪声声压级、混响时间、系统失真等。其次应通过吸声设计来控制空间内的混响时间。当混响时间过长时，由于人员密集的大型空间远处传来的无法了解内容的混响声的干扰，会导致人们不能用正常的嗓音进行交流，不得不提高说话的音量。提高的音量会导致大空间内的噪声水平越来越高，出现“鸡尾酒会效应”。降低混响时间的最有效方式是在大空间内设置足够多的吸声材料。

对于公共建筑，特别是高层或超高层公共建筑，建筑内的服务设备通常集中布置，其产生的噪声与振动通过固体传声的途径传播至噪声敏感房间。这种传播方式和空气声传播相比，传播距离更远，声衰减更慢，影响范围更广。而且固体传声传播的多是低频噪声，对人健康影响更为突出。

解决建筑内设备与之相连接的管道固体传声干扰问题，首先要从规划设计、单体建筑内的平面布置考虑。这就要求合理安排建筑平面和空间功能，并在设备系统设计时就考虑其噪声与振动控制措施。变配电房、水泵房、空调机房等设备用房的位置不应放在卧室、病房等噪声敏感房间的正上方或正下方。其次建筑内的服务设备应选用低噪声产品。

此外，应对产生噪声的设备、与之相连接的管道系统采取有效的隔振、消声和隔声措施，包括设备设立隔振台座、选用有效的隔振器；降低管路系统的流量速度、设立消声装置；提高设备机房围护结构的隔声性能等措施。

本条的评价方法为：设计评价查阅相关设计文件、建筑声学和（或）扩声系统专项设计文件、材料或产品声学特性检测报告；运行评价除审阅以上材料外，还应审阅相关扩声系统特性指标检测报告、含有混响时间和语言清晰度指标的现场检测报告。

此外，第6章“舒适”中6.2.17还提到公共建筑满足要求中的3项及以上，得4分。要求中包括主要办公工位配置午休床；或设置午休空间，具有听觉与视觉上相对隔离的午休条件。条文说明中解释为，午休空间中配置简易床、小睡舱等设施，并提供眼罩、耳塞、隔断等实现听觉、视觉上的相对隔离，以保证相对适宜的休息环境。

本条的评价方法为：设计评价查阅相关设计文件、装修设计文件、厨房详图等；运行评价查阅相关设计文件、产品说明书，并现场核实。

《健康建筑评价标准》（T/ASC 02—2021）第8章“人文”的评分项中提到，建筑公共空间配置景观小品或艺术品，以及舒缓压力的音乐播放装置，通过改善视觉、听觉环境以丰富对人体知觉的影响，促进心理健康，评价分值为4分。本条适用于各类民用建筑的设计、运行评价。

本条在《健康建筑评价标准》（T/ASC 02—2016）8.2.5第3、第4款的基础上发展而来。入口大堂、电梯前室、走廊等公共空间是建筑中人员集中、停留、集散的重要区域，是进入建筑物和穿行于建筑中的主要空间，应设置具备艺术功能、放松功能和减压功能的服务设施。大堂里设置艺术品、植物或水景布景等景观小品，可以通过视觉体验增加空间的趣味性，让人驻足欣赏，带来美好的情绪。通过吸顶隐藏式等方式设计音乐播放装置，播放舒缓、悠扬、恬静、婉约等节奏的音乐，让听觉带给人们回归自然的悦耳感受。本条不对艺术品、景观小品和音乐播放装置的数量进行规定，可根据建筑公共空间大小和实际需求适当设置，依据合理性和可及性具体赋分。

本条的评价方法为：设计评价查阅相关设计文件及说明；运行评价查阅相关竣工图及说明、相关图像资料，并现场核实。

第10章“提高与创新”加分项中指出，设置健康建筑智能化集成管理系统，具备多参数实时查询、风险提示与智能联动功能，评价总分值为3分。满足要求中3项得1分；满足5项得2分；满足6项及以上得3分。要求中包括系统具有室内外噪声级实时远程查询功能模块。条文说明中解释，将项目空气质量、水质、室内外噪声级、室内热湿环境等参数的定时监测结果向用户公示，可以让用户及时掌握建筑性能状况，增强用户的体验感，令其切身地感受到健康建筑带来的直接效果；还可以对建筑室内外整体环境品质起到监督作用，督促相关管理单位及时有效地采取措施，改善环境品质，更好地服务用户。

本条的评价方法为：设计评价查阅相关设计文件；运行评价查阅相关监测点位说明、产品说明书、定时监测及公示证明材料，并现场核实。

1.2.4 《老年人照料设施建筑设计标准》的声学要求

在《老年人照料设施建筑设计标准》（JGJ 450—2018）第4章“基地与总平面”的4.1“基地选址”中指出“老年人照料设施建筑基地应远离污染源、噪声源及易燃、易爆、危险品生产、储运的区域”。其中第6章“专门要求”中6.5“噪声控制与声环境设计”规定如下：

（1）老年人照料设施应位于国家标准《声环境质量标准》（GB 3096—2008）规定的0类、1类或2类声环境功能区。条文说明中指出老年人照料设施需要安静的环境，设施选址、规划布局、功能空间组织都需要统筹考虑环境中的噪声影响，应对噪声级加以控制。本条规定了老年人照料设施（包括建筑和场地）的环境噪声限值应按国家标准《声环境质量标准》（GB 3096—2008）对0类、1类或2类声环境功能区的规定执行，低限值取2类限值，环境噪声限值如表1.7所示。环境噪声的监测方法按照国家标准《声环境质量标准》（GB 3096—2008）的有关规定执行。

表1.7　老年人照料设施的环境噪声限值　　单位：dB（A）

声环境功能区类别	时　段	
	昼　间	夜　间
0类	50	40
1类	55	45
2类	60	50

(2) 当供老年人使用的室外活动场地位于2类声环境功能区时，宜采取隔声降噪措施。条文说明中指出为了提高老年人室外活动的舒适性，应对活动场地的噪声加以控制。当活动场地位于2类声环境功能区时，宜采取隔声降噪措施，例如，在面向噪声源一侧设置声屏障或种植树木，以改善声环境。

(3) 老年人照料设施的老年人居室和老年人休息室不应与电梯井道、有噪声振动的设备机房等相邻布置。条文说明中指出本条为强制性条文。噪声振动对老年人的心脑功能和神经功能系统有较大影响。从有利于老年人身心健康的角度考虑，远离噪声源布置老年人居室是十分必要的。避免与电梯井道、有噪声振动的设备机房等相邻布置，是保证居室免受噪声干扰的最有效措施。相邻布置是指在房间或场所的上一层、下一层或贴临的布置。

(4) 老年人用房室内允许噪声级应符合表1.8的规定。

表1.8 老年人用房室内允许噪声级 单位：dB (A)

<table>
<tr><th colspan="2" rowspan="2">房间类别</th><th colspan="2">允许噪声级</th></tr>
<tr><th>昼 间</th><th>夜 间</th></tr>
<tr><td rowspan="2">生活用房</td><td>居 室</td><td>≤40</td><td>≤30</td></tr>
<tr><td>休息室</td><td colspan="2">≤40</td></tr>
<tr><td colspan="2">文娱与健身用房</td><td colspan="2">≤45</td></tr>
<tr><td colspan="2">康复与医疗用房</td><td colspan="2">≤40</td></tr>
</table>

本条规定了老年人照料设施室内允许噪声级。当较高的环境噪声来自房间之外时，应通过对墙、楼板及门窗采取隔声措施，达到房间内允许的噪声级。

(5) 房间之间的隔墙或楼板、房间与走廊之间的隔墙的空气隔声性能，应符合表1.9的规定。

表 1.9　房间之间的隔墙和楼板的空气声隔声标准　　单位：dB

构件名称	空气声隔声评价量（R_w+C）
Ⅰ类房间与Ⅰ类房间之间的隔墙、楼板	≥50
Ⅰ类房间与Ⅱ类房间之间的隔墙、楼板	≥50
Ⅱ类房间与Ⅱ类房间之间的隔墙、楼板	≥45
Ⅱ类房间与Ⅲ类房间之间的隔墙、楼板	≥45
Ⅰ类房间与走廊之间的隔墙	≥50
Ⅱ类房间与走廊之间的隔墙	≥45

注：Ⅰ类房间指居室、休息室；Ⅱ类房间指单元起居厅、老年人集中使用的餐厅、卫生间、文娱与健身用房、康复与医疗用房等；Ⅲ类房间指设备用房、洗衣房、电梯间及井道等。

为便于设计人员在设计中选择相应的材料、产品、构造和做法，本条规定的相邻房间之间的隔墙或楼板、房间与走廊的隔墙的空气声隔声性能指标，采用计权隔声量＋粉红噪声频谱修正量（R_w+C），该指标为实验室测量值。为适应不同房间的噪声控制需求，本条将老年人照料设施的房间分为三类。按照 6.5.3 的规定，除Ⅰ类房间不应与Ⅲ类房间相邻布置外，其他相邻布置方式均有可能存在。

（6）居室、休息室楼板的计权规范化撞击声压级应小于 65 dB。为便于设计人员在设计中选择相应的材料、产品、构造和做法，本条规定的楼板撞击声隔声性能采用计权规范化撞击声压级作为控制指标，该指标为实验室测量值。

（7）老年人用房空场 500～1000 Hz 的混响时间应符合表 1.10 的规定。

表 1.10　老年人用房空场 500～1000 Hz 混响时间（倍频程）的平均值

房间容积/m^3	混响时间/s
＜200	≤0.8
200～600	≤1.1
＞600	≤1.4

应注意，单元起居厅、老年人集中使用的餐厅及文娱与健身用房、康

复用房等一般不需进行特殊的音质设计，但应把握适宜的空间容积和中频混响时间，确保老年人听得清楚且不费力。本条规定了中、大空间的老年人用房混响时间标准。

(8) 老年人照料设施的声环境设计宜利用自然声创造良好的整体环境，并利用环境声景改善老年人的生活环境。条文说明中指出老年人偏好安静的自然声，如鸟鸣、流水声、风铃声等。老年人照料设施的建筑和场地设计应在符合声环境选址要求并做好噪声控制的同时，尽量营建适合老年人的声景观环境。具体措施可借鉴科学出版社 2011 年出版的《城市声环境论》“第 3 章 城市声景观”内容。

此外，在第 7 节“建筑设备”7.1.5 中规定“卫生洁具和给水排水配件应选用节水型低噪声产品。给水、热水管道设计流速不宜大于 1.00 m/s，排水管应选用低噪声管材或采用降噪声措施”。

1.2.5 《民用建筑设计统一标准》的声学要求

在《民用建筑设计统一标准》(GB 50352—2019) 的第 3 章“基本规定”中提出：对建筑使用过程中产生的垃圾、废气、废水等废弃物应妥善处理，并应有效控制噪声、眩光等的污染，防止对周边环境的侵害。建筑与环境的关系应以“人与自然共生”“人与社会共生”为基本出发点，贯彻可持续发展的战略，树立“人—建筑—环境”和谐发展的意识，从环境角度关注建筑全寿命期的过程；实现建筑与自然的永续发展、建筑与社会的和谐共生。

第 5 章“场地设计”中指出：根据噪声源的位置、方向和强度，应在建筑功能分区、道路布置、建筑朝向、距离以及地形、绿化和建筑物的屏障作用等方面采取综合措施，防止或降低环境噪声。5.2.3 还指出，基地内不宜设高架车行道路，当设置与建筑平行的高架车行道路时，应采取保护私密性的视距和防噪声的措施。对应的条文说明中提出，居住区内设置高架道路会对交通安全和住户私密性造成影响，但会展、体育类大型公共建筑往往会采取高架道路的形式立体解决复杂的交通问题，当必须采用高架道路时，应采取措施解决由此造成的视线干扰、噪声等环境影响问题。

第6章“建筑物设计”的6.5.2指出，避难层在满足避难面积的情况下，避难区外的其他区域可兼作设备用房等空间，但各功能区应相对独立，并应满足防火、隔振、隔声等的要求。其条文说明解释：避难层的位置、面积、构造及设备设施的配置要求在国家标准《建筑设计防火规范》（GB 50016—2014，2018年版）中已有明确的规定，本条做了原则性提示。避难层除了满足避难面积设置的避难区（间）外，一般可兼顾设备或其他功能区的设置。以办公建筑为例，一般办公的使用面积为8 m^2/人，而设计避难人数5人/m^2。根据此设置标准可知：每人避难层的避难使用面积相当于每层办公面积的1/40，再加上避难层的设置相隔一般不超过50 m，也就是再考虑最多不超过15层的避难人数，避难面积一般不会超过标准层的使用面积的一半，如果是酒店或公寓，避难人数还少，避难面积会更小，剩余的一多半面积就可设置设备或其他功能等用房，但设计中要注意满足各功能区之间的防火、隔声、防震、防水、维护管理等要求。6.6.1指出，厕所、卫生间、盥洗室和浴室应根据功能合理布置，位置选择应方便使用、相对隐蔽，并应避免所产生的气味、潮气、噪声等影响或干扰其他房间。室内公共厕所的服务半径应满足不同类型建筑的使用要求，不宜超过50 m。其条文说明解释：当人员较少或使用频率较低时，服务半径可适当加大。6.9.1指出，电梯井道和机房不宜与有安静要求的用房贴邻布置，否则应采取隔振、隔声措施。6.10.2指出，外墙应根据当地气候条件和建筑使用要求，采取保温、隔热、隔声、防火、防水、防潮和防结露等措施，并应符合国家现行相关标准的规定。其对应的条文说明解释为浅色饰面和绿化可以减少建筑对太阳辐射的吸收，降低围护结构外表面温度，有利于隔热。6.10.5指出，根据建筑使用要求，变形缝应分别采取防水、防火、保温、隔声、防老化、防腐蚀、防虫害和防脱落等构造措施。6.11.3中指出，门窗应满足抗风压、水密性、气密性等要求，且应综合考虑安全、采光、节能、通风、防火、隔声等要求。6.12.3 指出，建筑幕墙应满足抗风压、水密性、气密性、保温、隔热、隔声、防火、防雷、耐撞击、光学等性能要求，且应符合国家现行有关标准的规定。其对应的条文说明解释为玻璃幕墙应满足节能、绿色、防火、防雷、抗震等标准，同时防止光污染；反光玻璃的凹面造型容易形成聚焦，反射比达到 0.3 以上，干扰就很大，聚焦后的太阳光有一定的伤害性。6.13.2 指出，除有特殊使用要求外，楼地面应满足平整、耐磨、不起尘、环保、防污染、隔声、易于清洁等要求，且应具有防滑性能。其对应的条文说明指出，本条文是针对无特殊要求的、一般常用的楼地面提出的基本要求，有特定使用功能和特殊要求的楼地面设计标准，应参见国家标准《建筑地面设计规范》（GB 50037—2013）中的相关规定。楼板有撞击声隔声性能要求时，应符合国家标准《民用建筑隔声设计规范》（GB 50118—2010）的规定。6.15.2 指出，室内吊顶应根据使用空间功能特点、高度、环境等条件合理选择吊顶的材料及形式。吊顶构造应满足安全、防火、抗震、防潮、防腐蚀、吸声等相关标准的要求。其条文说明指出，室内吊顶虽然比室外吊顶的环境要好得多，但也需要根据使用场所的特点，合理选择形式与材料。

第 7 章“室内环境”的 7.4 节“声环境”中提出，民用建筑各类主要功能房间的室内允许噪声级、围护结构（外墙、隔墙、楼板和门窗）的空气声隔声标准以及楼板的撞击声隔声标准，应符合国家标准《民用建筑隔声设计规范》（GB 50118—2010）的规定。其对应的条文说明指出，本条根据国家标准《民用建筑隔声设计规范》（GB 50118—2010）制定。该标准中，对住宅建筑、学校建筑、医院建筑、旅馆建筑、办公建筑、商业建筑主要房间的室内允许噪声级、空气声隔声标准及撞击声隔声标准做了规定。对于其他类型民用建筑主要房间的室内运行噪声级、空气声隔声标准及撞击声隔声标准，可根据使用功能，参考国家标准《民用建筑隔声设计规范》（GB 50118—2010）中类似的房间进行设计。住宅建筑中允许噪声级低限要求和空气声隔声标准低限要求，为国家标准《民用建筑隔声设计规范》（GB 50118—2010）中的强制性条文，应严格执行。住宅建筑室内允许噪声级应满足表 1.11 的要求。

表 1.11　住宅建筑室内允许噪声级　　单位：dB（A）

房间名称	允许噪声级	
	昼　间	夜　间
卧　室	≤45	≤37
起居室（厅）	≤45	

住宅建筑空气声隔声标准应满足表 1.12 的要求。

表 1.12　住宅建筑空气声隔声标准　　单位：dB

构件名称	空气声隔声单值评价量＋频谱修正量	
分户墙、分户楼板	计权隔声量＋粉红噪声频谱修正量 R_w+C	＞45
分隔住宅和非居住用途空间的楼板	计权隔声量＋交通噪声频谱修正量 R_w+C_{tr}	＞51
交通干线两侧卧室、起居室（厅）的窗	计权隔声量＋交通噪声频谱修正量 R_w+C_{tr}	≥30
其他窗	计权隔声量＋交通噪声频谱修正量 R_w+C_{tr}	≥25

其中，民用建筑的隔声减噪设计应符合下列规定：

（1）民用建筑隔声减噪设计，应根据建筑室外环境噪声状况、建筑物内部噪声源分布状况及室内允许噪声级的需求，确定其防噪措施和设计其相应隔声性能的建筑围护结构。

（2）不宜将有噪声和振动的设备用房设在噪声敏感房间的直接上、下层或贴邻布置；当其设在同一楼层时，应分区布置。

（3）当在安静要求较高的房间内设置吊顶时，应将隔墙砌至梁、板底面。当采用轻质隔墙时，其隔声性能应符合国家现行有关隔声标准的规定。

（4）墙上的施工留洞或剪力墙抗震设计所开洞口的封堵，应采用满足对应隔声要求的材料和构造。

（5）电梯井道和机房不宜与有安静要求的用房贴邻布置，否则应采取隔振、隔声措施。

（6）高层建筑的外门窗、外遮阳构件等应采取有效措施防止风啸声的发生。

对该项条文的说明为：本条对民用建筑中关键部位的隔声减噪设计做出了规定，但在具体设计时应按国家标准《民用建筑隔声设计规范》（GB 50118—2010）及单项建筑设计标准中有关规定执行。本条第1款旨在提醒，并不是围护结构的隔声性能满足相关标准要求后，室内噪声级就必然满足要求。在高噪声环境下，即使围护结构的隔声性能满足相关标准要求，由于室外噪声太高，可能出现室内噪声仍达不到标准要求的情况。这种情况下，应根据室外环境噪声状况及室内允许噪声级的需求，确定其防噪措施和设计其相应隔声性能的建筑围护结构，而不是机械地照搬标准中的隔声标准值。本条第6款为新增条文。高层、超高层建筑高层风荷载比低层要大很多，若外遮阳构造设计不合理，在高层风压作用下，可能会产生啸叫声；此外，如果高层建筑中的外门窗的气密性不好，在风荷载的压力作用下，气流经过外门窗时也会发出啸叫声。解决这种风啸声的主要措施有提高外门窗的气密性和结构强度，提高外遮阳设施的结构强度，外门窗、外遮阳高速气流边缘尽量按空气动力学要求进行设计。

民用建筑内的建筑设备隔振降噪设计应符合下列规定：

（1）民用建筑内产生噪声与振动的建筑设备宜选用低噪声产品，且应设置在对噪声敏感房间干扰较小的位置。当产生噪声与振动的建筑设备可能对噪声敏感房间产生噪声干扰时，应采取有效的隔振、隔声措施。

（2）与产生噪声和振动的建筑设备相连接的各类管道应采取软管连接、设置弹性支吊架等措施控制振动和固体噪声沿管道传播。并应采取控制流速、设置消声器等综合措施降低随管道传播的机械辐射噪声和气流再生噪声。

（3）当各类管道穿越噪声敏感房间的墙体和楼板时，孔洞周边应采取密封隔声措施；当在噪声敏感房间内的墙体上设置嵌入墙内对墙体隔声性能有显著降低的配套构件时，不得背对背布置，应相互错开位置，并应对所开的洞（槽）采取有效的隔声封堵措施。

本条为新增条文。对民用建筑内建筑设备的隔振降噪设计做出了规定，主要是从产生噪声房间的位置布置、低噪声低振动设备选取、设备的隔振、管道隔振隔声、消声处理等各方面着手，降低噪声和振动在建筑内传播，保证噪声敏感房间内的声环境。相比空气声隔声，设备、管道等引起的振动和固体传声更难处理，因此将设备房间远离噪声敏感建筑及噪声敏感房间是最有效的措施。在受条件限制无法做到设备房间远离的情况下，应采取充分而仔细的隔振隔声措施，不要因为疏漏，导致所有隔振隔声措施前功尽弃。

除以上几条外，该条款还指出：柴油发电机房应采取机组消声及机房隔声综合治理措施。冷冻机房、换热站泵房、水泵房应有隔振防噪措施。

此外，音乐厅、剧院、电影院、多用途厅堂、体育场馆、航站楼及各类交通客运站等有特殊声学要求的重要建筑，宜根据功能定位和使用要求，进行建筑声学和扩声系统专项设计。本条为新增条文。民用建筑中，有许多对声环境的要求更高的建筑类型，如音乐厅、剧院、电影院、多用途厅堂、体育场馆、火车站、航站楼等，这类建筑不仅对室内允许噪声级、空气声隔声标准及撞击声隔声标准有更为严格的要求，而且对室内音质有着更高、不同类型的要求。例如，以语言声为主的厅堂更加关注的是语言清晰度，以音乐演出为主的音乐厅更加关注的是声音的丰满度、明晰度及空间感等。为了满足上述音质要求，这类建筑要根据国家标准《剧场、电影院和多用途厅堂建筑声学技术规范》（GB/T 50356—2005）进行建筑声学专项设计。由于自然声源（如乐器演奏、演唱）发出的声能量十分有限，而有些类型的建筑如剧院、电影院、多用途厅堂、体育场馆、火车站、航站楼等，由于其室内空间很大，为了保证这些建筑内的受众能准确听到其想要听到的声音，需要在大空间内使用电声技术来扩声，将声源信号放大，提高听众区的声压级。扩声系统是一项系统工程，涉及多种学科，以及与其他系统的配合和协调，需要进行专项扩声系统设计。扩声系统要根据国家标准《厅堂扩声系统设计规范》（GB 50371—2006）等相关标准进行设计。

人员密集的室内场所，应进行减噪设计。其对应条文说明解释为，国家标准《民用建筑隔声设计规范》（GB 50118—2010）对几类公共建筑有隔声、吸声、减噪的做法与要求。随着建筑空间的加大，室内音质缺陷将更加突出。对于人员密集的大型公共空间和公共通道，人的走动及相互间的交流形成人为噪声。大空间的顶棚与地面之间，或者两个平行侧墙之间可能形成多重回声。应在界面设置以及界面材料选择方面（选择吸声材料）等进行声学设计，避免音质缺陷。

在第8章"建筑设备"的8.1节"给水排水"中指出，建筑给水设计应采用节水型低噪声卫生器具和水嘴。排水管道不得穿越客房、病房和住宅的卧室、书房、客厅、餐厅等对卫生、安静有较高要求的房间。冷却塔与相邻建筑物之间的距离，除满足塔的通风要求外，还应考虑噪声、飘水等对建筑物的影响。机房顶部及墙面应做隔声处理，地面应做防水处理。8.2节"暖通空调"中指出，设有供暖系统的民用建筑中，独立设置的区域锅炉房宜靠近最大负荷区域，应防止燃料运输、存放、噪声、污染物排放等对周边环境的影响。除事故风机、消防用风机外，室外露天安装的通风机应避免运行噪声及振动对周边环境的影响，必要时应采取可靠的防护和消声隔振措施，其中，室外露天安装的通风机包括在屋顶或广场、停车场等日常通风的大功率风机。风冷室外机应设置在通风良好的位置；水冷设备既要通风良好，又要避免飘水对行人或环境的不利影响，靠近外窗时应采取防雾、防噪声干扰等措施。冷热源站房中多台主机联合运行的站房应设置集中控制室，控制室应采用隔声门，锅炉房控制室应采用具有抗爆能力且固定的观察窗。8.3节"建筑电气"中指出，变压器室、高压配电室、电容器室，不应在教室、居室的直接上、下层及贴邻处设置；当变电所的直接上、下层及贴邻处设置病房、客房、办公室、智能化系统机房时，应采取屏蔽、降噪等措施；其中，教室、居室包括幼儿园和托儿所的活动室、卧室。

2 建筑声学基础

2.1 声波的产生与传播

如果振动的物体处于弹性介质（如空气、水和固体）包围中，由于弹性介质中分子间的相互作用力，其振动将从振源开始，带动弹性介质中的质点由近及远地产生振动。这种振动在介质中的传播即为声波。振源及包围其的弹性介质，是声波产生的两个必要条件。

为清楚地了解声波的形成，可在弹性介质中取一个细长的圆柱体，该圆柱体内正好可以容纳一列质点，每个质点可以包含许多分子，但它们在声波传播过程中的运行状态基本相同，如图 2.1 所示。在没有受到外力作用时，圆柱体内质点是静止的，相互之间的距离是相等的。当圆柱的一端受到振动源的力作用时，第 1 个质点就会在力的作用下产生位移，与相邻的第 2 个质点的距离缩小，由于分子之间的相互作用力（流体中为正压力，固体中为排斥力），第 2 个质点也被第 1 个质点推动产生位移，同样第 2 个质点又推动第 3 个质点产生位移，如此等等，圆柱体内的质点像多米诺骨牌一样向同一个方向运动。但是引起多米诺现象的振动力达到其最大振幅后立即向相反方向运动，圆柱体内的第 1 个质点在其力的作用下又向反方向产生位移，第 1 个质点与第 2 个质点之间距离变大，在质点间力（流体中为负压力，固体中为吸引力）的作用下第 2 个质点也改变原有的运动方向跟随第 1 个质点做反向运动，后面的第 3、第 4……第 N 个质点也依次跟随改变运动方向，于是质点又产生反方向的多米诺运动。质点列不停地做正向和反向的多米诺运动，介质中就形成了声波。显然各质点忽左忽右的位移，只是在其平衡位置往复运动，这就是质点振动现象，但是由于介质中分子间的相互作用力，使得振动形式（包括位移、压力、速度、加速度、能量）随时间推移由近及远地传播开来。因此，声波运动包含了介质中的质点振动和振动能量在介质中传播两种物理本质。

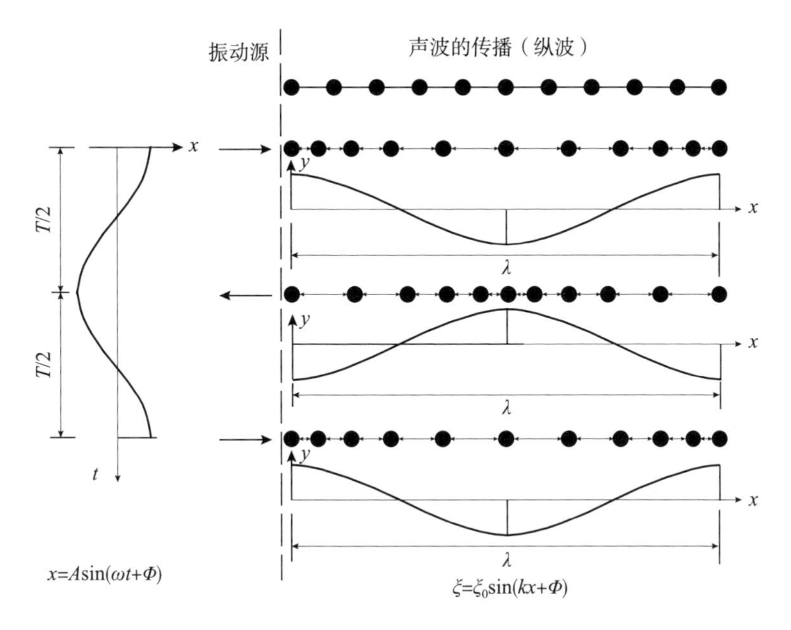

图 2.1 声波在弹性介质中的传播（纵波）

这里所说的弹性介质可能是气体、液体和固体。当声波在气体和液体中传播时，由于气体和液体分子间的距离较大，分子间的作用力较弱，声波的传播主要是通过压力变化来实现，弹性介质中的质点在力的作用下只能沿声波传播方向运动，使介质出现疏密相间的声波传递现象。而在固体介质中，分子间的作用力大大增强，声波的传播主要依靠分子间的作用力，该作用力使得固体介质中质点运动方向既有与声波传播方向相同的，也有与声波传播方向垂直的，因此，将质点运动方向与声波传播方向相同的声波称为纵波，将质点运动方向与声波传播方向垂直的声波称为横波。

由此可见，气体和液体中只有纵波存在，而固体中既有纵波又有横波，固体中的声波比气体和液体中的声波要复杂得多。

图 2.2 是固体介质中横波产生及传播的示意图，从该图中可以更加清楚地看出声传播过程中两方面的运动，一方面是振动在介质中的传递形式即声波是沿 x 轴方向传播的；另一方面是各个质点的振动是在 y 轴方向往复运动的，在声传播的 x 轴方向各个质点没有发生位移。

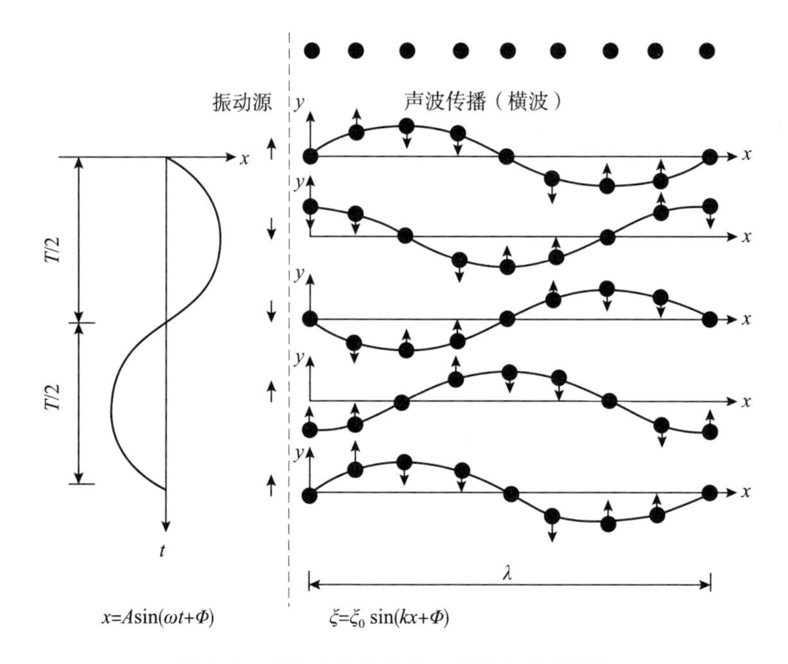

图 2.2　固体介质中横波产生及传播的示意

在图 2.1 和图 2.2 中，左侧是振动源及其振动规律，根据简谐运动，振动源的振动规律可以表示为

$$x = A\sin(\omega t + \Phi) \tag{2.1}$$

在图 2.1 和图 2.2 中，右侧是介质中的声传播过程及规律，它包含两个方面的运动，第一是质点（图中的各个质点）受振动源的影响在其平衡位置做简谐运动，其运动规律与振动源相似，只是振动的幅值和相位可能有所差异。为了与振动源的位移相区别，以 ξ 表示质点振动的位移，因此

质点振动规律可表示为

$$\xi = \xi_0 \sin(\omega t + \Phi) \tag{2.2}$$

第二是声波沿 x 轴方向向前传播也呈现周期性变化，每隔一定的距离就出现相同的波动状态，这个距离称为波长 λ，因此质点的波动状态随距离的变化规律可以写成：

$$\xi = \xi_0 \sin\left(2\pi \frac{x}{\lambda} + \Phi\right) = \xi_0 \sin(kx + \Phi) \tag{2.3}$$

其中
$$k = \frac{2\pi}{\lambda}$$

式中 k——波数；

Φ——初相位。

综合考虑质点随时间做的简谐运动和振动随距离的传播，并忽略相位因子，则声波运动的总表达式如下：

$$\xi = \xi_0 \sin(\omega t - kx) \tag{2.4}$$

该式表明声波是 t 和距离 x 的函数，式中 kx 前取负号，表示声波沿正 x 轴方向传播时，距离增加，相位滞后。显然式（2.4）的正弦波表明：声场中某个位置 X 处的质点随时间做简谐运动，而某个时刻 T 媒质中各质点的相位随距离作周期性分布。

对式（2.4）求一阶和二阶导数，即可得到以质点振动速度和振动加速度表示的声波表达式：

$$v = \omega \xi_0 \cos(\omega t - kx) = v_0 \sin\left(\omega t - kx + \frac{\pi}{2}\right) \tag{2.5}$$

$$a = \omega^2 \xi_0 \sin(\omega t - kx) = a_0 \sin(\omega t - kx) \tag{2.6}$$

从质点振动速度和位移的表达式可以看出，两者之间存在 $90°$ 的相位差，速度幅值是位移幅值的 ω 倍。而从振动加速度的表达式可以看出，振动加速度幅值是位移幅值的 ω^2 倍，是速度幅值的 ω 倍，振动加速度相位与位移相位相差 $180°$。

2.2 声音的物理性质与计量

2.2.1 声波的频率、波长和声速

声波在弹性介质中传播是呈周期性变化的，其变化一个周期所用的时间记为 T，单位为 s，单位时间内的变化次数称为频率，通常以 f 表示，单位为 1/s，一般用 Hz 表示，T 和 f 互为倒数。

$$f=1/T \tag{2.7}$$

声波在一个周期内传播的距离称为波长，通常以 λ 表示，其单位为 m，单位时间内声波的变化次数为频率 f，λ 与 f 的乘积就是声波传播的速度，通常以 c 表示，单位为 m/s。

$$c=f\lambda \tag{2.8}$$

声波是由振动激发产生的，它们之间存在着因果关系，声波的频率应该与振动的频率相同，对于声波所依赖的传声介质不是无限大时可能产生谐波现象则应另当别论。

根据声波的不同频率可以将声波划分为次声波、音频声波、超声波、特超声波。音频声波是人耳能够感觉到的声波，其频率范围大致在 20～20000 Hz，这也是声环境保护中关注的频率范围。不同声波频率范围及其应用如图 2.3 所示，本书对次声波、超声波和特超声波不做讨论。

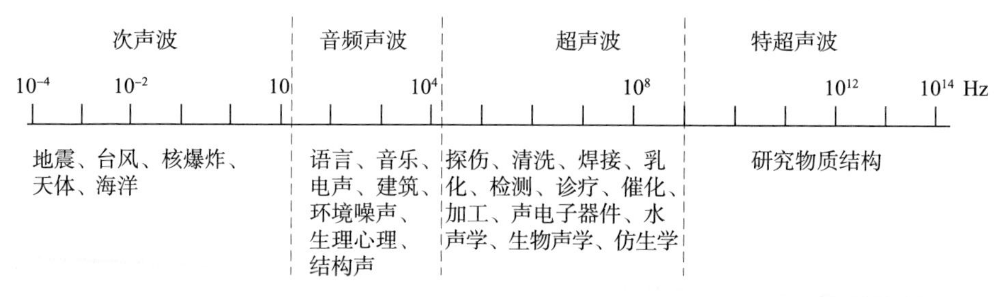

图 2.3 不同频率范围的声波及其应用研究

声波的波长由声速除以频率得到，而声波传播速度是与传声介质的特性和环境条件密切相关。通过对波动方程的理论推导，可以得到声速：

$$c = \sqrt{\frac{E}{\rho_0}} \tag{2.9}$$

式中 E——介质的弹性模量；

ρ_0——介质的密度。

这表明声速与介质的弹性模量的平方根成正比，与介质密度的平方根成反比。E 和 ρ_0 均为介质的固有特性，E 的意义为介质的弹性应力变化与密度变化之比，因此声速只与传声介质的特性相关，而与声波的频率无关。在流体介质中，只有体积弹性模量；在固体介质中，不仅有体积弹性模量，还有切变弹性模量。因此，流体中只能产生纵波，而固体中既有纵波也有横波。

在流体介质中，体积弹性模量 E 是压强变量和密度变量的比，即 $E=\Delta p/\rho$，静态压强和密度都与温度相关，但它们相除后温度对 E 值的影响基本相互抵消，即 E 受温度的影响不大；但声速公式中的 ρ_0 值受温度的影响十分明显。气体中温度对声速的影响可以写为

$$c = \sqrt{\gamma RT/M} \tag{2.10}$$

式中 γ——气体的比热比；

R——气体常量；

T——绝对温度；

M——气体的摩尔质量。

对于空气而言，$\gamma=1.4$，$R=8.31\ \mathrm{J/(mol \cdot K)}$，$M=28.3\times10^{-3}\ \mathrm{kg/mol}$，于是空气中的声速可以进一步表示为

$$c=331.6+0.61t \tag{2.11}$$

这里 t 为摄氏温度，0 ℃时的声速为 331.6 m/s。

在液体中声速为

$$c = \sqrt{\frac{E}{\rho_0}} = \sqrt{\frac{1}{\rho_0 \beta}} \tag{2.12}$$

式中　β——绝热压缩系数。

对水而言，$\beta=4.78\times10^{-10}\ m^2/N$，0 ℃水的 $\rho=10^3\ kg/m^3$，由此可得水中的声速为 1446 m/s。

固体介质中有纵波、弯曲波和剪切波等，它们的声速各不相同。

表 2.1 为不同传声介质中的纵波声速。

表 2.1　不同介质中的纵波声速

传声介质			温度/℃	密度/(kg/m³)	声速/(m/s)
气　体	空　气		0	1.290	330
			20	1.205	344
	二氧化碳		0	1.977	259
	水蒸气		100	0.596	405
液　体	水		17	1000	1461
	海　水		17	1030	1504
	石　油		15	700	1330
	苯		20	879	1320
固　体	钢			7800	5900
	铝			2700	6300
	铜			8930	4700
	铅			11300	2200
	混凝土			1800～2450	1600～2000
	砖			1800	3600
	砂			1600	2000±600
	软　木			25	480
	硬　木			40～70	3320
	玻　璃			2400	5000
	大理石			2700	3800
	橡胶（邵氏硬度）	40		1016	50
		60		1180	100
		80		1320	250

2.2.2 声压、声强、声功率

1. **声压**

声波在介质中传播时，会使介质出现疏密相间的变化，在介质稠密的地方压强变大，在介质稀疏的地方压强变小，这种压强的变化是相对于介质原有的静压强而言的，我们将因声波引起的增量压强称为声压。声压的单位就是压强的单位，通常用 Pa 表示，其实质是每平方米受到多少牛顿的压力（N/m^2）。以空气中的声传播为例，大气中静压强为 1 个标准大气压，约为 10^5 Pa，人正常说话时的声压大约在 0.01～0.1 Pa，可见声压是很小的。人耳能够接受的声压在 10^{-5}～10 Pa，低于 10^{-5} Pa 的声压人耳感觉不到，高于 10 Pa 的声压将对人产生伤害。

声压既然是随介质的疏密变化呈周期性变化的，因此它也可以用正弦函数来表示，根据牛顿第二定律 $F=ma$，将加速度公式（2.6）代入，可以得到：

$$p = p_0 \sin(\omega t - kx) \tag{2.13}$$

式（2.13）为声压随时间和距离的变化规律，p 是瞬时值，$p_0=ma_0$。但是我们通常所说的声压都是指声压的有效值，即均方根值，因为人耳和测量仪器均跟随不上瞬时声压的变化，只能感受到它的有效值，所以通常所说的声压都是指其有效值。

声压和质点的振动速度有着密切的关系，在流体媒质中常常用下式将它们联系在一起：

$$\frac{p}{v} = Z \tag{2.14}$$

式中 Z——传声介质的声特性阻抗，它是反映介质传播声波的重要参数。

现在研究平面声波的特性阻抗 Z，取一个足够小的体积单元，在声波的压力作用下，该单元应该遵循牛顿第二定律：

$$\rho_0 \frac{\partial v}{\partial t} = -\frac{\partial p}{\partial x} \tag{2.15}$$

将声压公式（2.13）和质点振动速度公式（2.5）代入式（2.14），得到：

$$Z = \frac{p}{v} = \rho_0 c \tag{2.16}$$

这表明平面声波中流体介质的特性阻抗是其声速与密度的乘积。

2. **声能密度、声强和声功率**

声波在静止的介质中传播时，一方面质点在其平衡位置做往复振动具有动能，另一方面介质密度做周期性的疏密变化，由于介质具有弹性因而存在势能，声波的传播过程实质上是将声源产生的动能和势能由近及远传递的过程。单位体积内的声能量称为声能密度，单位为 $\mathrm{J/m^3}$。其中动能的平均有效声能密度为

$$e_k = \frac{1}{2}\rho v^2 \tag{2.17}$$

媒质的弹性势能等于增量声压 p 与体积缩小量（$-\mathrm{d}V$）的乘积，因此弹性势能的声能密度为 $p(-\mathrm{d}V)/V$，利用 $-\mathrm{d}V/V = \rho_0 = \mathrm{d}p/E$ 关系式，弹性势能的平均有效声能密度为

$$e_p = \int_0^p \frac{p(-\mathrm{d}V)}{V} = \int_0^p \frac{p\mathrm{d}p}{E} = \frac{1}{2}\frac{p^2}{\rho c^2} \tag{2.18}$$

显然总平均有效声能密度为

$$e = e_k + e_p = \rho v^2 = \frac{p^2}{\rho c^2} \tag{2.19}$$

单位时间内在垂直于声波传播方向上通过单位面积上的声能量称为声强，用 I 表示，其单位为 $\mathrm{W/m^2}$。在平面声波中，声强 I 应该是声能密度与声速的乘积，即

$$I = ec = \rho c v^2 = \frac{p^2}{\rho c} = pv \tag{2.20}$$

由此可见，声强与声压的二次方成正比，也与质点振动速度的二次方成正比。在相同的振动速度条件下，声强还与介质的特性阻抗成正比，在特性阻抗较大的介质中，声源只要用较小的振动速度就能辐射出较大的声

能量。但在声阻抗较大的介质中，声源要辐射相同的声能量必须激发产生较大的声压才能实现。

声功率是指声源在单位时间内产生的声能量，常以 W 表示，单位为W。声源发出的声功率通过传声介质不断地向周围传播，其单位面积上传播的声功率就是声强，因此声功率与声强存在如下的关系：

$$W = \int_S I \, \mathrm{d}S \tag{2.21}$$

对于自由声场中传播的平面声波，声源发出的声功率为 $W=I \cdot S$；对于自由声场中传播的球面声波，声源发出的声功率为 $W=I \cdot 4\pi r^2$；对于自由声场中传播的柱面声波，声源发出的声功率为 $W=I \cdot 2\pi rl$。

2.2.3 声级

1. 用声级表示声音大小

声压、声强、声功率都是声场中客观存在的物理量，但在可听声的频率范围内，人耳能够感觉到的声压在 10^{-5}～10 Pa，是标准大气压的百亿分之一到万分之一，其动态范围达到 10^6。如果用声压 p 值直接表示声音的大小很不方便，也不能准确地反映出人耳感觉到的声音大小，因为人耳的感觉与这些物理量的大小并不成比例关系。

实际上，人体对外界作用的感觉遵循如下规律：

$$\Delta L = C \frac{\Delta I}{I} \tag{2.22}$$

式中 ΔL——人体的主观感觉变化量；

ΔI——外界作用的变化量；

I——外界原有的作用量；

C——感觉系数。

将式（2.22）运用于人耳的感觉，并进一步积分就得到：

$$L = C' \lg I \tag{2.23}$$

令 $C'=10$，就是声级表达式，其单位为分贝，记作 dB。用分贝表示声音的大小使得声音的测量和计算大为简化，声级的动态范围只有 120 dB，且声级的变化基本上能反映人耳对可听声的感觉，声级每变化 3 dB，人耳就能感觉出来，于是人们普遍认同用对数处理后的声级来度量声音的大小。

2. **声压级、声强级和声功率级**

在噪声的测量和研究过程中声压级是最常采取的量，声压级的定义为，声压 p 与参考声压 p_0 之比取常用对数再乘 20，即

$$L_p = 20\lg \frac{p}{p_0} \tag{2.24}$$

式中　p_0——参考声压取 2×10^{-5} Pa。

声强级的定义为，声强 I 与参考声强 I_0 之比取常用对数再乘 10，即

$$L_I = 10\lg \frac{I}{I_0} \tag{2.25}$$

参考声强 $I_0=10^{-12}$ W/m^2。

声功率级的定义为，声功率 W 与参考声功率 W_0 之比取常用对数再乘 10，即

$$L_{\mathrm{W}} = 10\lg \frac{W}{W_0} \tag{2.26}$$

参考声功率 $W_0=10^{-12}$ W。

根据 $I = \frac{p^2}{\rho c}$，声强级与声压级之间是可以相互转换的：

$$L_I = L_p + 10\lg \frac{p_0^2}{I_e \rho c} = L_p + 10\lg \frac{400}{\rho c} \tag{2.27}$$

在一个标准大气压和室温条件下，声压级和声强级相当接近，当 $\rho c=400$ kg/(m^2 · s) 时，两者完全相等。但对于高海拔地区或特殊气象条件，两者是有差异的。

3. **声级的计算**

在现实环境中可能存在多个噪声源对同一个敏感目标产生影响，也存在从测量声级中扣除某一个噪声源的贡献问题，所以经常需要进行声级的计算。由于声级是通过对数式表示出来的，所以声级的计算必须遵循对数法

则，其基本原理就是将声级转换成声能量进行计算。具体计算步骤是：先将声级转换为声强或声功率进行计算，然后再将计算结果换算成对应的声级。

设有两个声源对某个敏感目标贡献的声强级分别为 L_{IA} 和 L_{IB}，敏感目标处的总声强级不是将这两个声级相加，而是先计算出 L_{IA} 和 L_{IB} 所对应的声强值 I_A 和 I_B，即 $I_A=I_0\times10^{\frac{L_{IA}}{10}}$，$I_B=I_0\times10^{\frac{L_{IB}}{10}}$，总声强级 L_I 为

$$L_I = 10\lg\frac{I}{I_0} = 10\lg\left(\frac{I_A+I_B}{I_0}\right) \tag{2.28}$$

设 $L_{IA}\geqslant L_{IB}$，则式（2.28）可进一步写成：

$$L_I = L_{IA} + 10\lg(1+10^{-\frac{L_{IA}-L_{IB}}{10}}) \tag{2.29}$$

声功率级的计算与声强级完全相同，则

$$L_W = 10\lg\frac{W}{W_0} = 10\lg\left(\frac{W_A+W_B}{W_0}\right) = L_{WA} + 10\lg(1+10^{-\frac{L_{WA}-L_{WB}}{10}}) \tag{2.30}$$

声压级的计算与声强级和声功率级不同，因为声强与声压的二次方成正比，所以根据声能量计算的原则，两个声压级合成时需要先计算出 L_{pA} 和 L_{pB} 的声压二次方值 ${p_A}^2$ 和 ${p_B}^2$，总声压级为

$$\begin{aligned} L_p &= 20\lg\frac{p}{p_0} \\ &= 20\lg\left(\frac{\sqrt{p_A^2+p_B^2}}{p_0}\right) \\ &= 10\lg\frac{p_A^2+p_B^2}{p_0^2} \\ &= L_{pA} + 10\lg(1+10^{-\frac{L_{pA}-L_{pB}}{10}}) \end{aligned} \tag{2.31}$$

当存在多个声源对同一个敏感目标产生影响时，其计算方法与两个声源的情况完全相同。以声压级为例，先计算出各个声压级所对应的声压二次方值 $p_i^2=p_0^2\times10^{\frac{L_i}{10}}$，再计算总合成声压：$p=\sqrt{\sum\limits_n p_i^2}$，则总声压级为

$$L_p = 20\lg\frac{p}{p_0} = 20\lg\left(\frac{\sqrt{\sum\limits_n p_i^2}}{p_0}\right)$$

上述计算需要用计算器才能精确完成，但是从式（2.29）～式（2.31）可以看出，两个声级相加相当于高声级再加上一个附加声级 ΔL，$\Delta L=10\lg(1+10^{-\frac{L_A-L_B}{10}})$。

显然 ΔL 是两个声级差的函数，为方便手工计算，现将 ΔL 与两个声级差的对应关系数据列于表 2.2 中。

表 2.2　由两个声级差计算附加声级 ΔL　　单位：dB

L_A-L_B	0	1	2	3	4	5	6	7	8	9	10	11～12	13～14
ΔL	3.0	2.5	2.1	1.8	1.5	1.2	1.0	0.8	0.6	0.5	0.4	0.3	0.2

以上都是考虑声级叠加的计算，还有一种相反的情况，即声级分解计算。例如，噪声源 A 对敏感点的影响声级为 L_A，声源 A 和声源 B 对该敏感点的共同影响声级为 L_{AB}，求声源 B 对敏感点的影响声级 L_B。与声级合成相同，先计算出各个声级的声强，将总声强 I_{AB} 减去一个声源影响的声强 I_A，差值取对数后乘 10 即得到声源 B 的影响声级。具体计算过程如下：

$$I_A=I_0\times 10^{\frac{L_A}{10}}$$

$$I_{AB}=I_0\times 10^{\frac{L_{AB}}{10}}$$

$$\begin{aligned}L_B&=10\lg\left(\frac{I_{AB}-I_A}{I_0}\right)\\&=10\lg(10^{\frac{L_{AB}}{10}}-10^{\frac{L_A}{10}})\\&=L_{AB}-10\lg\left(1+\frac{1}{10^{\frac{L_{AB}-L_A}{10}-1}}\right)\\&=L_{AB}-\Delta L'\end{aligned}\tag{2.32}$$

与声级合成相同，$\Delta L'$也是两个声级差的函数，为方便手工计算，现将 $\Delta L'$与两个声级差的函数关系列于表 2.3 中。

表 2.3　由声级差计算衰减声级 ΔL′　　单位：dB

$L_{AB}-L_A$	0.5	1	2	3	4	5	6	7	8	9	10
$\Delta L'$	10.3	6.9	4.4	3.0	2.3	1.7	1.25	0.95	0.75	0.6	0.45

2.3 声波的扩散与衰减

2.3.1 典型声波的扩散和衰减

声波在介质中传播时其影响范围越来越大，同时声能密度越来越小，声级越来越低，这种现象称为声波的扩散。声波的扩散与声源的性质、传声介质的性质和声场的空间形状密切相关。声波最前沿的波阵面称为波前。大多数情况下，波前表现为不规则形状。例如，声波在墙体内传播，其形状将受到墙体表面的约束，也会受到砖块之间砌筑缝隙的影响，其波前会产生各种变化。如果传声介质是均匀的，且无限大，波前则可能表现为规则的形状。例如，在大气中传播的声波基本就是如此。根据声源的特点，大气中的声波常被归类为平面波、球面波和柱面波三种类型。从研究声波的角度考虑，总是希望通过对典型案例的分析揭示出事物的内在规律，所以人们更注重对平面波、球面波和柱面波的研究。

1. **平面波的声衰减**

平面波是指波前为平面的声波，最典型的平面波是在管道中传播的声波，在距离声波较远的声场中小范围内的波前也可近似为平面波。平面波是现实环境中最简单的波形，一般人们研究声波都是利用平面波进行分析，实际上对声波的形成和描述也是基于平面波。

因为平面波只向一个方向传播，所以其波动方程是一维的：

$$\frac{\partial^2 p}{\partial x^2}-\frac{1}{c^2}\frac{\partial^2 p}{\partial t^2}=0 \tag{2.33}$$

该方程的一个特解为 $p=p_0\sin(\omega t-kx)$，这与式（2.13）完全相同。

平面波具有两个显著的特点。第一个特点是声波在传播方向上的任何垂直截面上具有相同的声学性质，例如，其位移、振动速度、声强、声压等幅值相同，相位也完全一样。从式（2.13）可以看出，只要 x 确定了，任何时候声传播方向的垂直截面上各质点的声压 p 和相位 Φ 都是相同的，

与声场中的 y 坐标和 z 坐标都没有关系。

第二个特点是平面波的扩散衰减为 0。在不考虑边界面和传声介质吸收等影响的情况下，平面波只是向前方传播，没有声场扩散现象，因此其扩散衰减量为 0，无论 x 怎样变化，声场的有效声压级不变。

2. **球面波的声衰减**

球面波是波前呈同心球面的声波。如果声源的尺寸比其辐射声波的波长小得多，则可将该声源视为点声源，点声源辐射产生的声波就是球面波，这在大气环境中十分常见，例如设备噪声源在远场就可以近似为球面波。

球面波的波动方程为

$$\frac{\partial^2(rp)}{\partial r^2}-\frac{1}{c^2}\frac{\partial^2(rp)}{\partial t^2}=0 \tag{2.34}$$

式（2.34）的一个特解为

$$p=\frac{p_0}{r}\sin(\omega t-kr) \tag{2.35}$$

从式（2.35）可以看出，球面波的声压幅值与距离 r 成反比。根据声压级的计算公式，r_1 和 r_2 两处的声级差为

$$\Delta L=10\lg\frac{p_{r1}^2}{p_0^2}-10\lg\frac{p_{r2}^2}{p_0^2}=10\lg\frac{p_{r1}^2}{p_{r2}^2}=-10\lg\frac{r_1^2}{r_2^2}=-20\lg\frac{r_1}{r_2}$$

上式说明球面波的声级与距离的平方成反比的常用对数再乘 10 的衰减关系，如果 $r_1=2r_2$，声级衰减 6 dB，如果 $r_1=10r_2$，声级衰减 20 dB，这就是通常所说的球面波具有距离平方反比的衰减规律。

3. **柱面波的声衰减**

柱面波是波前呈圆柱面的声波，无限长线声源辐射的声波就是柱面波，例如车流密集的公路交通噪声源，其远声场即可视为柱面波；有限长线声源中间辐射的声波也可视为柱面波。

柱面波的波动方程为

$$\frac{\partial^2 p}{\partial r^2}+\frac{1}{r}\frac{\partial p}{\partial r}=\frac{1}{c^2}\frac{\partial^2 p}{\partial t^2} \tag{2.36}$$

式（2.36）的特解为

$$p = \frac{p_0}{\sqrt{r}}\sin(\omega t - kr) \tag{2.37}$$

从式（2.37）可以看出，柱面波的声压幅值与距离 r 的平方根成反比。根据声压级的计算公式，r_1 和 r_2 两处的声级差为

$$\Delta L = 10\lg\frac{p_{r1}^2}{p_0^2} - 10\lg\frac{p_{r2}^2}{p_0^2} = 10\lg\frac{p_{r1}^2}{p_{r2}^2} = -10\lg\frac{r_1}{r_2}$$

上式说明柱面波的声级与距离比的常用对数再乘 10 的衰减关系，如果 $r_1 = 2r_2$，声级衰减 3 dB，如果 $r_1 = 10r_2$，声级衰减 10 dB，这就是柱面波的距离反比衰减规律。同样的距离比，柱面波的衰减声级只有球面波衰减声级的一半。

2.3.2 声波传播过程中的能量守恒

平面波、球面波和柱面波这三种波形是最典型也是最简单的声传播形式，声波的波前不可能都会形成规则的波形，这一方面是因为声场不可能都是无限大的，边界效应会使波形改变；另一方面是因为传声介质的不均匀性也会使声波波形发生变化。不规则波形的声波衰减不可能像平面波、球面波和柱面波那样能够推导出它们的扩散衰减公式，但是它们遵循能量守恒法则，因此，可以通过能量守恒的原理推测其衰减情况。

在式（2.21）中，声功率与声强存在如下的关系：$W = \int_S I\mathrm{d}S$。该式提示我们，声源在传播过程中应该遵循能量守恒定律，在不考虑介质对声能吸收的条件下，声源发出的声能量既不会消失也不会增加。因此，可以将式（2.21）改写为如下的形式：

$$W = \int_S I(S)\mathrm{d}S \tag{2.38}$$

该式的意义为，无论声波的波形如何变化，但同一时刻声强沿任一封闭面的积分总等于封闭面内声源辐射出来的声功率，这里声强是封闭面 S

的函数，如图 2.4 所示。

这是一个很重要的概念，根据该式我们可以通过测量包络面上的声强计算得到声源的声功率，也可以通过声源的声功率计算声场中某一处的声强或声强级。

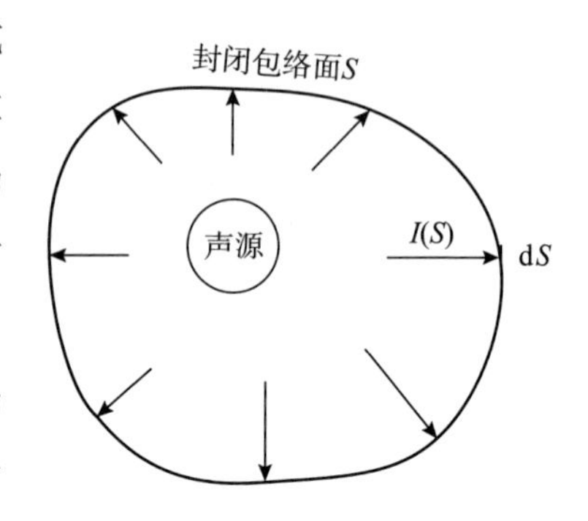

图 2.4　计算沿封闭面内声源辐射的声功率示意

例如，混响室内有一个声源辐射的声功率为 W，混响室只有一个排气口与外界相通，排气口面积为 S，求排气口的平均声强。这里先不考虑混响室内壁面和空气吸声，根据式（2.38）很容易求得 $\overline{I}=\dfrac{W}{S}$；如果考虑混响室内壁面和空气的声吸收，设吸收掉的总声能量为 ΔW，也可以得到排气口的平均声强 $\overline{I}=\dfrac{W-\Delta W}{S}$。

再如，点源在大气中辐射的声功率为 W，求半径为 r 处的声强和声强级。因为点源在均匀的大气中以球面波传播，r 处的球面面积为 $4\pi r^2$，因此 $I=\dfrac{W}{4\pi r^2}$，声强级 $L_I=10\lg\dfrac{W}{W_0 4\pi r^2}$。如果再进一步求距离 r_1 和 r_2 处的声级差，则

$$\Delta L = L_1 - L_2 = 10\lg\frac{W}{W_0 4\pi r_1^2} - 10\lg\frac{W}{W_0 4\pi r_2^2} = -20\lg\frac{r_1}{r_2}$$

这里用能量守恒得到的声衰减规律与前面用声压推导出来的规律是完全相同的。

2.3.3　传声介质对声波的吸收衰减

声波在传播过程中除了自然扩散衰减外，还存在介质对声能的吸收衰减。介质对声波的吸收衰减原因很复杂，空气、水和固体对声波吸收效率不一样。

1. 空气对声波的吸收

声波在大气中传播时同时存在两种声吸收机理，一种为经典吸收，这是由于空气分子平移运动产生的黏滞性和转动产生的热传导性等原因产生的，该吸收与声波频率的二次方成正比；另一种是分子弛豫吸收，这是由于空气分子（氧气和氮气）振动时其固有频率与声波频率接近时发生能量交换引起的。无论是经典吸收还是分子弛豫吸收都与大气的温度、湿度和大气压密切相关，这方面已经积累了大量的实验测量数据，表 2.4 为标准大气压下的空气吸收衰减系数。

表 2.4 标准大气压下（101.325kPa）纯音大气吸收的衰减系数

大气温度/℃	相对湿度(%)	空气吸收衰减系数/(dB/km) 频率/Hz					
		125	250	500	1000	2000	4000
30	10	9.58×10^{-1}	1.82	3.40	8.67	2.85×10	9.60×10
	20	7.25×10^{-1}	1.87	3.41	6.00	1.45×10	4.71×10
	30	5.43×10^{-1}	1.68	3.67	6.15	1.18×10	3.27×10
	50	3.51×10^{-1}	1.25	3.57	7.03	1.17×10	2.45×10
	70	2.56×10^{-1}	9.63×10^{-1}	3.14	7.41	1.27×10	2.31×10
	90	2.02×10^{-1}	7.75×10^{-1}	2.71	7.32	1.38×10	2.35×10
20	10	7.76×10^{-1}	1.58	4.25	1.41×10	4.53×10	1.09×10^{2}
	20	7.12×10^{-1}	1.39	2.60	6.53	2.15×10	7.41×10^{2}
	30	6.15×10^{-1}	1.42	2.52	5.01	1.41×10	4.85×10
	50	4.45×10^{-1}	1.32	2.73	4.66	9.86	2.94×10
	70	3.39×10^{-1}	1.13	2.80	4.98	9.02	2.29×10
	90	2.72×10^{-1}	9.66×10^{-1}	2.71	5.30	9.06	2.02×10
10	10	7.88×10^{-1}	2.29	7.52	2.16×10	4.23×10	5.73×10
	20	5.79×10^{-1}	1.20	3.27	1.10×10	3.62×10	9.15×10
	30	5.51×10^{-1}	1.05	2.28	6.77	2.35×10	7.66×10
	50	4.86×10^{-1}	1.05	1.90	4.26	1.32×10	4.67×10
	70	4.11×10^{-1}	1.04	1.93	3.66	9.66	3.28×10
	90	3.48×10^{-1}	9.96×10^{-1}	2.00	3.54	8.14	2.57×10

续表

大气温度/℃	相对湿度(%)	空气吸收衰减系数/(dB/km)					
		频率/Hz					
		125	250	500	1000	2000	4000
0	10	1.30	4.00	9.25	1.40×10	1.66×10	1.90×10
	20	6.14×10^{-1}	1.85	6.16	1.77×10	3.46×10	4.70×10
	30	4.69×10^{-1}	1.17	3.73	1.27×10	3.60×10	6.90×10
	50	4.11×10^{-1}	8.21×10^{-1}	2.08	6.83	2.38×10	7.10×10
	70	3.90×10^{-1}	7.63×10^{-1}	1.61	4.64	1.61×10	5.55×10
	90	3.67×10^{-1}	7.60×10^{-1}	1.45	3.66	1.21×10	4.32×10

资料来源：《声学 户外声传播衰减 第1部分 大气声吸收的计算》(GBT 17247.1—2000)。

2. 水对声波的吸收

水是液体，其对声波的吸收也包括两部分，一部分为经典吸收，另一部分是逾量吸收。经典吸收是由于水分子间的黏滞性和热传导引起的，它和频率的二次方成比例；逾量吸收是与各简正方式间能量缓慢交换而引起的弛豫机理有关，逾量吸收也与频率的二次方成正比。表2.5为1个标准大气压下不同温度的水中声衰减系数，表2.6是水温为30 ℃时的不同压力下的声衰减系数。

表2.5 1个标准大气压下水中的声衰减系数（f=8～67 MHz）

t/℃	0	5	10	15	20	30
α/f^2/(s²/m)	56.9 (15)	44.1 (15)	36.1 (15)	29.6 (15)	25.3 (15)	19.1 (15)
t/℃	40	50	60	70	80	90
α/f^2/(s²/m)	14.6 (15)	12.0 (15)	10.2 (15)	8.7 (15)	7.9 (15)	7.2 (15)

资料来源：马大猷，沈嵘. 声学手册（修订版）. 北京：科学出版社，2004。

注：括号内的数字是10的指数。

表2.6 水温为30 ℃时的声衰减系数

p/atm	0	500	1000	1500	2000
α/f^2/(s²/m)	18.5 (15)	15.4 (15)	12.7 (15)	11.1 (15)	9.9 (15)

资料来源：马大猷，沈嵘. 声学手册（修订版）. 北京：科学出版社，2004。

注：1. 括号内的数字是10的指数。

2. 1 atm约为100 kPa。

2.4 室内声传播原理与基本特性

2.4.1 室内混响

当门窗关闭时，居室内就形成一个封闭空间，其四周为墙，上有天花、下有地板，还有橱桌等家具，这些壁面和家具表面都是空气声波的强反射面。在这个封闭空间内，如果有一个声源发出声波，该声波传播过程中必然要遇到房屋壁面并产生反射。由于空气中的声速极快，而室内空间尺寸又很小，声源辐射出来的声波会很快碰到壁面产生反射，反射声波向前传播再次反射，直达声波与无数多次的反射声波导致室内的声场完全处于无规状态，以至于从统计分析角度看，声波通过任何位置的概率相同，向各个方向传播的概率相近，室内各处的声能密度相等，相位无规，我们将这种室内空间分布比较“均匀”的声场称为扩散声场。

扩散声场内存在两种声波，一种是从声源直接辐射来的直达声，另一种是经过壁面一次或多次反射来的反射声。如果声源突然停止，直达声首先消失，但反射声仍然存在一段时间后才逐渐消失。如果反射声波与直达声波的相隔时间较短，人耳听到的反射声像是直达声的延续，则这种反射声波称为混响声；如果反射声波与直达声波的相隔时间较长，听起来直达声和反射声像是两个独立的声音，则这种反射声波称为回声。实验表明，直达声与第一次反射声或相继到达的两个反射声之间在时间上相差 50 ms 以上就会产生回声。回声对室内的音质效果是十分不利的，应力求避免，而适当的混响声却能提高室内的声音响度和音质效果。

美国声学家赛宾通过理论和实验研究得到表述室内混响的一个重要参量——混响时间 T_{60}，其定义为在扩散声场中，当声源停止后从初始声压级降低 60 dB（相当于平均声能密度降低到百万分之一）所需的时间，理论推导的混响时间 T_{60} 为

$$T_{60} = \frac{-55.2V}{c_0 S\ln(1-\overline{\alpha})} \tag{2.39}$$

其中

$$\overline{\alpha} = \frac{\sum_i \alpha_i S_i + \sum_j \alpha_j S_j}{S} \tag{2.40}$$

式中 V——室内的空间体积；

c_0——空气中的声速；

S——室内的总表面积；

$\overline{\alpha}$——平均吸声系数；

α_i、S_i——室内不同壁面的吸声系数、面积；

α_j、S_j——室内家具或人的吸声系数、面积。

对于大多数居住房屋，室内的吸声系数 $\overline{\alpha}<0.2$，式（2.39）可简化为

$$T_{60} \approx \frac{0.161V}{S\overline{\alpha}} \tag{2.41}$$

这就是建筑声学中著名的赛宾公式。

大量经验表明，混响时间太长，就会导致声音“混浊”不清，影响语言清晰度；混响时间太短，就会导致声音“干涩”，听起来不自然。对于居住用房而言，室内的混响时间在 0.5 s 左右较为合适；对于电影院、会议厅，混响时间在 1.0 s 左右较好；对于歌剧院、音乐厅，混响时间在 1.5 s 左右更佳。

2.4.2 室内稳态声压级

当声源辐射声波时，室内声能由直达声和反射声组成，其总平均声能密度为

$$\overline{e} = \overline{e}_{\mathrm{d}} + \overline{e}_{\mathrm{r}} \tag{2.42}$$

设声源为无指向性的点声源，其声功率为 $\overline{W}$，则距离声源 r 处的直达声的平均声能密度为

$$\bar{e}_{d}=\frac{\overline{W}}{4\pi r^{2}c_{0}} \tag{2.43}$$

反射声的平均声能密度求解较为复杂，但根据统计声学的理论，设壁面的等效平均吸声系数为 $\bar{\alpha}$ ，可以求得稳态混响声场内反射声的平均声能密度如下：

$$\bar{e}_{r}=\frac{4\overline{W}}{Rc_{0}} \tag{2.44}$$

其中

$$R=\frac{S\bar{\alpha}}{1-\bar{\alpha}}$$

式中　R——房间常数，m^2。

从式（2.44）可以看出，混响声场内反射声的平均声能密度与距离没有关系，但与声源的声功率成正比，与房间常数成反比。

将式（2.42）和式（2.43）代入式（2.44），可以得到房间内总平均声能密度为

$$\bar{e}=\frac{\overline{W}}{4\pi r^{2}c_{0}}+\frac{4\overline{W}}{Rc_{0}}$$

根据 $\bar{e}=\frac{p^{2}}{\rho_{0}c_{0}^{2}}$，可以进一步得到稳态室内声场的声压级公式：

$$L_{p}=20\lg\frac{p}{p_{0}}=10\lg\overline{W}+10\lg(\rho_{0}c_{0})+94+10\lg\left(\frac{1}{4\pi r^{2}}+\frac{4}{R}\right)$$

当 $\rho_{0}c_{0}=400$ 瑞利时，利用声功率级的公式，上式可变为

$$L_{p}=L_{w}+10\lg\left(\frac{1}{4\pi r^{2}}+\frac{4}{R}\right) \tag{2.45}$$

从式（2.45）可以看出，室内声压级与距离 r 的关系与自由声场不同，声压级不仅受到距离 r 的影响，还受到房间常数 R 的影响。取$\frac{1}{4\pi r^{2}}=\frac{4}{R}$，并将此条件下的 r 称为临界距离，记作 r_0，可以求得临界距离 $r_{0}=\frac{1}{4}\sqrt{\frac{R}{\pi}}$，在此距离上直达声与混响声相等；当 $r>r_0$ 时，混响声起主导作用；当 $r<r_0$ 时，直达声起主导作用。可见，R 是描述房间声学特性的一个重要参数。

2.5 人对声音的感受

2.5.1 人的听觉器官

人耳可以分为外耳、中耳、内耳，其结构如图2.5所示。声波从外耳进入，直抵中耳的鼓膜。鼓膜是一个向内倾斜的圆锥膜，在声压的作用下产生运动。由于鼓膜与锤骨、砧骨、镫骨依次相连，并如同一个杠杆机构，将声压的作用力放大，因此鼓膜的运动得以有效地传递到内耳。内耳由骨迷路和膜迷路组成，在两迷路中含有外淋巴和内淋巴，并延伸至前庭、半规管、基底膜和耳蜗，镫骨的运动在淋巴内形成波动并传到耳蜗，耳蜗内的柯蒂氏器官可将声能量转换成神经兴奋信号，并通过一系列的听觉神经元与大脑皮层中的颞叶相联系，大脑对传来的信号进行分析，于是人就能感觉到声音。

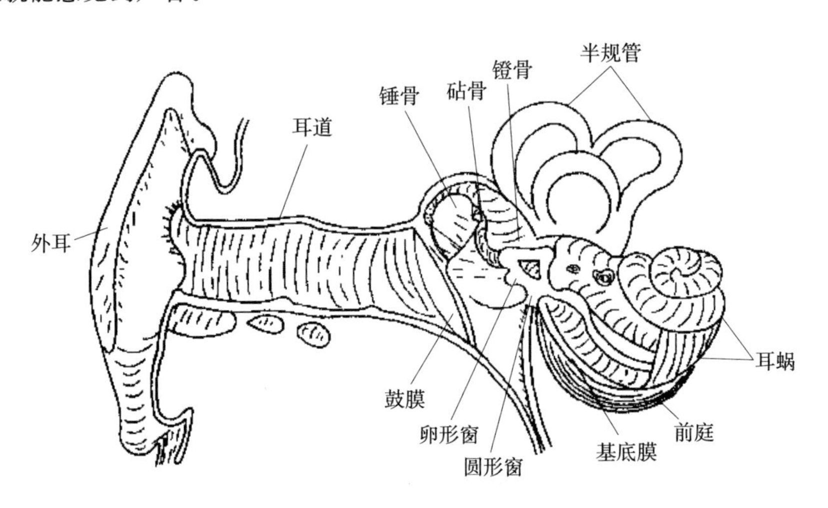

图2.5 人耳的结构

此外，外界的振动和声波还可以直接引起颅骨的振动，颅骨再引起位于颞骨骨质中的耳蜗内淋巴的振动，最终传至听觉神经元与大脑皮层中，让人感觉到声音，这称为骨传导。在大气中骨传导没有气传导灵敏。但是对于因固体声波引起的结构噪声，骨传导比气传导更能感受到固体声的存在，这是骨传导的判断结构噪声的优势。

2.5.2 人对噪声的主观感觉

人耳是一个十分灵敏、十分高级的声波接收器，它可以接收到20～20000 Hz频率范围内的声波，可以接收10^{12}数量级范围内的声强作用。但是这个接收器也有其特点，它是以人的主观感觉来反映接收到的声信号，因而与客观的物理量存在较大差距。客观反映声波的物理量是声压（或声强等）幅值、频率和相位，而人对声音的主观感觉是用另外三个量来描述的，即响度、音调和音色。其中响度与声波振动的幅值相关；音调与频率相关；音色只与复杂声波的谐波成分及谐波之间的相对关系有关，与相位没有关系。

为正确反映人的主观感觉与客观物理量之间的关系，人们做了大量的实验，通过将不同频率的纯音与同样响度感觉的1000 Hz声音进行比较，得到音频范围内的等响曲线，如图2.6所示。分析该等响曲线可以得到一系列的重要结果。

1. **听阈和痛阈**

通常人们把双耳可听到的不同频率声音的下限称为听阈，图2.6中最下方的虚线即是人耳的听阈，可见人耳听力的下限因频率不同差异较大，最低可以达到0方（见图2.6）的等响曲线。当声音的强度达到130方等响曲线以上时，耳朵就感觉疼痛，这是可听声的上限，通常称为痛阈。在听阈和痛阈之间就是人耳的听觉区域。

2. **人耳对不同频率声音的敏感程度**

从等响曲线可以看出，人耳对不同频率声音的敏感程度不一样。例如，100 Hz声波的声压级达到24 dB（相当于3.2×10^{-4} Pa声压）人耳才能感觉到，但1000 Hz的声波声压级为0 dB（相当于2×10^{-5} Pa声压）人耳就能感

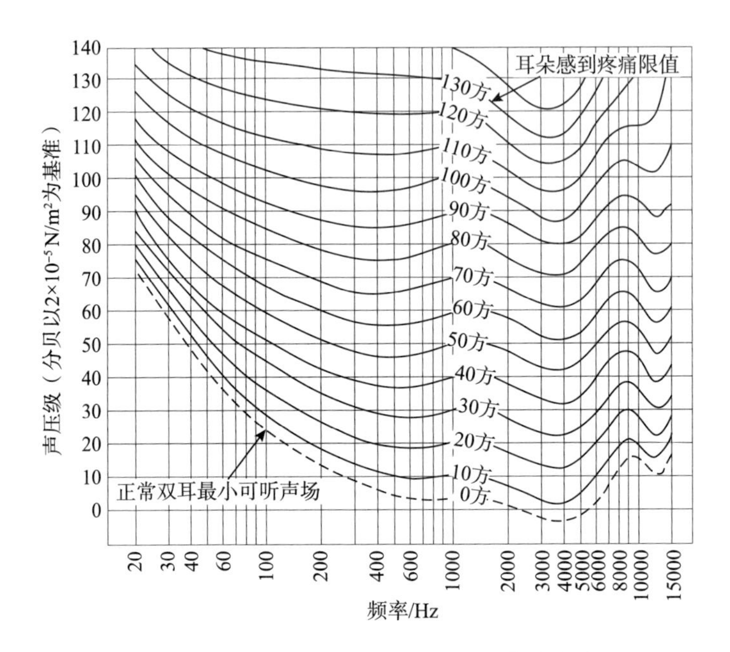

图 2.6　自由声场中实验得到的纯音等响曲线

觉到，而 4000 Hz 的声波声压级只要大于－1.2 dB（相当于 1.7×10^{-5} Pa 声压）人耳就能感觉到了。

在可听声范围内人耳对 2000～5000 Hz 的声音最敏感，对低频声音不敏感或很不敏感，对 5000 Hz 以上的声音也渐渐不敏感。频率低于 20 Hz 的声音为次声波，高于 20000 Hz 的声波为超声波，次声波和超声波均超出了人耳的听力范围。

2.5.3　噪声的主观评价量

根据人对声波的主观感觉，人们常用响度级和响度来表示声音的强弱。

1. **响度级**

在图 2.6 中，将频率为 1000 Hz 纯音声压级的分贝值定义为其响度级。对于其他非 1000 Hz 频率的声音，调节 1000 Hz 纯音的强度使之与这声音响度值一样响，则 1000 Hz 纯音的声压级分贝数就是该频率声音的响度级。表示响度级的符号为 L_N，其单位为“方”（phon）。

2. **响度**

响度是人们用来描述声音大小的另一个主观评价量，通常用符号 N 表示，其单位为“宋”（sone）。定义 1000 Hz 纯音声压级为 40 dB 的响度为 1 宋，任何一个声音若它听起来比 1 宋响几倍，那么这个声音的响度就是几宋。

对许多人的实验结果表明，大约响度级每改变 10 方，响度就增减 1 倍。在 20 方至 120 方之间的纯音或窄带噪声，响度级 L_N 与响度 N 之间近似有如下关系：

$$N = 2^{0.1(L_N - 40)} \tag{2.46}$$

2.5.4 计权声级和等效声级

实际环境中的噪声是十分复杂的，它是若干频率声波的组合，且幅值和频率随时间瞬息万变。不同的噪声源辐射噪声的时间有长有短，人处于噪声环境中的时间也不一样，用单一的或相对简单的评价量来反映声源的强弱或人所接受到的噪声水平是十分必要的。但是响度、响度级十分烦琐复杂，而用声级又不能代表人的主观感觉，于是人们根据不同特性的噪声结合人的主观感觉提出了计权声级和等效声级的评价量。

1. **计权声级**

计权声级是根据人的主观感觉对不同频率的声波进行修正得到的一种声级评价量，现有的计权声级有 A 声级、B 声级、C 声级和 D 声级等。

A 声级的计权是根据图 2.6 中 40 方等响曲线对不同频段的噪声进行修正得到的声压级，其计权网络的特性曲线就是 40 方等响曲线的倒置形状。A 计权声级应用十分广泛，目前世界各国在环境噪声、设备噪声监测和评价均采用 A 计权声级，表 2.7 是 1/3 倍频程中心频率的 A 计权修正值。

表 2.7 1/3 倍频程中心频率的 A 计权修正值

中心频率/Hz	声级修正/dB	中心频率/Hz	声级修正/dB
10	−70.4	500	−3.2
12.5	−63.4	630	−1.9
16	−56.7	800	−0.8
20	−50.5	1000	0
25	−44.7	1250	0.6
31.5	−39.4	1600	1.0
40	−34.6	2000	1.2
50	−30.2	2500	1.3
63	−26.2	3150	1.2
80	−22.5	4000	1.0
100	−19.1	5000	0.5
125	−16.1	6300	−0.1
160	−13.4	8000	−1.1
200	−10.9	10000	−2.5
250	−8.6	12500	−4.3
315	−6.6	16000	−6.6
400	−4.8	20000	−9.3

B 声级是模拟 70 方等响曲线得到的声压级；C 声级是根据 100 方等响曲线对不同频段的噪声进行修正得到的声压级；D 声级是根据另外一种称为等噪度曲线得到的计权声级，该声级主要用于航空噪声的测量。

此外，不做任何计权直接反映噪声实际幅值的声压级称为线性声级。不同计权网络的特性曲线如图 2.7 所示。

2. **等效声级**

A 声级能较好地代表人对噪声的主观感觉，当环境噪声稳定时，A 声级就可以代表人感觉到的环境噪声水平。但是当噪声是起伏的或者是断续的，A 声级就不可用了，于是等效声级的概念随之产生。

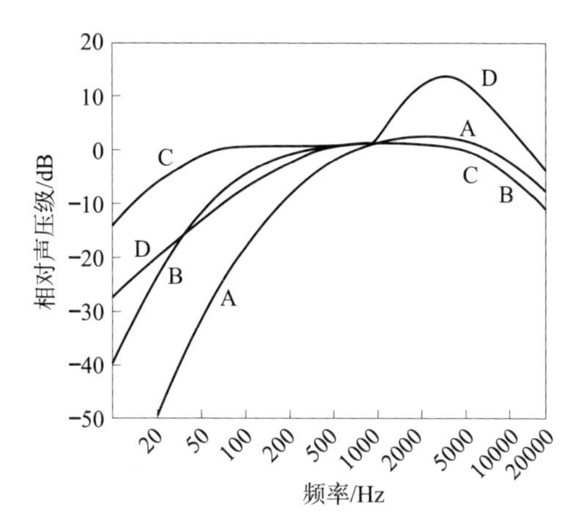

图 2.7 A、B、C 和 D 计权特性曲线

等效声级的定义为在一段时间内声压级的能量平均值所对应的声级，该声级代表这段时间内的噪声水平。在环境噪声测量中多采用 A 声级，则一段时间内的 A 声级的能量平均值所对应的声级就称为等效连续 A 声级。显然等效连续 A 声级是经过 A 计权后的能量等效，并不是客观实际的声能量等效，其表达式如下：

$$L_{\mathrm{Aeq}} = 10\lg\left\{\frac{1}{T_2 - T_1}\int_{T_1}^{T_2} \frac{p_{\mathrm{A}}^2(t)}{p_0^2}\mathrm{d}t\right\} \tag{2.47}$$

3 室内吸声与隔声

3.1 反射系数和透射系数

当声波从一种介质向另一种介质传播时，在边界面上将产生反射和透射，一部分声能量被反射回原介质中，另一部分声能量进入另一种介质中。声波的入射、反射和透射分别用入射线、反射线和折射线来表示。图3.1为空气声波入射到平面上以及球的内、外表面上时的反射和透射情况。

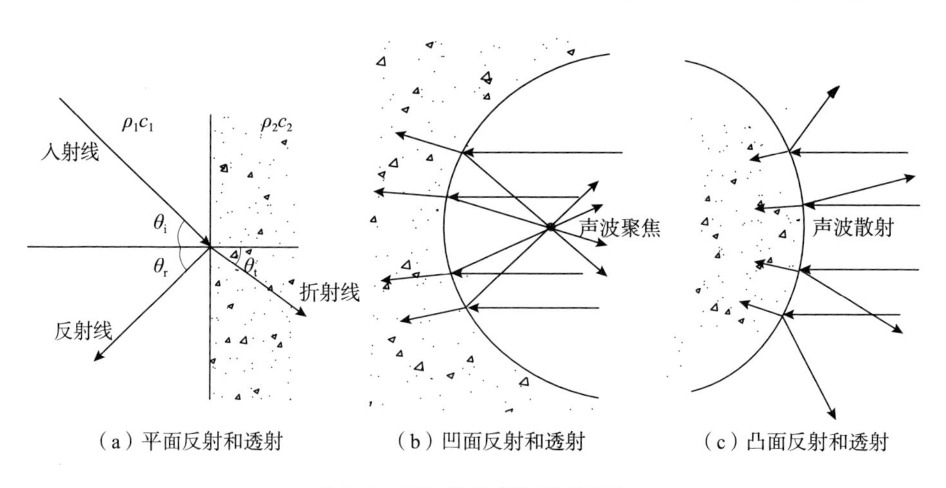

（a）平面反射和透射　（b）凹面反射和透射　（c）凸面反射和透射

图 3.1　声波的反射和折射现象

声波的入射线与边界面法线的夹角称为入射角，反射线与法线的夹角称为反射角，折射线与法线的夹角称为折射角。理论分析证明：入射线与反射线位于同一个平面内，分居于法线的两侧，且入射角 θ_i 等于反射角

θ_r，这就是声波的反射定律。正是因为这一定律，当声波入射到球形的外表面上时就会产生声波散射现象，当声波入射到球形的内表面上时就会产生声波聚焦现象。

反射声压与入射声压之比值称为声压反射系数，透射声压与入射声压之比值称为声压透射系数，根据边界面声压连续和质点振动速度连续的条件可以推导得到这两个系数。

3.1.1 反射系数

声压反射系数公式为

$$\gamma_p = \frac{P_r}{P_i} = \frac{\rho_2 c_2 \cos\theta_i - \rho_1 c_1 \cos\theta_t}{\rho_2 c_2 \cos\theta_i + \rho_1 c_1 \cos\theta_t} \tag{3.1}$$

式中 ρ——介质的密度；

c——介质的声速；

1、2——两种不同的介质。

声强的反射系数公式可以由声压的反射系数推导得到，即

$$\gamma_I = \frac{I_r}{I_i} = \frac{P_r^2/\rho_1 c_1}{P_i^2/\rho_1 c_1} = \left(\frac{\rho_2 c_2 \cos\theta_i - \rho_1 c_1 \cos\theta_t}{\rho_2 c_2 \cos\theta_i + \rho_1 c_1 \cos\theta_t}\right)^2 \tag{3.2}$$

当声波垂直入射时，$\theta_i = \theta_r = \theta_t = 0$，上两式变为

$$\gamma_{p0} = \frac{\rho_2 c_2 - \rho_1 c_1}{\rho_2 c_2 + \rho_1 c_1} \tag{3.3}$$

$$\gamma_{I0} = \left(\frac{\rho_2 c_2 - \rho_1 c_1}{\rho_2 c_2 + \rho_1 c_1}\right)^2 \tag{3.4}$$

声波的反射系数 $\gamma_I < 1$，因为在反射过程中有部分声能量透射到了另一种介质中，还有一部分在边界层上消耗掉了。通常认为入射声能量减去反射声能量为被吸收的声能量，并定义被吸收的声能量与入射声能量之比为吸声系数 α。因此，吸声系数加反射系数等于1，其表达式为

$$\alpha = 1 - \gamma_I = 1 - \gamma_p^2 \tag{3.5}$$

3.1.2 透射系数

声压的透射系数公式为

$$\tau_p = \frac{P_t}{P_i} = \frac{2\rho_2 c_2 \cos\theta_i}{\rho_2 c_2 \cos\theta_i + \rho_1 c_1 \cos\theta_t} \tag{3.6}$$

声强的透射系数公式为

$$\tau_I = \frac{P_t^2/\rho_2 c_2}{P_i^2/\rho_1 c_1} = \frac{4\rho_1 c_1 \rho_2 c_2 \cos^2\theta_i}{(\rho_2 c_2 \cos\theta_i + \rho_1 c_1 \cos\theta_t)^2} \tag{3.7}$$

同样，当声波垂直入射时，$\theta_i = \theta_r = \theta_t = 0$，上两式变为

$$\tau_{p0} = \frac{2\rho_2 c_2}{\rho_2 c_2 + \rho_1 c_1} \tag{3.8}$$

$$\tau_{I0} = \frac{4\rho_1 c_1 \rho_2 c_2}{(\rho_2 c_2 + \rho_1 c_1)^2} \tag{3.9}$$

3.1.3 讨论

根据上面的声反射和透射公式可以看出，声波的反射和透射主要由两种介质的特性阻抗 ρc 决定。

(1) 当 $\rho_1 c_1 = \rho_2 c_2$ 时，反射系数 γ 接近于 0，透射系数 τ 接近于 1，这种情况相当于声波从第一种介质全部透射到了第二种介质。在进行吸声处理时，就希望吸声材料的特性阻抗尽可能与空气相近，使空气中的声能量被全部吸收掉。

(2) 当 $\rho_1 c_1 \gg \rho_2 c_2$ 时，反射系数 γ 接近于 1，透射系数 τ 接近于 0，这种情况相当于声波能量几乎不能透射到第二种介质。在隔声和防止结构噪声产生时，就希望两种介质的 ρc 值相差悬殊。例如，为防止歌舞厅内的噪声透射入建筑物并进一步传播到相邻房间，舞厅的内壁面应选择声特性阻抗尽可能大于空气的材料。再如，为增大隔声板的隔声量，可以采取声特性阻抗相差很大的材料做成多层夹芯板，层与层之间形成反射面，声波经过多层反射使隔声板的隔声量大大增加。

(3) 从声强的透射公式可以看出，在能够形成声波透射的入射角度范围内，无论从介质 1 进入介质 2，还是从介质 2 进入介质 1，它们的透射系数是相同的。

3.2 吸声

吸声不仅可以有效控制壁面对声波的反射、减小室内混响、降低房间内的噪声级、提高语言清晰度，而且吸声材料与隔声材料配合还可提高隔声构件的隔声效果，用吸声材料组合成不同形式和规格的气流通道可消除气流动力噪声，这就是消声器的消声原理。因此，吸声降噪是噪声控制的基本手段之一，吸声材料是噪声治理工程的基石。

3.2.1 吸声材料和吸声结构

通常平均吸声系数大于0.2的材料或结构件即可视其为吸声材料或吸声结构。吸声材料（结构）的种类很多，按照其吸声机理可以分为多孔吸声材料、共振吸声结构和特殊吸声结构。图3.2为一般吸声材料（结构）分类。

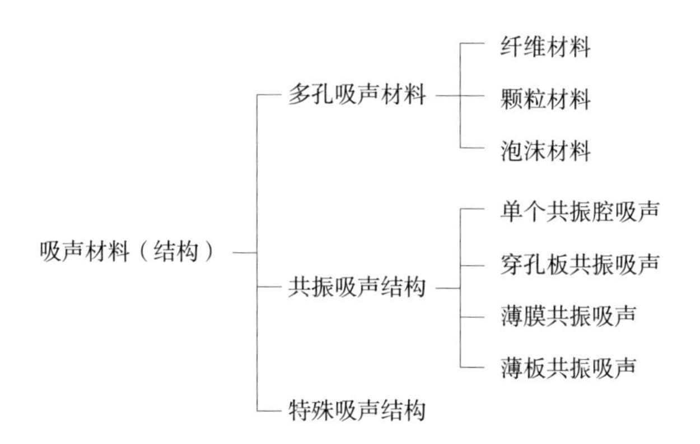

图3.2 吸声材料（结构）的分类

吸声材料或吸声结构的吸声机理主要有黏滞损耗（或摩擦损耗）、热传导和弛豫。黏滞损耗的降噪机理是，当声波在媒质中传播时，不同处的质点振动速度不一样，速度梯度使得相邻质点间产生黏滞或内摩擦，从而使声能转化为热能。热传导吸声的原因是在声场中不同空间质点疏密程度不同，压力差造成温度梯度，从而产生热量传递使声能损失。弛豫吸收声能的原理在于当媒质的质点温度随声波传播过程作周期性变化时，分子能量相应地作同步变化，但是分子振动变化跟不上声波的周期性变化，总落后一定的相位，使声能不断转化为热能。对于常用的吸声材料和吸声结构，黏滞损耗吸收声能量是主要的，热传导也有一定作用，弛豫吸收基本可以忽略不计。

吸声材料的吸声系数是指被材料吸收掉的声能量与入射到材料上的总声能量之比，一般用 α 表示，显然 $0 \leqslant \alpha \leqslant 1$（在混响室中测量时可能出现 $\alpha > 1$ 的情况，因为混响室内的吸声材料还吸收了反射声波）。此外，所有吸声材料的吸声系数是随声波的频率变化的，为了全面准确地表达某种材料的吸声性能，常常用频率函数的 α 曲线来表示，有时也用降噪系数 NRC 来表示。降噪系数 NRC 是指吸声材料对 250 Hz、500 Hz、1000 Hz 和 2000 Hz 吸声系数的平均值。

某些建筑材料的吸声性能较差，如砖块、混凝土、玻璃、大理石、木板等对声波都是强反射面，由这些强反射面构成的建筑物的内壁面在声学上称为硬边界。在硬边界构成的封闭空间里声波必然会产生反射和混响，使封闭空间内的噪声级大大增加。理论和经验均表明，建筑物内壁面吸声与否室内声级可能相差 6～15 dB，表 3.1 列出了一般常用建筑材料的吸声系数，表 3.2 为一些常用建筑结构的吸声系数。

表 3.1　常用建筑材料的吸声系数

建筑材料	倍频带中心频率/Hz					
	125	250	500	1000	2000	4000
普通砖	0.03	0.03	0.03	0.04	0.05	0.07
涂漆砖	0.01	0.01	0.02	0.02	0.02	0.03
混凝土块	0.36	0.44	0.31	0.29	0.39	0.25
涂漆混凝土块	0.10	0.05	0.06	0.07	0.09	0.08
混凝土	0.01	0.01	0.02	0.02	0.02	0.02
木　料	0.15	0.11	0.10	0.07	0.06	0.07

续表

建筑材料	倍频带中心频率/Hz					
	125	250	500	1000	2000	4000
灰 泥	0.01	0.02	0.02	0.03	0.04	0.05
大理石	0.01	0.01	0.02	0.02	0.02	0.03
玻璃窗	0.15	0.10	0.08	0.08	0.07	0.05

表 3.2 一些常用建筑材料构造的吸声系数

材料名称	材料厚度/cm	空气层厚度/cm	倍频带中心频率/Hz					
			125	250	500	1000	2000	4000
刨花板	2.5	0	0.18	0.14	0.29	0.48	0.74	0.84
		5	0.18	0.18	0.50	0.48	0.58	0.85
三合板	0.3	5	0.21	0.73	0.21	0.19	0.08	0.12
		10	0.59	0.38	0.18	0.05	0.04	0.08
细木丝板	1.6	0	0.04	0.11	0.20	0.21	0.60	0.68
	5	5	0.29	0.77	0.73	0.68	0.81	0.83
甘蔗板	1.3	0	0.06	0.12	0.20	0.21	0.60	0.68
		3	0.28	0.40	0.33	0.32	0.37	0.26
木质纤维板	1.1	0	0.06	0.15	0.28	0.30	0.33	0.31
		5	0.22	0.30	0.34	0.32	0.41	0.42
泡沫水泥	5	0	0.32	0.39	0.48	0.49	0.47	0.54
		5	0.42	0.40	0.43	0.48	0.49	0.55

在实际噪声治理工程中，使用最多的是各种多孔性吸声材料，这类材料属于阻性吸声材料，包括纤维性材料、颗粒材料和泡沫材料。表 3.3 是目前常用的各种多孔吸声材料的吸声性能。

表 3.3 常用吸声材料不同参数下的吸声系数

多孔件吸声材料名称	厚度/mm	密度/(kg/m³)	下述频率（Hz）的吸声系数					
			125	250	500	1000	2000	4000
超细玻璃棉、玻璃丝布覆面	50	30	0.18	0.30	0.58	0.87	0.82	0.79

续表

多孔件吸声材料名称	厚度/mm	密度/(kg/m³)	下述频率（Hz）的吸声系数					
			125	250	500	1000	2000	4000
超细玻璃棉、玻璃丝布覆面	100	30	0.25	0.49	0.86	0.93	0.91	0.89
矿渣棉、玻璃丝布覆面	50	250	0.15	0.46	0.55	0.61	0.80	0.85
矿渣棉、玻璃丝布覆面	100	250	0.16	0.48	0.57	0.69	0.85	0.91
矿渣棉、离墙 50 mm	50	250	0.21	0.70	0.79	0.98	0.77	0.89
卡普隆纤维	60	33	0.12	0.26	0.58	0.91	0.96	0.98
玻璃棉板	15	96	0.10	0.12	0.18	0.39	0.80	0.94
玻璃棉板	15	80	0.10	0.14	0.17	0.43	0.75	0.96
玻璃棉板	20	80	0.11	0.13	0.22	0.55	0.82	0.94
玻璃棉板	15	64	0.08	0.13	0.20	0.45	0.72	0.86
玻璃棉板	25	64	0.09	0.15	0.25	0.58	0.86	0.96
玻璃棉板	25	48	0.08	0.10	0.22	0.58	0.86	0.96
玻璃棉板	15	40	0.07	0.09	0.15	0.36	0.55	0.88
玻璃棉板	50	32	0.07	0.20	0.58	0.84	0.96	0.95
玻璃棉板	50	24	0.05	0.18	0.45	0.66	0.80	1.00
矿棉吸声板	17	150	0.09	0.18	0.50	0.71	0.76	0.81
矿棉吸声板离墙 50 mm	17	150	0.25	0.31	0.30	0.40	0.46	—
水泥膨胀珍珠岩板	80	300	0.34	0.47	0.40	0.37	0.48	0.55
尿醛泡沫塑料	50	14	0.11	0.30	0.52	0.86	0.91	0.96
尿醛泡沫塑料	100	12	0.47	0.70	0.87	0.86	0.96	0.97
尿醛泡沫塑料离墙 100 mm	50	12	0.59	0.84	0.90	0.76	0.97	0.98
聚氨酯吸声泡沫塑料	25	18	0.12	0.21	0.48	0.70	0.77	0.76
聚氨酯吸声泡沫塑料	50	18	0.16	0.28	0.78	0.69	0.81	0.84
半穿孔钛白纸面纤维板	13	—	0.08	0.17	0.26	0.38	0.59	0.80

3.2.2　吸声材料（结构）的应用及效果

1. **室内吸声**

噪声源向室内辐射声波时会形成直达声波和反射声波，反射声波会使室内声级增大，并在室内产生混响，影响厅堂的音质效果。式（3.10）为厅室内音质效果的混响时间公式：

$$T_{60}=\frac{-55.2V}{c_0 S\ln(1-\bar{\alpha})}\approx\frac{0.161V}{S\bar{\alpha}} \tag{3.10}$$

从该式可以看出，厅堂音质的好坏主要由厅堂的体积、内表面积和平均吸声系数确定。对于已经设计或者建成的室内空间而言，厅堂的体积和内表面积是不可变更的，只有通过改变平均吸声系数 $\bar{\alpha}$ 来控制 T_{60}。因此，室内吸声的第一个功能是控制混响时间，提高室内的音质效果，使得人们听到的语言更清晰、音乐更动听、声音更优美。

吸声的第二个功能是降低室内噪声级，由于吸声可以将室内的直达声和反射声的能量转化为热能，使室内总声级降低。根据建筑声学理论，室内稳态声压级为

$$L_p=L_W+10\lg\left(\frac{1}{4\pi r^2}+\frac{4}{R}\right) \tag{3.11}$$

其中

$$R=\frac{S\,\bar{\alpha}}{1-\bar{\alpha}} \tag{3.12}$$

式中　R——房间常数。

设 1 个体积为 10 m×15 m×5 m 的房间，当测点距离室内噪声源 8 m，室内的平均吸声系数从 0.02 改变为 0.5 时，测点的声压级将相差 16.9 dB。工程实践也表明，生产车间内做吸声处理比不做吸声处理的平均噪声级可以降低 6～10 dB。

2. **隔声构件上的吸声**

在隔声板表面铺设吸声材料可以提高隔声构件的隔声效果，这是因为声波传播到隔声板之前一部分声能已经被吸声材料吸收。设入射声波的声

强为 I，隔声板的透射系数为 τ，吸声材料的吸声系数为 α，声波透过没有吸声材料的隔声板的声强为 τI，声波透过有吸声材料的隔声板的声强为（$1-\alpha$）τI，可见增加吸声材料后，声波透过隔声板的声强减小了 $\alpha\tau I$。此外，由于加设了吸声材料，隔声板的反射声强也有所降低。

3. **消声器中的吸声**

消声器分为阻性消声器和抗性消声器两种，其中的阻性消声器主要是依靠吸声材料来实现消声的。当气流动力噪声从消声管道中经过时，气流中的声能被沿途的吸声材料逐步吸收；当气流达到消声器的出口端时，噪声级比进口端低很多。阻性消声器的消声量与其吸声系数成正比，这就充分说明其消声量基本是依靠管道内壁面的吸声作用。

4. **其他运用**

在实际工程中，吸声材料与其他隔声结构配合使用可以大大增强其隔声效果。例如，隔声罩内加铺吸声材料、声屏障面向声源侧加铺吸声材料都能提高噪声治理效果。特别是隔声罩内有无吸声处理其降噪效果相差很明显。隔声罩的插入损失（TL）公式如下：$TL=10\lg(1+\overline{\alpha}/\tau)$，其中 $\overline{\alpha}$、τ 分别代表隔声罩内壁的平均吸声系数和隔声罩体结构的透射系数。从该式可以看出，隔声罩的隔声量不但与罩体结构的透射系数 τ 相关，还与内壁的平均吸声系数 $\overline{\alpha}$ 相关。理论上，当隔声罩内壁平均吸声系数为 0 时，隔声罩的隔声量也为 0。

此外，纤维性吸声材料还可以作为隔振材料使用，将一定厚度和密度的纤维性吸声材料放置于设备振动源下方，可以起到隔绝振动、降低固体声波的作用。

3.2.3 微穿孔板吸声体

1. **等效电路法**

近几十年来，电磁学特别是电磁振荡的电路理论发展迅速，电路图的运用进一步简化了电磁振荡的分析方法。电磁振荡与声振动虽然是不同的物理现象，但它们内在的规律通常归结为相同形式的微分方程，这种在数学形式上的相似赋予了它们相互类比的可能性。经过类比，将简单的声学问题概括抽象为声学线路图加以分析的方法称为等效电路法。表 3.4 揭示了声振动系统与电路系统各元件之间的类比关系。

表 3.4 电-声阻抗型类比元件及符号

电学		声学	
恒压源 E	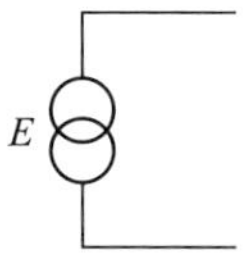 E	恒压源 P	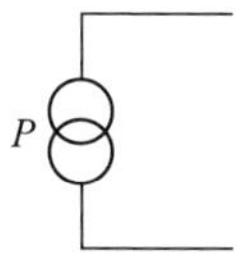 P
恒流源 I	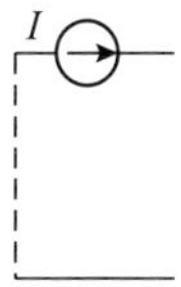 I	恒流源 U	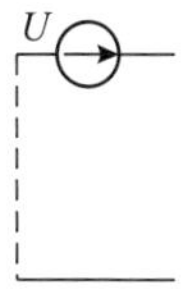 U
“流”过元件的量	电流 I	体速度 U	
元件两端的量	电压 E	声压 P	
电感 L_e	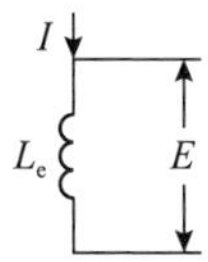 I L_e E	声质量 M	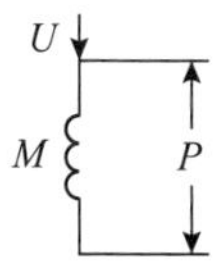 U M P
电容 C_e	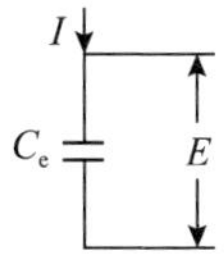 I C_e E	声容 C	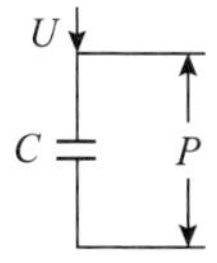 U C P
电阻 R_e	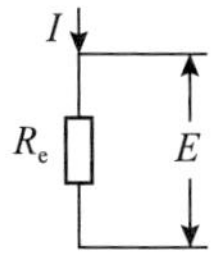 I R_e E	声阻 R	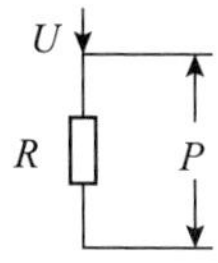 U R P

对于以时间为唯一变量的集中参数系统，等效电路法的应用显示了极大的优越性，它能够帮助我们快速掌握该系统的运动规律。亥姆赫兹共鸣器这一声学元件，其线度远小于声波波长，很适合作为集中参数系统进行

分析。当声波作用于孔口时，这一小节空气柱犹如“活塞”一样作整体振动。将空气柱的声质量定义为 M_m，受到的管壁摩擦定义为声阻 R_m。当孔内的空气柱向封闭腔体内方向运动时，因为亥姆赫兹共鸣器的内腔四周为刚性壁，腔内空气受到压缩，又会反过来作用于空气柱。这种由腔内逾量压强引起的附加力相当于一个弹簧产生的弹力，定义弹性系数 K_m 的倒数 C_m 为声顺，又称声容。腔体体积越大，K_m 越小，则 C_m 越大。

综上所述，亥姆赫兹共鸣器包含了声质量、声阻、声容三个元件，以及孔口声压 P、空气柱的运动速度 v，其声学类比线路图如图 3.3 所示。参考电路图中电流线的概念，可以从图 3.3 中抽象出一条声流线，穿过声质量元件 M_m 和声阻元件 R_m，然后流入腔体，最后终止于刚性壁，即“接地”端（$P_0=0$）。

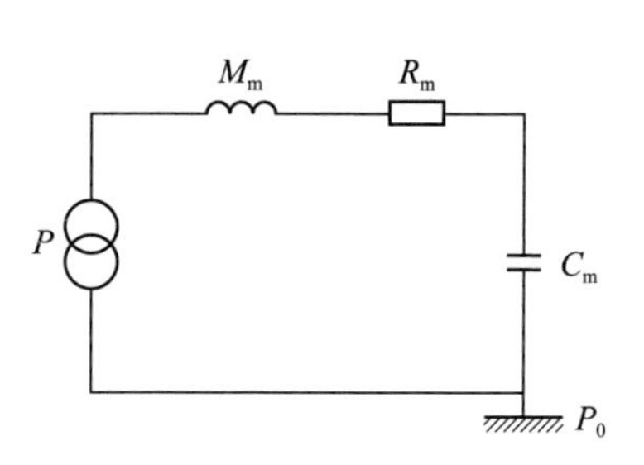

图 3.3　亥姆赫兹共鸣器的电声类比线路图

2. **单层微穿孔板吸声体**

马大猷先生提出并发展了微穿孔板吸声体的经典理论。如图 3.4 所示，微穿孔板吸声体（Micro-perforated panel absorber，MPA）的经典构造包含了两部分：穿孔直径 d、板厚 t、孔间距 b 的薄板为面板，深度 D 的空气腔为背衬。

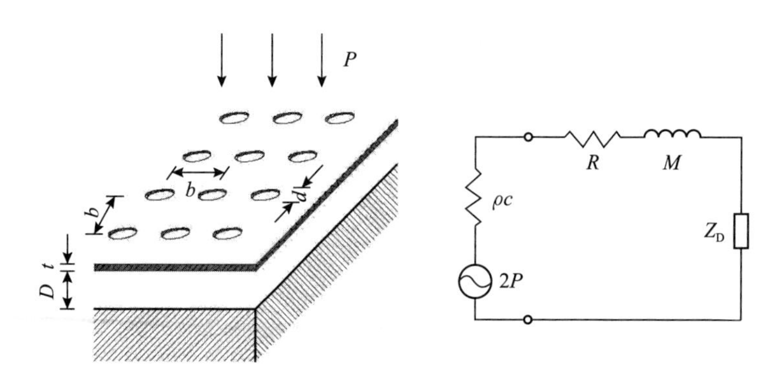

图 3.4　MPA 的基本构造及等效电路图

虽然声波在管中的传播具有一定特性[35]，但在实际的声学研究中，声导管一般并不独立存在，而是以规则或不规则的组合形式出现在声学材料中。微穿孔板（Micro-perforated panel，MPP）就可以看成是大量微孔管等距地并联在一起，且由于薄板厚度远小于入射声波波长，这些微孔管实际上是极短的空气柱。继瑞利（Rayleigh）关于管中声传播的复杂理论之后，克兰德尔（Crandall）对短管的声学理论进行了简化。当孔间距比孔径大得多时，各孔相隔较远互不影响，MPP的声阻抗为单孔的声阻除以孔数；当孔间距比波长小得多时，孔间板对声波的反射作用可忽略不计。短管内声波的运动方程为

$$j\rho_0 \omega u - \frac{\eta}{r_1}\frac{\partial}{\partial r_1}\left(r_1 \frac{\partial}{\partial r_1} u\right) = \frac{\Delta p}{t} \tag{3.13}$$

式中　Δp——短管两端的声压差；

u——空气质点速度（关于向径 r_1 的函数）；

t——短管长度（板厚）。

将 $K^2 = -j\rho_0\omega/\eta$ 代入式（3.13），得到质点速度的解：

$$u(r_1) = -\frac{\Delta p}{\eta K^2 t}\left[1 - \frac{J_0(Kr_1)}{J_0(Kr_0)}\right] \tag{3.14}$$

因黏滞阻尼的影响，管中的径向速度不是常数。在管壁上，$r_0 = r_1$，速度为零；管轴上，r_1 取到最大值，速度也最大。平均速度如下：

$$\overline{u} = -\frac{\Delta p}{\eta K^2 t}\left[1 - \frac{2}{Kr_0}\frac{J_1(Kr_0)}{J_0(Kr_1)}\right] \tag{3.15}$$

式中　J_0 和 J_1——零阶和一阶贝塞尔函数。

此时，微孔的声阻抗率为

$$Z_1 = \frac{\Delta p}{\overline{u}} = j\omega\rho_0 t\left[1 - \frac{2}{k\sqrt{-j}}\frac{J_1(k\sqrt{-j})}{J_0(k\sqrt{-j})}\right]^{-1} \tag{3.16}$$

$k = d/\sqrt{f/10}$ 为穿孔常数，克兰德尔依据 k 值的范围，将其简化为

$$Z_1 = \frac{4}{3} j\omega\rho_0 t + \frac{32\eta t}{d^2},\quad k < 1 \tag{3.17}$$

$$Z_1 = j\omega\rho_0 t + \frac{4\eta t}{d}\sqrt{\frac{\omega\rho_0}{2\eta}}(1+j), \quad k > 10 \tag{3.18}$$

当 k 值处于 1～10 时，穿孔板的声阻较小，由这种面板组成的微穿孔板吸声体的吸声频带较窄。此时，声阻抗率的近似公式为

$$Z_1 = \frac{32\eta t}{d^2}\left(1+\frac{k^2}{32}\right)^{-1} + j\omega\rho_0 t\left[1+\left(9+\frac{k^2}{2}\right)\right]^{-1/2} \tag{3.19}$$

式（3.19）的近似结果与式（3.16）的准确结果相差不大，最大误差在 6%。为方便加工，MPP 的孔间距一般是孔径的倍数，故假设板上各微孔互不影响，那么单管的声阻抗率与穿孔率 σ 及空气的特性阻抗的比值，即为 MPP 的相对声阻抗率：

$$Z_{\mathrm{MPP}} = \frac{Z_1}{\sigma\rho_0 c} = r + j\omega m \tag{3.20}$$

MPP 的相对声阻抗率由相对声阻 r 和相对声质量 m 两部分组成，c 为管中空气的传播速度（关于介质和温度的函数，此处取 c_0），ρ_0 与有效密度 ρ 差距不大。

$$r = \frac{32\eta t}{\sigma\rho c d^2}k_r, \quad k_r = \left(1+\frac{k^2}{32}\right)^{1/2} + \frac{\sqrt{2}}{32}k\,\frac{d}{t} \tag{3.21}$$

$$\omega m = \frac{\omega t}{\sigma c}k_m, \quad k_m = \left(1+\frac{k^2}{2}\right)^{-1/2} + 0.85\,\frac{d}{t} \tag{3.22}$$

式中　k_r 和 k_m——声阻常数和声质量常数。

穿孔直径 d、板厚 t、穿孔率 σ 是 MPP 的重要穿孔参数。

实际上，MPA 的面板提供了声阻和声质量，空腔 D 的相对声阻抗率为 $-\cot(\omega D/c)$，与 MPP 面板组成共振吸声结构。当声波正入射时，单层 MPA 的吸声系数为

$$\alpha = \frac{4r}{(1+r)^2 + [\omega m - \cot(\omega D/c)]^2} \tag{3.23}$$

在共振频率 f_0 处，满足

$$\omega m - \cot(\omega D/c) = 0 \tag{3.24}$$

此时，式（3.23）取到最大值：

$$\alpha_{\max} = \frac{4r}{(1+r)^2} \tag{3.25}$$

定义最大吸声系数的一半对应的频率区间为半吸声带宽 B，此时频率上下限 f_1 和 f_2 满足：

$$\omega m - \cot(\omega D/c) = \pm(1+r) \tag{3.26}$$

$$B = \Delta f/f_0 = [\pi/\cot^{-1}(1+r)] - 1 \tag{3.27}$$

当声波以角 θ 斜入射时，MPA 的斜入射吸声系数与式（3.23）不同。MPP 作为一个局部反应表面，穿孔参数一旦确定，其声阻抗则相当于 MPP 的固定属性，不随入射角度的改变而改变。区别在于，空气腔中入射波及反射波的路径与 θ 相关，空气腔的声阻抗也随之变化。因此 MPA 的斜入射吸声系数可表示为

$$\alpha_\theta = \frac{4r\cos\theta}{(1+r\cos\theta)^2 + [\omega m\cos\theta - \cot(\omega D\cos\theta/c)]^2} \tag{3.28}$$

此时共振频率和半吸声带宽都要提高 $1/\cos\theta$ 倍，也就是说斜入射时 MPA 的吸声带宽有移向高频的趋势。在实际的声场环境下，MPA 表面接收到来自各入射角度的声波，吸声带宽将进一步拓宽。

3. **双共振微穿孔板吸声体**

为了提高单层 MPA 的吸声带宽，可以利用双共振体系继续拓宽一个倍频程。创造双共振体系可以通过串联和并联一层 MPA 这两种方式来实现。

（1）串联回路。在单层 MPA 中再加入另一层 MPP，板后空气腔被分隔成两部分，形成两层串联的 MPA，这样就构成了前后空腔相互耦合的双共振系统，如图 3.5 所示。

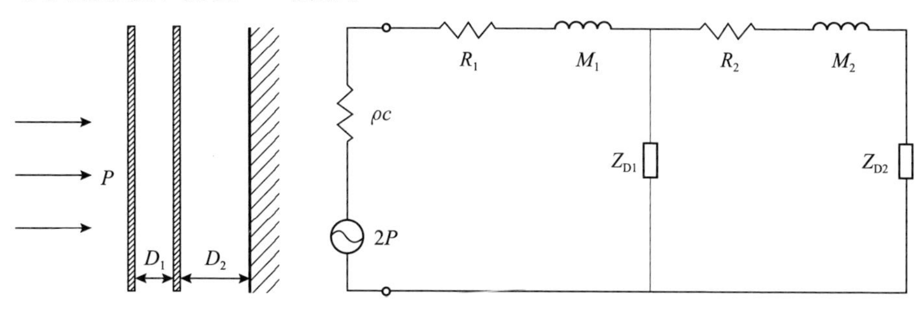

图 3.5　双层 MPA 串联结构和等效电路图

双层串联 MPA 的相对声阻抗率为

$$Z = r_1 + j\left[\omega m_1 - \cot\left(\frac{\omega D_1}{c}\right)\right] + \frac{\cot^2(\omega D_1/c)}{r_2 + j[\omega m_2 + \cot(\omega D_1/c) + \cot(\omega D_2/c)]} \tag{3.29}$$

当空腔 D_1 和 D_2 单独作用时，各自的共振频率为 f_1 和 f_2。双层 MPA 相互耦合之后，共振频率会发生偏移。当耦合结构的共振频率远大于 f_1 时，$\cot(\omega D_1/c)$ 的值可以忽略不计，式（3.29）的第三项是一个小量，此时的声阻抗率可以简化为

$$Z \approx r_1 + j\omega m_1 \tag{3.30}$$

当共振频率较低时，等效电路中的 r_2 的声阻值很小，可视为短路，此时式（3.29）可简化为

$$Z \approx r_1\left[1 + \frac{D_2^2}{(D_1 + D_2)^2}\right] + j\omega m_1 + \frac{1}{j\omega(D_1 + D_2)/c} \tag{3.31}$$

因此，双层背腔串联的 MPA 在低频处的共振频率近似地以 $(D_1 + D_2)/D_1$ 的比例向下扩展，但拓展得不多。值得注意的是，D_1 和 D_2 的差值不能太大，否则会在两个吸声峰之间形成深谷，导致整体吸声性能的下降。

（2）并联回路。在 MPP 上加以两种不同的穿孔直径，形成的两组穿孔参数对声波的频率响应各不相同。这样，就形成了并联的双共振系统，如图 3.6 所示。

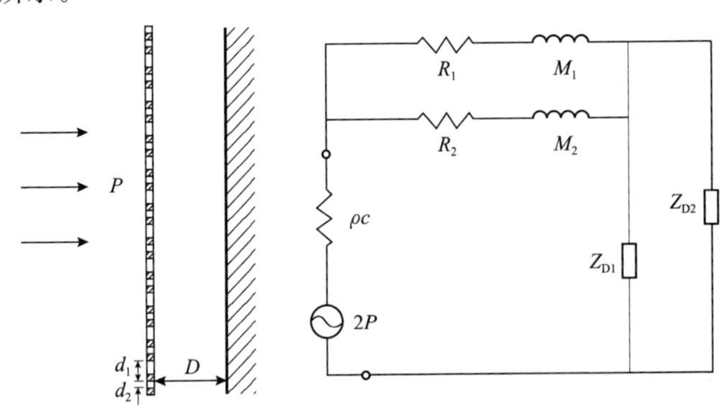

图 3.6　MPA 并联结构和等效电路图

并联 MPA 的相对声阻抗率为

$$Z=\left[\frac{1}{r_1+j\omega m_1-j\cot(\omega D/c)}+\frac{1}{r_2+j\omega m_2-j\cot(\omega D/c)}\right]^{-1} \tag{3.32}$$

对应的正入射吸声系数为

$$\alpha=\frac{4r_{12}}{(1+r_{12})^2+x_{12}^2} \tag{3.33}$$

其中

$$r_{12}=\frac{r_1r_2(r_1+r_2)+r_1x_2^2+r_2x_2^2}{(r_1+r_2)^2+(x_1+x_2)^2} \tag{3.34}$$

$$x_{12}=\frac{x_1x_2(x_1+x_2)+x_1r_2^2+x_2r_2^2}{(r_1+r_2)^2+(x_1+x_2)^2} \tag{3.35}$$

$$x_1=\omega m_1-\cot(\omega D/c),x_2=\omega m_2-\cot(\omega D/c) \tag{3.36}$$

式中 r_{12}和 x_{12}——并联吸声体结构整体的声阻和声抗。

综上所述，这两种双共振体系都能够在一定程度上提升 MPA 的吸声性能，但提升效果有限。双层串联 MPA 占用空间较大，而并联 MPA 虽然节省了空间，但两种不同尺寸的穿孔增加了 MPP 的加工难度，且两组穿孔板共用一个共振腔，在低频响应时浅腔的声质量抗不足，对整体的吸声带宽产生了不利影响。想要有效提升 MPA 的吸声带宽，需考虑更经济合理的方式。

3.3 隔声

3.3.1 中间层透射系数

前面讨论的是两个介质接触面之间的反射和透射，实际环境中更多的是声波穿过有限厚度的介质，声波从介质 1 进入到介质 2 再回到介质 1。例如，空气中的声波穿过墙面、板等，这里存在两个边界面，如图 3.7 所示。

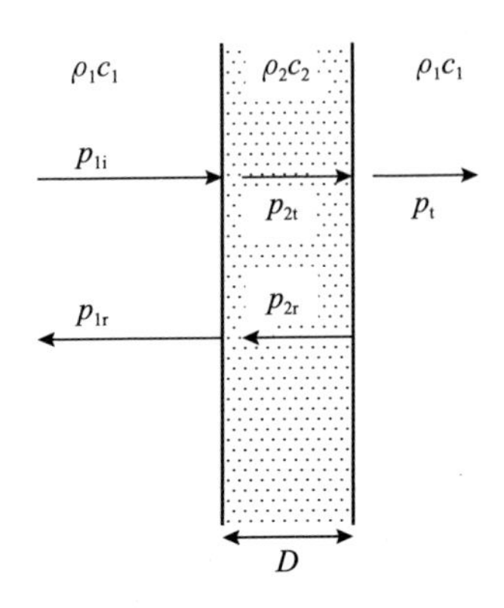

图 3.7　空气中声波穿过墙面、板示意

根据两个边界面上声压连续和法向质点速度连续的条件，求得声压的透射系数和声强的透射系数：

$$t_p = \frac{p_t}{p_i} = \frac{2}{\left[4\cos^2 k_2 D + \left(\frac{\rho_2 c_2}{\rho_1 c_1} + \frac{\rho_1 c_1}{\rho_2 c_2}\right)^2 \sin^2 k_2 D\right]^{\frac{1}{2}}} \tag{3.37}$$

$$t_I = \frac{I_t}{I_i} = \frac{4}{4\cos^2 k_2 D + \left(\frac{\rho_2 c_2}{\rho_1 c_1} + \frac{\rho_1 c_1}{\rho_2 c_2}\right)^2 \sin^2 k_2 D} \tag{3.38}$$

其中

$$k_2 = \frac{\omega}{c_2} = \frac{2\pi}{\lambda_2}$$

式中　k_2——中间层声波的波数；

D——中间层的厚度。

可以看出，有限厚度的中间层的透射系数不仅和介质的特性阻抗有关，还和中间层的厚度与波长比$\frac{D}{\lambda_2}$有关。

3.3.2　隔声质量定律

在噪声控制工程中，隔声方法是最有效的降噪措施之一。隔声就是尽可能地减小透射过隔声层的声波能量，因此隔声量就是声强透射系数的倒数所对应的分贝数，用数学公式表示如下：

$$TL = 10\lg \frac{1}{t_I} = 10\lg\left[\cos^2 k_2 D + \left(\frac{\rho_2 c_2}{\rho_1 c_1} + \frac{\rho_1 c_1}{\rho_2 c_2}\right)^2 \frac{\sin^2 k_2 D}{4}\right] \tag{3.39}$$

考虑到实际工程中隔声墙或隔声屏的声特性阻抗比空气的大得多，即 $\rho_1 c_1 \ll \rho_2 c_2$，同时隔声墙或隔声屏的厚度较小，使得 $\sin k_2 D \approx k_2 D$，$\cos k_2 D \approx 1$，则隔声量变成：

$$TL = 10\lg\left[1 + \left(\frac{\rho_2 c_2}{\rho_1 c_1}\right)^2 \frac{(k_2 D)^2}{4}\right] = 10\lg\left[1 + \left(\frac{\omega m}{2\rho_1 c_1}\right)^2\right] \tag{3.40}$$

实际工程中，$\frac{\omega m}{2\rho_1 c_1} \gg 1$，于是得到：

$$TL = 20\lg \frac{\omega m}{2\rho_1 c_1} = 20\lg m + 20\lg f - 42.5 \tag{3.41}$$

式中　m——单位面积隔声板的质量，kg/m^2。

这就是著名的隔声所遵循的质量定律，该公式在噪声控制工程中得到广泛的应用。

3.3.3 混响空间之间的声音传输

声音通过一个混响空间到另一个混响空间的传输是一个复杂的物理过程。在最简单的情况下，如图 3.8 所示，在测量传声损失时，声源室和接收室被面积为 S_w 的公共墙隔开。如果在声源室中放置一个扩散声场，它会产生声压 p_s 和相应的声强 I_s：

$$I_s = \frac{p_s^2}{4\rho_0 c_0} \tag{3.42}$$

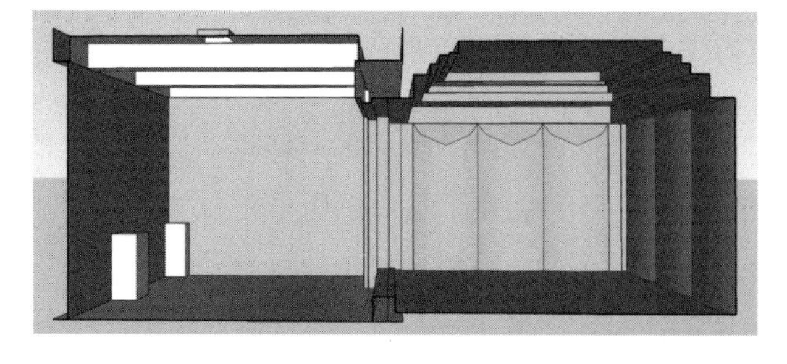

图 3.8　典型隔声实验室（左侧为声源室，右侧为接收室）

此时入射声能量以声强透射系数 τ 经隔墙传输至接收室，其中透射声功率 W_r 可表示为

$$W_r = I_s S_w \tau = \frac{p_s^2 S_w \tau}{4\rho_0 c_0} \tag{3.43}$$

接收室将产生声压级。当接收室的混响度很高时，那里的声音场也将由扩散场成分主导。此时若接收室的内部空间面积为 S_r，房间常数为 R_r（$R_r \sim S_r$），接收室中的均方声压 p_r 满足公式：

$$\frac{p_r^2}{4\rho_0 c_0} = \frac{p_s^2 S_w \tau}{R_r \rho_0 c_0} \tag{3.44}$$

在该公式两侧取以 10 为底的对数，定义传声损失 $TL = -10\lg\tau$。设 $\overline{L}_r$ 为接收室的空间平均声压级（dB），$\overline{L}_s$ 为声源室的空间平均声压级（dB）。由此，如图 3.9 所示，我们得到两个混响室之间的声传输方程：

$$\overline{L}_r = \overline{L}_s - TL + 10\lg\frac{S_w}{R_r} \tag{3.45}$$

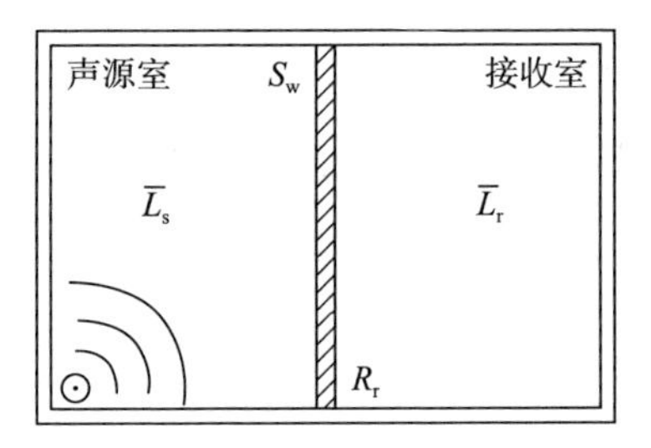

图 3.9　混响空间之间的声传输示意

3.3.4　单层自由薄板的弯曲波和吻合效应

对于尺寸远大于声波波长的隔板来说，分布式质量系统的特性将占主导，弯曲和剪切变形将不可忽略。这时隔板的阻抗要比 3.3.2 节中按集中质量系统假定得更加复杂。当弯曲和剪切效应被考虑在内时，它们可以被类比为电路系统中的阻抗。因此，在数学上，复合板阻抗 Z 可以被看作弯曲阻抗 Z_B 和剪切阻抗 Z_S 并联后，和质量阻抗 $j\omega m_s$ 串联：

$$Z = j\omega m_s + \frac{Z_B Z_S}{Z_B + Z_S} \tag{3.46}$$

对于各向同性隔板，弯曲阻抗和剪切阻抗分别为[12]

$$Z_B \cong -\frac{j\omega^3 B}{c_0^4}\sin^4\theta \tag{3.47}$$

$$Z_S \cong -\frac{j\omega G h}{c_0^2}\sin^2\theta \tag{3.48}$$

式中　h——隔板板厚；

m_s——隔板的质量面密度。

设 E 为隔板的弹性模量，σ 为隔板材料的泊松比，那么隔板的弯曲刚度 $B = \frac{Eh^3}{12(1-\sigma^2)}$，剪切模量 $G = \frac{E}{2(1+\sigma)}$。

由式（3.48）可知，复合阻抗由质量阻抗、弯曲阻抗和剪切阻抗组成。在低频状态下，质量阻抗占主导因素；在高频状态下，弯曲阻抗和剪切阻抗的组合决定复合阻抗。由于薄板更容易发生弯曲变形，更多的能量将流入该项并产生板弯曲波。这时复合阻抗的取值近似为

$$Z \cong j\omega m_s - \frac{j\omega^3 B}{c_0^4}\sin^4\theta \tag{3.49}$$

在一个称为吻合频率的频率 f_{c0} 上，质量阻抗和弯曲阻抗项虚部相等。由于它们具有相反的符号，因此复合阻抗为零。吻合效应可以由弯曲波的速度是频率的函数来理解。在吻合效应发生时，吻合频率对应的弯曲波速与空气中传播的声速相同，如图 3.10 所示，此时由于压强的最大值和最小值在空间匹配，能量很容易从空气传播入隔板，反之亦然。吻合效应的出现随入射声波的角度变化而变化，并遵循式（3.50）：

$$f_{c0}(\theta) = \frac{c_0^2}{2\pi\sin^2\theta}\sqrt{\frac{m_s}{B}} \tag{3.50}$$

容易看出，对于声波沿法线方向入射的情况，吻合频率是无限的，因此可以视为不存在；当声波掠入射时，出现吻合频率的最小值，即临界频

率 f_c（critical frequency）。

$$f_c = \frac{c_0^2}{2\pi}\sqrt{\frac{m_s}{B}} = \frac{c_0^2}{2\pi h}\sqrt{\frac{12(1-\sigma^2)\rho_m}{E}} \tag{3.51}$$

式中　ρ_m——隔板材料的体密度。

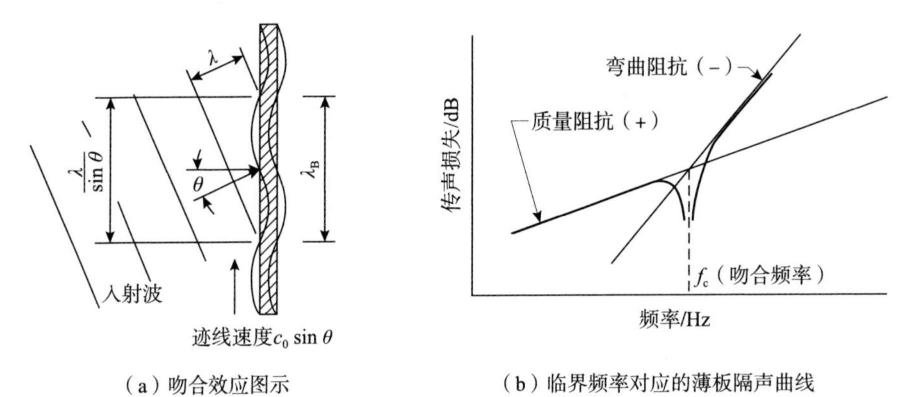

（a）吻合效应图示　　（b）临界频率对应的薄板隔声曲线

图 3.10　吻合效应与临界频率

板弯曲波导致的传声损失在该吻合效应区受弯曲刚度控制，每倍频程斜率具有 18 dB 增益，并且具有很强的角度依赖性。在实际情况下，由于隔板材料均具有一定阻尼，于是在对应的临界频率下，传声损失不会降至零。为了从理论上对此进行处理，引入了复数弯曲刚度 $B = B(1 + j\eta)$，且阻尼项 $\eta \leqslant 1$。质量项和弯曲项同时抵消后，传声损失主要由阻尼决定。参考文献［34］、［35］、［38］，此时传声损失可以通过一个带阻尼系数的惯性项表达：

$$TL_\theta \cong 10\lg\left(1 + \frac{\eta\omega_{c0} m_s \cos\theta}{2\rho_0 c_0}\right)^2 \tag{3.52}$$

3.3.5　单层薄板传声损失的基本规律

对于单层薄板来说，传声损失主要由四个因素控制：①尺寸；②刚度；③质量；④阻尼。如图 3.11 所示，薄板传声损失共有五个频率范围控制区。

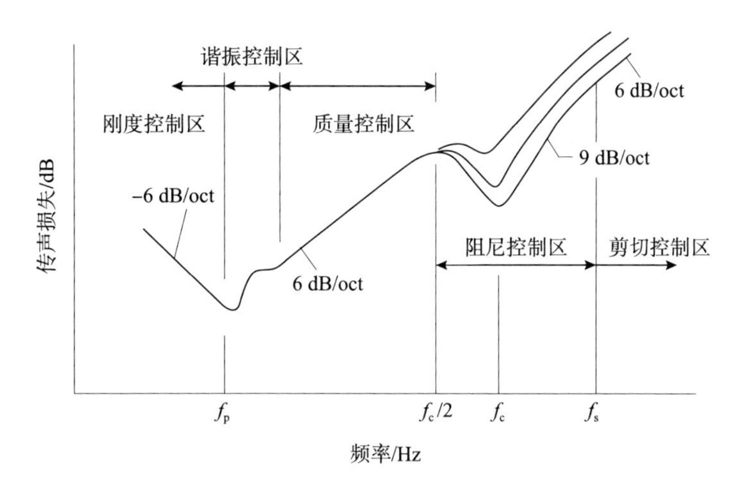

图 3.11 单层薄板传声损失的基本曲线

第一个控制区是刚度控制区（Stiffness Controlled），隔声曲线的规律表现为−6 dB/oct。在非常低的频率下，传声损失受弯曲刚度控制。板的弯曲刚度越大，尺寸越小，传声损失越大。

第二个控制区是谐振控制区（Resonance Controlled），隔声曲线的规律表现为在简正频率处产生隔声低谷。

第三个控制区是质量控制区（Mass Controlled），隔声曲线的规律表现为 6 dB/oct，在这个频率范围内，传声损失是关于薄板质量面密度的函数，增大质量面密度有助于提高传声损失。然而需要指出的是，通过增加板的质量负载不能增加板的刚度，且可能导致与预期相悖的厚度增加。例如，尽管 9 mm 玻璃的质量面密度较小，但其隔声等级（STC）34 dB 比普通 44 mm 实心门的 30 dB 更高。

第四个控制区是阻尼控制区（Damping Controlled），隔声曲线的规律表现为在临界频率处产生隔声低谷，然后表现为 9 dB/oct。约束阻尼层（CLD）就是通过黏弹性材料在临界频率附近产生的阻尼效应来避免吻合效应的产生。

第五个控制区是剪切控制区（Shear Controlled），隔声曲线的规律表现为 6 dB/oct，在高频段，由于隔声量平稳上升，一般来说，这一频段对实际工程的指导意义不大，根据《民用建筑隔声设计规范》(GB 50118—2010)，隔声测量主要关注 100～3125 Hz 中心频率范围各 1/3 倍频程的标准化声压级差，由此得出计权标准化声压级差。

单层薄板隔声的基本规律对于指导隔墙传声损失的测定具有重要意义，同时也从理论上阐明了隔墙材料基本物理参数对隔声性能的影响规律。

3.3.6 隔声构件

隔声构件是隔声降噪设施的基本单元。

1. **单层隔声构件**

本章已经介绍了声波穿过有限厚度介质的声能量衰减，并导出隔声的质量定律式 (3.41)，这是单层隔声构件降噪的基础公式。在实际工程中，对单层隔声墙或板在 100～3150 Hz 的平均隔声量，常用更简单的经验公式来估算：

$$\overline{TL} = 16\lg m + 8 \qquad (m \geqslant 200\ \mathrm{kg/m^2}) \tag{3.53}$$

$$\overline{TL} = 13.5\lg m + 13 \qquad (m < 200\ \mathrm{kg/m^2}) \tag{3.54}$$

式中　m——单位面积隔声板的质量，$\mathrm{kg/m^2}$。

图 3.12 为隔声构件的传声损失和单位面积质量的关系曲线。

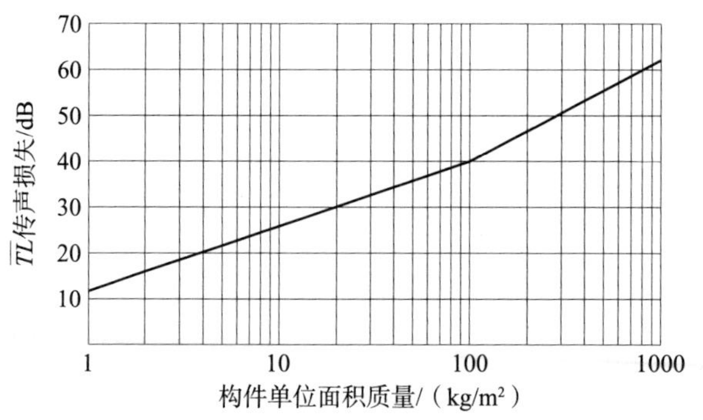

图 3.12　隔声构件传声损失和单位面积质量的关系曲线

单层薄板在声波的作用下会产生弯曲振动，这会使隔声板的隔声效果大大降低，在声学上称为吻合效应，在实际工程中必须采取阻尼等措施防止吻合效应的不利影响。这里给出单层板的吻合效应的临界频率 f_c：

$$f_c = \frac{c^2}{2\pi}\sqrt{\frac{m}{B}} \tag{3.55}$$

其中

$$B = EI/(1-\sigma^2)$$

$$I = h^3/12$$

式中 c——空气中的声速，m/s；

m——板（或墙）的面密度，kg/m^2；

B——板的刚度；

E——板材的动弹性模量，N/m^2；

σ——泊松比；

I——板材的转动惯量；

h——板的厚度，m。

2. **双层隔声构件**

对于轻质隔声板而言，板厚增大 1 倍隔声量仅增加 4.1 dB；对于重质隔声板，板厚增大 1 倍隔声量也只增加 5.4 dB。为提高板的隔声效果，又不增加隔声构件的质量，可以采取中空双层板结构的隔声结构，即在两层隔声板之间设置一定厚度的空气层，由于中间空气层的作用使其获得附加隔声量 ΔR。估算双层隔声构件在 100～3150 Hz 的平均隔声量的经验公式如下：

$$\overline{TL} = 16\lg m + 8 + \Delta R \qquad (m \geqslant 200\ \text{kg/m}^2) \tag{3.56}$$

$$\overline{TL} = 13.5\lg m + 13 + \Delta R \qquad (m < 200\ \text{kg/m}^2) \tag{3.57}$$

附加隔声量 ΔR 与空气层的厚度有关，也与两板之间有无刚性连接有关。图 3.13 展示了附加隔声量与空气层厚度之间的关系。

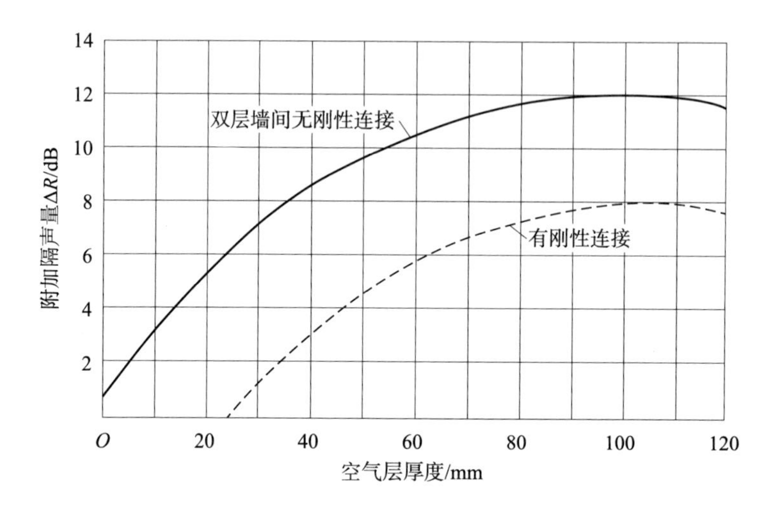

图 3.13　双层隔声构件的附加隔声量

但是双层隔声构件中的空气层会导致整个结构在某个频率产生共振，使其隔声量受到影响，双层隔声构件的共振频率为

$$f_0 = \sqrt{\frac{\rho c^2}{(m_1 + m_2)d}} \tag{3.58}$$

式中　ρ——空气密度；

　　d——空气层厚度。

为防止产生这种不利情况可以在空气层中间填充吸声材料。

4　建筑室内声环境与噪声控制

4.1　建筑室内噪声的特点和分类

4.1.1　室内声环境与室内噪声

建筑室内场合包括住宅、办公室（办公区）、文教场所（如学校教室、图书馆）、集会场所（如演讲厅、报告厅、音乐厅、电影院）、医疗场所（如医院、疗养院）等。

室内声环境指室内外的各种声源通过各种传播途径在室内组合形成的声场环境；室内噪声指室内声环境中含有的对人体生理、心理上造成不良影响的声音。室内噪声由室内外的各种声源产生（如交通噪声、施工噪声、工业与公共设施噪声、社会生活噪声等），并通过多种途径在室内组合而成。噪声成分复杂（各种频率成分都有）、传播途径多、偶发因素多是其最显著的三大特点。

4.1.2　室内噪声的分类

室内噪声可能来源于户内也可能是户外，不同室内场合内的噪声组成也不一样。噪声来源可分为户外噪声来源与户内噪声来源两大类，户内噪声来源的室内噪声又可按照不同的室内场合分出更详细的噪声组成，如表4.1所示。

表 4.1　室内噪声按噪声来源与场合的分类

来自户外噪声源的室内噪声	来自户内噪声源的室内噪声	
	室内场合	噪　声
交通噪声	住　宅	家电噪声、内部设备噪声
施工噪声	办公场所	人员活动噪声与对话、电话噪声、空调噪声、打印机噪声
工业与公共设施噪声		
社会生活噪声	文教场所	人员活动噪声与对话、空调噪声
户间噪声	医疗场所	人员活动噪声、电话噪声、设备仪器噪声

4.2　室内噪声的产生和传播

4.2.1　室内噪声的产生

表 4.1 中的户外噪声源构成城市区域环境噪声进而影响室内，本节举例说明户内噪声即室内直接噪声中人员活动声（主要是语言声）、打印机噪声的特征。

1. **人员活动声特征**

人员活动声（语言声为主）是办公室、文教场所、集会场所等室内场合最主要、最直接的噪声干扰。ANSI S3.5—1997（R2017）给出人员普通、高声、大声和叫喊四种语言方式对应的标准 1/3 倍频程声频谱（说话者嘴正前 1 m 处测得），如图 4.1 所示。

2. **打印机噪声特征**

办公室内打印机噪声很普遍。常用打印机中，击针打印机噪声最大，喷墨打印机噪声次之，激光打印机噪声最小。前两者对应的噪声频谱分别如图 4.2 和图 4.3 所示（其中 L 为总声压级，L_A 为 A 计权总声压级）。

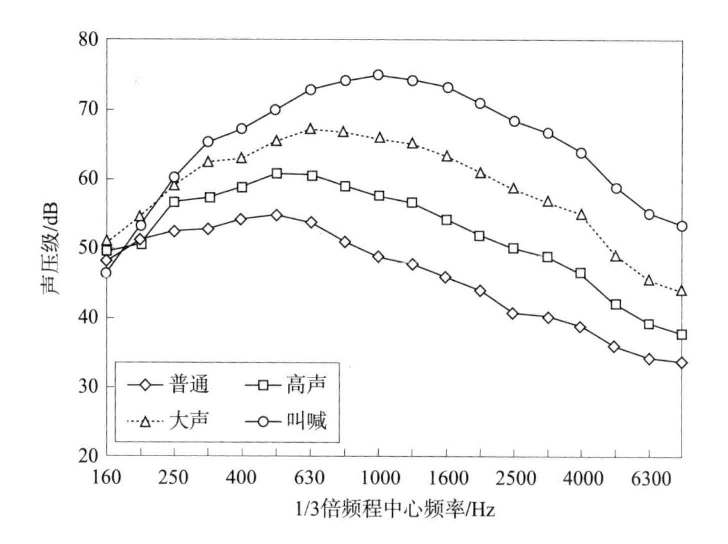

图 4.1　ANSI S3.5—1997（R2017）中的标准 1/3 倍频程声频谱

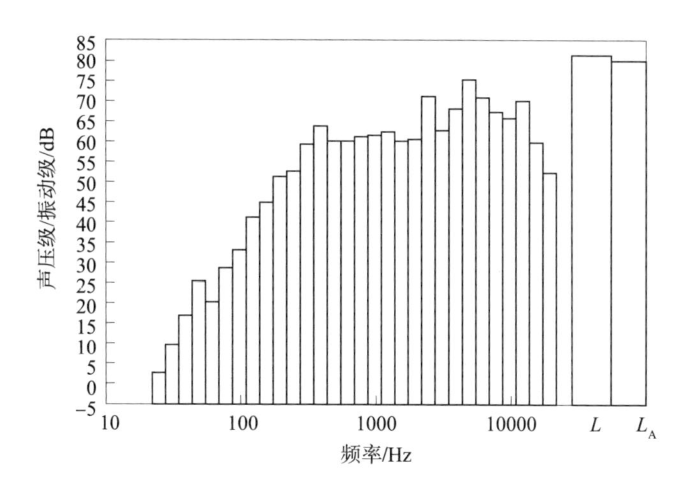

图 4.2　击针打印机倍频程频谱分布

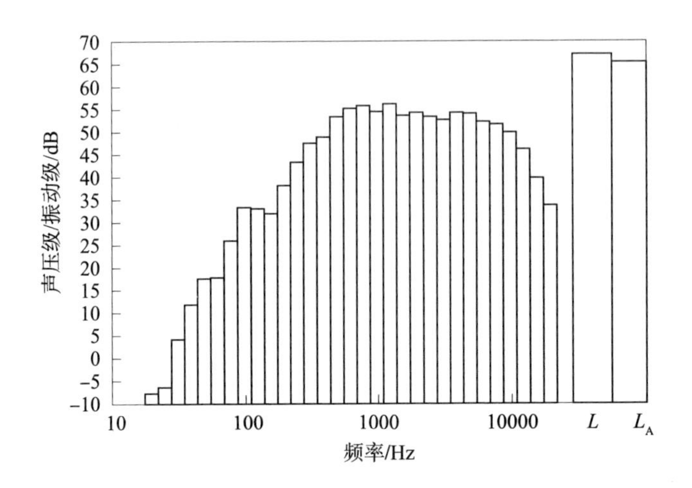

图 4.3 喷墨打印机倍频程频谱分布

总的室内噪声产生状况如表 4.2 所示。

表 4.2 总的室内噪声产生状况

噪声来源类别	室内噪声产生状况
户外噪声	空气声传播传入、透过房间隔墙传入或结构声传播传入，到达室内形成户内声，再通过空气声传播，在室内反复反射、散射与干涉，形成室内声场，产生室内噪声
户内噪声	家电噪声、内部设备噪声、人员活动噪声与对话、电话噪声、空调噪声、打印机噪声等户内自发噪声通过空气声传播，在室内反复反射、散射与干涉，形成室内声场，产生室内噪声

4.2.2 室内噪声的传播

室内噪声的传播主要包括户外噪声传播传入和室内声传播两大方面，图 4.4 展示了室内噪声传播的主要模式。在该图中，A 类户外噪声指通过户外空气传播至房间的隔墙、窗和门，然后再透射（门窗关闭）、直接入射或衍射（门窗打开）进入室内的户外噪声；B 类户外噪声指通过连续的建筑结构（如地下基础、连续梁、承重梁等）传播至房间基础、承重结构，引起房间墙面、地板的振动进而辐射至室内空气到达室内的户外噪声。

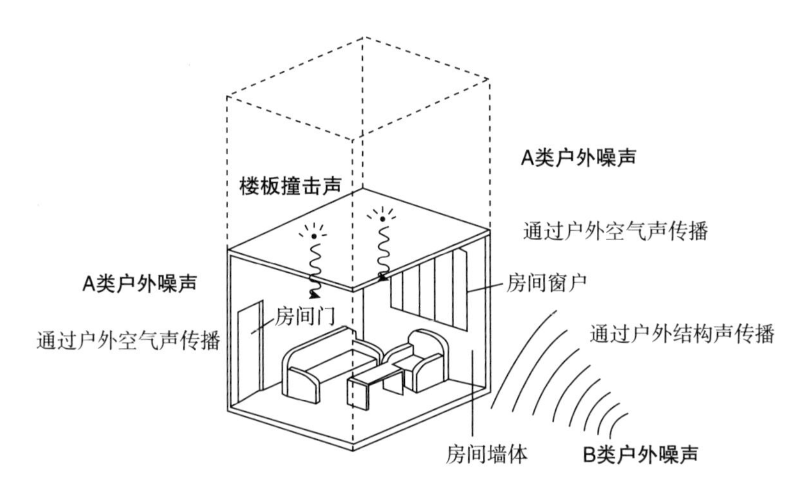

图 4.4 室内噪声传播模式说明

4.2.2.1 户外噪声传播传入

户外噪声传播传入包括两个方面，即空气声传播传入和结构声传播传入。

1. **空气声传播传入**

户外噪声源距离室内多数较远，其自身尺寸相比之下要小很多。所以对于非指向性户外噪声源，大部分声波可看成平面波、柱面波或它们的组合形式；对于指向性户外噪声源，发出的声波形式可在非指向性声源基础上加入指向性因子。

在户外，单个声源发出的球面或柱面声波是从声源向四周发散传播，传播距离越大对应的波阵面就越大，单位面积上声能量（声强）就越小。除强度随距离二次方发生衰减外，此时声传播还会受到空气吸收（A_a）、路径上的障碍物（A_b）、地面吸收（A_r）、气象因素（A_m）等造成的综合衰减，见式（4.1）：

$$L_p = L_W - K + DI_\theta - A_E \tag{4.1}$$

其中 $$K = 20\lg r$$

$$A_E = A_a + A_b + A_r + A_m$$

式中 L_p——距离 r 处的声压级；

L_W——声源的声功率级；

K——声传播距离 r 的能量发散衰减；

DI_θ——指向性因子；

A_E——其他综合衰减。

而多个无规不相干声源（多数户外噪声源情况）在某处的总声场（L_{pt}）可由各个声源在该处声场（L_{pi}）的能量叠加得到：

$$L_{pt} = 10\lg \sum_{i=1}^{n} 10^{L_{pi}/10} \tag{4.2}$$

空气吸收（A_a）、路径上的障碍物（A_b）、地面吸收（A_r）、气象因素（A_m）等造成的声衰减原理与计算可详细参考国家标准《声学 户外声传播的衰减 第2部分：一般计算方法》(GB/T 17247.2—1998)，在此不再赘述。

2. **结构声传播传入**

严格说来，结构声传播传入是噪声源产生的振动通过耦合的建筑结构传递至房间地面与墙面，然后辐射进入室内的过程，包括结构振动传递和墙面振动辐射。

一般情况下，振动在结构中的传递受到传输介质密度（结构材质）变化、传递结构耦合方式、传递结构方向三个主要因素的影响。当传输介质密度（结构材质）或传递结构耦合方式发生变化时，振动会发生与声波一样的反射与折射现象，造成的传递损失（Transmission Loss，TL）取决于界面两侧材质的特性阻抗 ρc 之比。由于本节主要考虑连续结构（例如建筑基础、连续梁或承重框架）中的传振情况，所以前两种情况在此从略，可参考文献［35］和文献［38］。

当结构形式不是平直而是存在一定拐角（如建筑基础与框架结构之间的垂直拐角）时，振动将发生传递衰减，如图4.5～图4.7所示的6种情形（箭头表示振动传递方向）。定义各传递方向对应的结构厚度为 h_i，j 方

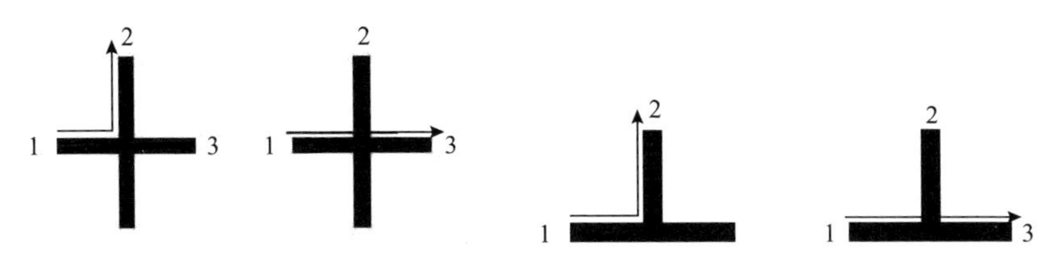

图 4.5 交叉结构的振动传递　　　图 4.6 T 形结构的振动传递

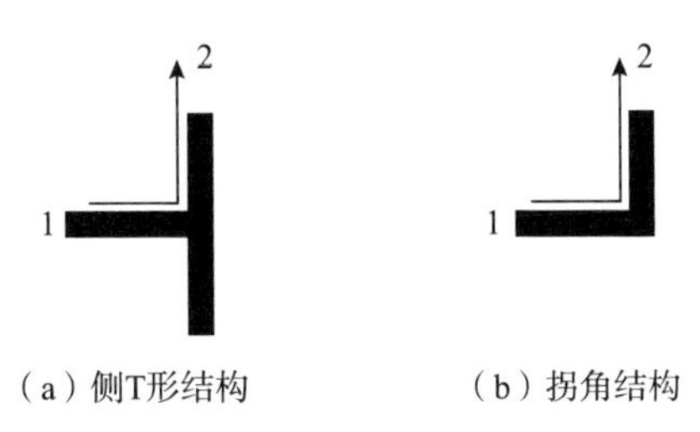

（a）侧T形结构　　（b）拐角结构

图 4.7 侧 T 形结构和拐角结构的振动传递

向的振动传递能量与 i 方向的入射能量比值定义为 R_{ij}，且定义 $h_1=h_3$，$H_{12}=\frac{h_1}{h_2}$，$\chi^2=H_{12}$，$\psi=\frac{1}{H_{12}{}^2}$，则交叉结构的振动传递[68]：

$$R_{12}=10\lg\frac{2(\psi+\chi)^2}{\psi\chi}=10\lg2\,(H_{12}^{5/4}+H_{12}^{-5/4})^2 \tag{4.3}$$

$$R_{13}=10\lg2\left(1+\frac{\psi}{\chi}\right)^2=10\lg2(1+H_{12}^{-3/2})^2 \tag{4.4}$$

T 形结构的振动传递：

$$R_{12}=10\lg\frac{2\left(\frac{\psi}{2}+\chi\right)^2}{\psi\chi}=10\lg2\left(H_{12}^{5/4}+\frac{H_{12}^{-5/4}}{2}\right)^2 \tag{4.5}$$

$$R_{13}=10\lg2\left(1+\frac{\psi}{2\chi}\right)^2=10\lg2\left(1+\frac{H_{12}^{-3/2}}{2}\right)^2 \tag{4.6}$$

侧 T 形结构振动传递：

$$R_{12}=10\lg\frac{(2\psi+\chi)^2}{2\psi\chi}=10\lg\frac{(H_{12}^{5/4}+2H_{12}^{-5/4})^2}{2} \tag{4.7}$$

拐角结构振动传递：

$$R_{12} = 10\lg \frac{(\psi + \chi)^2}{2\psi\chi} = 10\lg \frac{(H_{12}^{5/4} + H_{12}^{-5/4})^2}{2} \tag{4.8}$$

4.2.2.2 室内声传播

本节仅简述室内声的基本传播方式，室内声场的预测计算请参阅4.5节。

各种来源的噪声在室内传播时，到达受声点的声波可分成三大部分，即直达声、反射声和散射声，图4.8显示了直达声和反射声的情况。直达声指不经过房间内面（包括地面、天花和四壁）及内部物件表面的反射、散射直接到达受声点的声音；反射声指经过一次或多次房间内面及内部物件表面的反射、散射而到达受声点的声音；散射声指声波在传播路径上遇到小障碍物（尺寸比波长小）或障碍物表面粗糙、声阻抗非连续变化时发生的向各个方向的散射。室内声场与自由场最主要的区别就是房间内面及内部物件对声波的反射和散射。

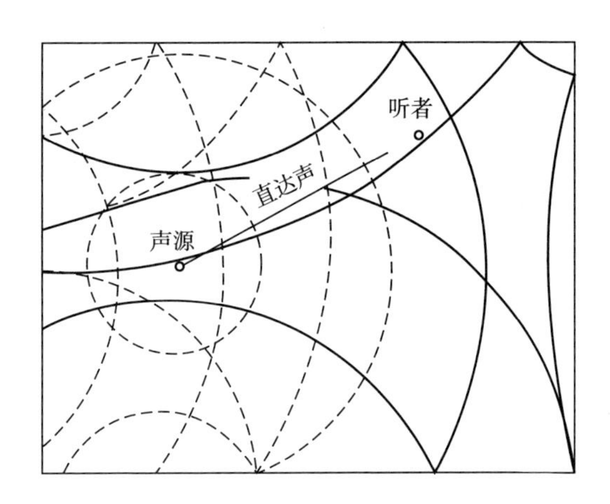

图4.8 室内直达声与反射声[33]

若考虑小振幅声波在某极小面积上的反射，那么可将声波视为平面波，如图4.9所示。反射面定义为 xz 平面，声入射角、反射角分别定义为 θ_i、θ_r，同光反射一样，此时 $\theta_i = \theta_r$。

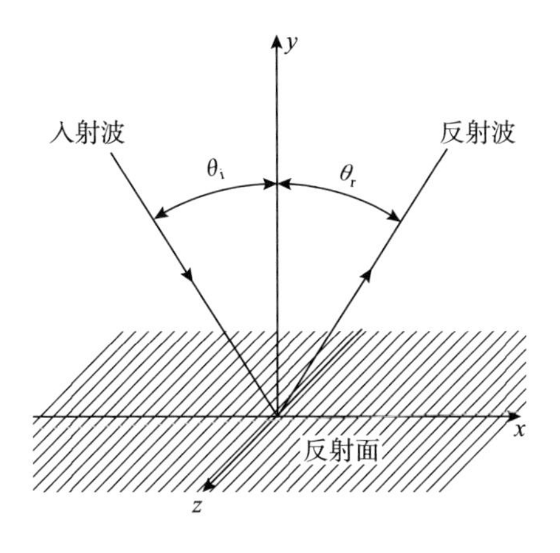

图 4.9 小振幅声波在 xz 平面上的反射[38]

定义 $Z_i = x\sin\theta_i - y\cos\theta_i - ct$，用速度势 $\psi_i(Z_i)$ 表示入射声场，得到：

$$p_i(x,y) = -\rho c\psi'_i(Z_i)$$

$$u_{iy}(x,y) = \cos\theta_i\psi'_i(Z_i)$$

$$u_{ix}(x,y) = -\sin\theta_i\psi'_i(Z_i)$$

$$I_x = \frac{|p_i|^2}{\rho c}\sin\theta_i,\quad I_y = -\frac{|p_i|^2}{\rho c}\cos\theta_i \tag{4.9}$$

求出 xz 平面上（$y=0$）的反射声：

$$p_r(x,0) = C_r p_i(x,0),\quad u_{ry}(x,0) = -C_r u_{iy}(x,0) \tag{4.10}$$

其中 C_r 为声反射系数，与入射角、界面声阻抗 z 有关：

$$C_r = \frac{z\cos\theta_i - \rho c}{z\cos\theta_i + \rho c} \tag{4.11}$$

C_r 与界面的吸声系数 α 存在关系：

$$\alpha = 1 - |C_r|^2$$

和光一样，当反射面是大而光滑的曲面时，反射声波会发生汇聚或发散。图 4.10 给出了房间内面可能发生的四种典型声反射情况，其中 A 为近距离平面反射，反射声方向变化较大；B 为远距离平面反射，反射声方向几乎平行；C 为声扩散；D 为声聚焦。

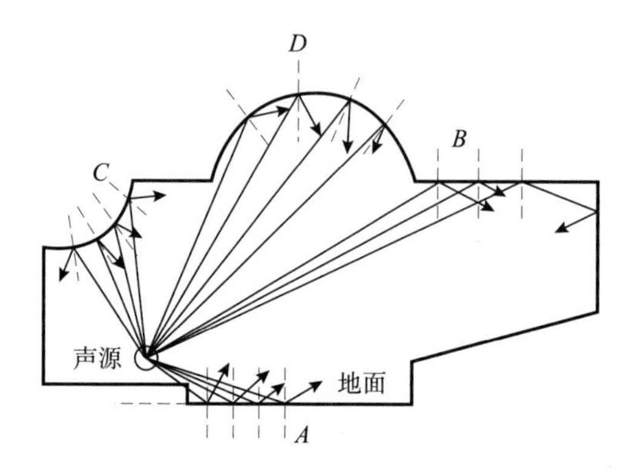

图 4.10　房间内面四种典型声反射

4.3　测量室内噪声的声级计

声级计是根据国际标准《电声学 声级计 第1部分：规范》(IEC 61672—1：2013) 和国家标准《电声学 声级计 第1部分：规范》(GB/T 3785.1—2010)，按照一定的频率计权和时间计权测量声压级的仪器，是室内噪声测量中常用的仪器。

4.3.1　声级计的分类

1. 按精度分类

根据国际标准《电声学 声级计 第1部分：规范》(IEC 661672－1：2013) 和国家标准《电声学 声级计 第1部分：规范》(GB/T 3785.1—2010)，声级计分为1级、2级两种。1级声级计供实验室及声学环境要求较高的场合使用；2级声级计适用于一般的声环境测量。在1 kHz频率处，所有频率计权的设计目标都是0 dB，1级声级计的允差为±1.1 dB，2级声级计的允差为±1.4 dB。1级和2级声级计的A、C和Z频率计权及相应的允差在表4.3中给出，修约到十分之一。表4.3中的允差适用于所有级量程。

表 4.3 频率计权和允差（包括最大测量扩展不确定度）

标称频率/Hz	频率计权/dB			允差/dB	
	A	C	Z	1级	2级
10	－70.4	－14.3	0.0	＋3.5；－∞	＋5.5；－∞
12.5	－63.4	－11.2	0.0	＋3.0；－∞	＋5.5；－∞
16	－56.7	－8.5	0.0	＋2.5；－4.5	＋5.5；－∞
20	－50.5	－6.2	0.0	±2.5	±3.5
25	－44.7	－4.4	0.0	＋2.5；－2.0	±3.5
31.5	－39.4	－3.0	0.0	±2.0	±3.5
40	－34.6	－2.0	0.0	±1.5	±2.5
50	－30.2	－1.3	0.0	±1.5	±2.5
63	－26.2	－0.8	0.0	±1.5	±2.5
80	－22.5	－0.5	0.0	±1.5	±2.5
100	－19.1	－0.3	0.0	±1.5	±2.0
125	－16.1	－0.2	0.0	±1.5	±2.0
160	－13.4	－0.1	0.0	±1.5	±2.0
200	－10.9	0.0	0.0	±1.5	±2.0
250	－8.6	0.0	0.0	±1.4	±1.9
315	－6.6	0.0	0.0	±1.4	±1.9
400	－0.8	0.0	0.0	±1.4	±1.9
500	－3.2	0.0	0.0	±1.4	±1.9
630	－1.9	0.0	0.0	±1.4	±1.9
800	－4.8	0.0	0.0	±1.4	±1.9
1000	0	0	0	±1.1	±1.4
1250	＋0.6	0.0	0.0	±1.4	±1.9
1600	＋1.0	－0.1	0.0	±1.6	±2.6
2000	＋1.2	－0.2	0.0	±1.6	±2.6
2500	＋1.3	－0.3	0.0	±1.6	±3.1
3150	＋1.2	－0.5	0.0	±1.6	±3.1
4000	＋1.0	－0.8	0.0	±1.6	±3.6
5000	＋0.5	－1.3	0.0	±2.1	±4.1

续表

标称频率/Hz	频率计权/dB			允差/dB	
	A	C	Z	1级	2级
6300	−0.1	−2.0	0.0	+2.1；−2.6	±5.1
8000	−1.1	−3.0	0.0	+2.1；−3.1	±5.6
10000	−2.5	−4.4	0.0	+2.6；−3.6	+5.6；−∞
12500	−4.3	−6.2	0.0	+3.0；−6.0	+6.0；−∞
16000	−6.6	−8.5	0.0	+3.5；−17.0	+6.0；−∞
20000	−9.3	−11.2	0.0	+4.0；−∞	+6.0；−∞

2. **按功能分类**

按功能分类，声级计分为测量指数时间计权声级的常规声级计、测量时间平均声级的积分平均声级计、测量声暴露的积分声级计（以前称为噪声暴露计）。此外，具有噪声统计分析功能的称为噪声统计分析仪，具有采集功能的称为噪声采集器（记录式声级计），具有频谱分析功能的称为频谱分析仪。

室内场合噪声测量多使用积分平均声级计、噪声暴露计、噪声统计分析仪及频谱分析仪。

4.3.2 测量室内噪声常用声级计的组成

通常声级计由传声器、信号处理器和一定时间计权特性的检波指示器等组成，以实现基本功能，有时为满足某些要求需添加一些其他附件，如延伸杆、延伸电缆、无规入射校准器等。限于篇幅，基本声级计各部件的详细情况可参考文献［24］～［27］，在此从略。

积分平均声级计是一种直接显示某一测量时间内被测噪声的时间平均声级即等效连续声级（L_{eq}）的仪器，通常由基本声级计和内置的单片计算器、自动量程衰减器组成。内置的单片机可以按照事先编制的程序对资料进行运算、处理，进一步在显示器上显示；自动量程衰减器能使量程的动态范围扩大到80～100 dB，在测量过程中无须人工调节。此外，积分平均声级计不仅可测量出噪声随时间的平均值，即等效连续声级，而且可以测出噪声在空间分布不均匀的平均值，只要在需要测量的空间移动积分平均声级计，就可测量出随地点变动的噪声的空间平均值。噪声暴露计是积分平均声级计的一种，用于测量噪声暴露量（即噪声 A 计权声压值二次方的时间积分）。

噪声统计分析仪用来测量噪声级的统计分布，并直接指示累计百分声级 L_N 的一种噪声测量仪器，它还能测量并用数字显示 A 声级、等效连续声级 L_{eq}，以及用数字或百分数显示声级的概率分布和累计分布。它由声级测量及计算处理两大部分构成，测量由基本声级计实现，计算处理由单片机完成。

频谱分析仪能对测量噪声的频谱加以分析，得到各种频率成分的信息。频谱分析仪由基本声级计和滤波器构成，通常采用倍频程滤波器或 1/3 倍频程滤波器。

总体上，室内噪声测量用声级计需满足如下要求：声级计或积分平均声级计应符合现行国家标准《电声学　声级计　第 1 部分：规范》（GB/T 3785.1—2010）和国家检定规程《声级计检定规程》（JJG 188—2017）中对相应级别的要求；滤波器应符合现行国家标准《电声学　倍频程和分数倍频程滤波器》（GB/T 3241—2010）和国家检定规程《倍频程和分数倍频程滤波器检定规程》（JJG 449—2014）中相应级别的要求。

4.4　室内噪声控制标准

不同功能室内场合要求的室内噪声大小会有很大不同。本节将按住宅、学校、医院、旅馆、办公及商业六类场合来分别说明国内室内噪声的相关指标。国内采用 A 声级以利于国内室内、室外噪声标准的衔接，室内噪声水平与所处区域环境噪声密切相关，本节最后附加有国内的区域环境噪声标准以便参考。

4.4.1 住宅

《建筑环境通用规范》(GB 55016—2021) 等对住宅室内噪声指标予以了限定，如表 4.4 所示，其中当住宅位于 2 类、3 类、4 类声环境功能区时，该限制可放宽 5 dB。

表 4.4 主要功能房间室内噪声限值

房间的使用功能	噪声限值 ($L_{\mathrm{Aeq},T}$)/dB	
	昼间	夜间
睡　眠	40	30
日常生活	40	

4.4.2 学校

在学校，室内噪声的负面效应主要是干扰语言信息的传递和提取，影响交流，引起学生、教师分心，降低教学效果。

国内对学校建筑中各种教学用房及教学辅助用房按照安静程度予以分类，并分别制定了相关的允许噪声级 [见《民用建筑隔声设计规范》(GB 50118—2010)]，如表 4.5 所示。同时，对于特别容易分散学生听课注意力的干扰噪声（如演唱），所有类别房间对应允许背景噪声级的数值减去 5 dB。

表 4.5 学校教室内允许噪声级

房间名称	允许噪声级（A 声级）/dB
语言教室、阅览室	≤40
普通教室、实验室、计算机房	≤45
音乐教室、琴房	≤45
舞蹈教室	≤50

其中，有较高安静要求的房间指语音教室、多媒体教室、阅览室及特殊教育学校的教室等；一般安静要求的房间指教师采用自然声授课的普通

教室、音乐教室、琴房、舞蹈教室、实验室、计算机房及教师办公室等；较低安静要求的房间指健身房、教室走廊、楼梯间等。

4.4.3 医院

医院的室内噪声产生的负面效应主要是干扰病人休息、干扰语言交流以及遮蔽警报信号。

《民用建筑隔声设计规范》（GB 50118—2010）对医院内病房、诊疗室等用房的室内噪声指定的允许噪声级标准如表 4.6 所示。

表 4.6 医院内病房、诊疗室等用房室内允许噪声级

房间名称	允许噪声级（A 声级）/dB			
	高要求标准		低限标准	
	昼间	夜间	昼间	夜间
病房、医护人员休息室	≤40	≤35①	≤45	≤40
各类重症监护室	≤40	≤35	≤45	≤40
诊室	≤40		≤45	
手术室、分娩室	≤40		≤45	
洁净手术室	—		≤50	
人工生殖中心净化区	—		≤40	
听力测听室	—		≤25②	
化验室、分析实验室	—		≤40	
入口大厅、候诊厅	≤50		≤55	

① 对有特殊要求的病房，室内允许噪声级应小于或等于 30 dB。

② 表中听力测听室允许噪声级的数值，适用于采用纯音气导和骨导听阈测听法的听力测听室，采用声场测听法的听力测听室的允许噪声级另有规定。

4.4.4 旅馆

旅馆建筑中客房与住宅建筑中卧室对室内声环境的要求有共同之处，即确保正常休息（如睡眠）所必需的安静条件。因此，客房内的允许噪声级可参照住宅允许噪声级而定，但旅馆建筑中的客房相比之下也有不同之处，主要体现在室内噪声的组成存在差别：住宅的室内噪声主要是户外噪声，而旅馆内部除受到户外环境噪声影响外，本身的空调系统（送风、排风、风机盘管等）产生的噪声影响不可忽视。

《民用建筑隔声设计规范》(GB 50118—2010）对旅馆建筑内部各种房间制定的允许噪声级标准如表 4.7 所示。

表 4.7　国内旅馆建筑各种房间允许噪声级

房间名称	允许噪声级（A 声级）/dB					
	特　级		一　级		二　级	
	昼间	夜间	昼间	夜间	昼间	夜间
客　房	≤35	≤30	≤40	≤35	≤45	≤40
办公室、会议室	≤40		≤45		≤45	
多用途厅	≤40		≤45		≤50	
餐厅、宴会厅	≤45		≤50		≤55	

4.4.5　办公

办公场合的允许噪声级在此定义为室内无人占用、空调系统正常运转条件下应小于的噪声级。

语言私密度是办公场合声环境考虑的重要指标，一方面希望自己的交谈不被他人听到，另一方面不希望他人交谈干扰自身工作。根据文献[66] 中的数据，若背景噪声不超过 50 dB，在 10 m 的距离范围可用正常的嗓音交流；若背景噪声不大于 55 dB，略微提高嗓音可以交流。对于单人办公室，轻声语言交谈（50～55 dB)，在有相应围护结构隔声条件下，足以保证语言交谈等办公活动的效率和私密度；对于开放式办公室，办公人员业务联络时的一般语言交谈（55～60 dB)，不会引起对相邻隔间办公活动的明显干扰。

《民用建筑隔声设计规范》(GB 50118—2010）对通常办公室、会议室等办公场合内的允许噪声级标准如表 4.8 所示。

表 4.8 国内通常办公场合内的允许噪声级

房间名称	允许噪声级（A 声级）/dB	
	高要求标准	低限标准
单人办公室	≤35	≤40
多人办公室	≤40	≤45
电视电话会议室	≤35	≤40
普通会议室	≤40	≤45

4.4.6 商业及其他公共场合

商业场合通常指健身中心、娱乐中心、餐厅、购物中心、展览厅等，其他公共场合有集会厅、教堂、广播与录音棚、音乐厅、剧院、电影院等。噪声指标在此定义为无人进入、暖通空调启动、正常照明、无背景音乐即“空场”的状况下的允许噪声级。

《民用建筑隔声设计规范》（GB 50118—2010）对常见几种商业场合的允许噪声级标准如表 4.9 所示。

表 4.9 国内几种商业场合内允许噪声级

房间名称	允许噪声级（A 声级）/dB	
	高要求标准	低限标准
商场、商店、购物中心、会展中心	≤50	≤55
餐　厅	≤45	≤55
员工休息室	≤40	≤45
走　廊	≤50	≤60

4.4.7 国内区域环境噪声标准

根据经验，住宅在开窗情况下户外噪声传至室内大约有 10 dB 的能量损失[43]，若要求室内噪声控制在合理限度，必须考虑建筑所处区域的环境噪声。也就是说，建筑所处区域环境噪声的现状与室内噪声达标密切相关。在此列出《声环境质量标准》(GB 3096—2008)对各类声环境功能区环境噪声等效声级限值，以便参考(见表4.10)。

表4.10 国内环境噪声等效声级限值 单位：dB(A)

类别	声环境功能区	昼间	夜间
0类	康复疗养区等特别需要安静的区域	50	40
1类	以居民住宅、医疗卫生、文化教育、科研设计、行政办公为主要功能，需要保持安静的区域	55	45
2类	以商业金融、集市贸易为主要功能，或者居住、商业、工业混杂，需要维护住宅安静的区域	60	50
3类	以工业生产、仓储物流为主要功能，需要防止工业噪声对周围环境产生严重影响的区域	65	55
4a类	高速公路、一级公路、二级公路、城市快速路、城市主干路、城市次干路、城市轨道交通(地面段)、内河航道两侧区域	70	55
4b类	铁路干线两侧区域	70	60

4.5 室内噪声的预测方法

室内噪声的预测严格意义上分为两部分：一部分是到达室内的户外声传播计算，另一部分是室内噪声在闭合空间内的传播计算。关于户外噪声的传播计算，可参考4.2.2节内容；而噪声在室内的传播计算，完全可归结为室内声的预测计算问题。本节仅对后者进行重点介绍。国内外有关室内声的预测计算模型有很多，著名的商业化软件模型有比利时的RAYNOISE、瑞典的CATT和丹麦的ODEON等，但都是以两类基本方法为基础的，即虚源法(Image Source Method，ISM)和声线追踪法(Ray Tracing Technology，RTT)。

4.5.1 虚源法

虚源法基于镜面反射，即当声波从声源 S_0 发出到达反射面时，反射声波的方向与入射声波的关系满足镜面反射原理。这样经过反射到达受声点的声波就好像是从声源关于反射面的镜像 S_1 发出的一样，后者就是所谓的"虚源"（Image source）。图 4.11 和图 4.12 给出了室内反射波与虚源的情形，并且当存在两个反射面时，将出现高阶虚源。

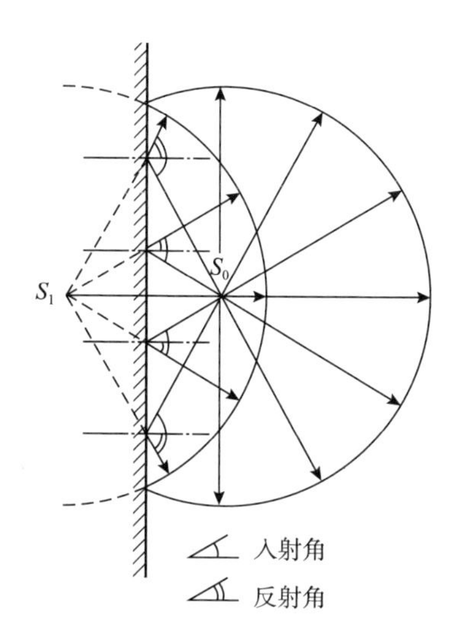

图 4.11　平面上声波的一阶反射[39]

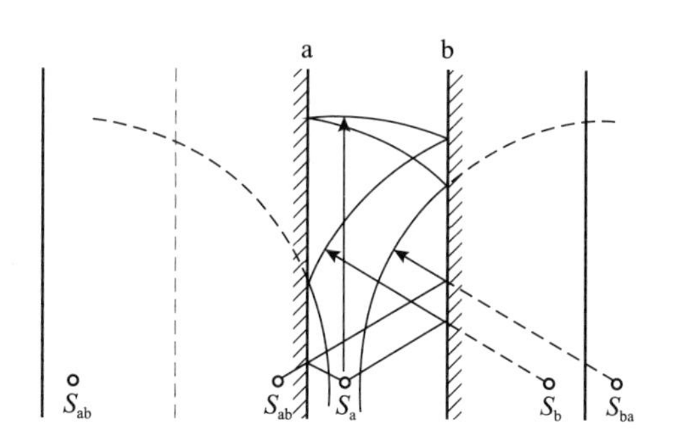

图 4.12　两平行反射面之间高阶虚源[39]

对于闭合的规则六面体室内空间，一个点源在各个面上都会产生镜像，而每个镜像在其他面上又会产生更高阶镜像……如此反复，就会在六个面上产生很多虚源并且每个面将对应一列虚源序列，如图 4.13 所示，而受声点处的声场可认为是所有虚源在该点声场的叠加。

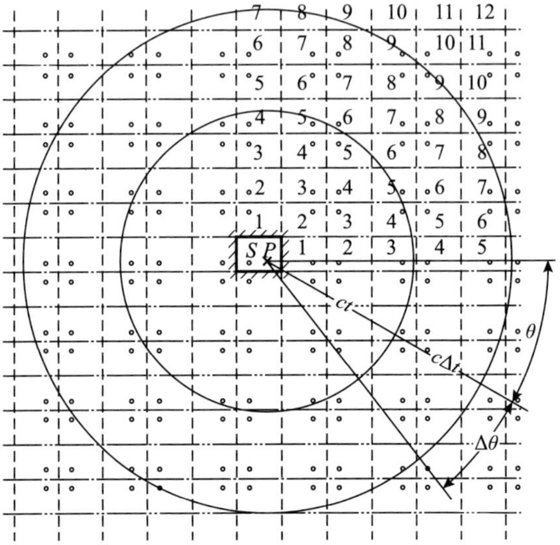

图 4.13 矩形房间内的高阶虚源[39]

虚源法的具体操作有两种方法，即不相干虚源法（Incoherent Image Source Method，IISM）和相干虚源法（Coherent Image Source Method，CISM）。

1. **不相干虚源法**

不相干虚源法使用能量来表征接收点处的声场，并认为到达该点的声能量是所有虚源在该点声能量的叠加，即式（4.12）[71]。该方法忽略了声传播的相位信息，假设闭合空间内声源及各虚源之间没有干涉。

$$I = I_{\text{ref}} d_{\text{ref}}^2 \sum_N \frac{R_N}{d_N^2} \tag{4.12}$$

其中 $R_N = 1 - \alpha_j$

式中 I——接收点处的声强；

I_{ref}——自由空间内声源在参考距离 d_{ref}处的参考声强值；

d_N——第 N 个源到接收点的距离；

R_N——声反射因子反映了从各个界面反射的能量情况；

α_j——各个面的吸声系数，$j=1$，2，3，4，5，6。

2. **相干虚源法**

相干虚源法可参考文献［69］～［71］，该方法用复数声压来表征接收点处的声场，包括声压幅值和相位两方面信息，并认为该点声压将由声源以及所有虚源在该点的声压之和，即[69-71]

$$P=\frac{1}{4\pi}\sum_{N=0}^{\infty}Q_{sN}\frac{e^{ikd_N}}{d_N} \tag{4.13}$$

该式中假定声源源强为单位源强，d_N 是第 N 个源到接收点的距离，Q_{sN}表示第 n 个虚源对应的在房间壁面上的复数形式的球面波声反射系数（Complex spherical wave reflection coefficient）。对于每次边界板的反射，球面波声反射系数 Q_N 都可以计算如下[69]-[71]：

$$Q_N\equiv Q(d_N,\beta_i,\theta_N)=R_p+(1-R_p)F(w_N) \tag{4.14}$$

其中

$$R_p=\frac{\cos\theta_N-\beta_j}{\cos\theta_N+\beta_j} \tag{4.15}$$

$$F(w_N)=1+i\sqrt{\pi}w_N e^{-w^2}\mathrm{erfc}(-iw_N) \tag{4.16}$$

$$w_N=\sqrt{kd_N/2}(1+i)(\cos\theta_N+\beta_j) \tag{4.17}$$

式中 β_i——反射面的特性正入射导纳；

θ_N——反射面上的正入射角；

R_p——平面波声反射系数（the plane－wave reflection coefficient）；

β_j——第 j 面的特性正入射导纳，$j=1$，2，3，4，5，6；

$F(w_N)$——边界损失因子；

erfc——尺度补助误差函数（Scaled Complemented Error Function）；

w_N——一种数值距离。

相干虚源法在计算中均采用解析公式来描述声波的传播与反射，同时考虑声压的幅值与相位信息，利于分析声源及各虚源声波间的干涉现象，当室内存在一个或多个障碍物（如屏障）时，使用该方法对低频声衍射分析与计算十分有利。

4.5.2 声线追踪法

作为预测复杂房间内声传播的有效计算手段，声线追踪法从 20 世纪 80 年代至今在室内声学设计领域得到很大发展和广泛应用：根据基本的声线追踪思想，逐步加入对各种实际情况（如声波频率、声散射、声衍射、室内材料吸声特点等）的分析考虑，发展出较成熟的相关程序模型（如 RAYCUB[72]、RAYCUB 的改进型 RAYCUB-DIR 和 RAYCUB-DIR REDIR[73]等）；同时为提高接受点能量响应的准确度，发展出一些改进型的声线追踪法，如圆锥形声束追踪法、三角锥形声束追踪法[62]等。下面援引 1984 年 A. Kulowski[74]对 RTT 的说明详细介绍其算法。

1. **方法描述**

RTT 是一种计算闭合空间内球面声波传播的几何声学方法，在融合进计算机辅助计算后能适用于三维空间。RTT 假定一个简单球面波能量由若干个离散的“声粒子”合成，每个“声粒子”可称为“声线”（Sound Ray）并以声速按照几何声学法则行进。由于室内壁面和空气的吸声作用，每个声线的能量随时间衰减。RTT 将追踪每个声线直到其能量衰减到可忽略时为止（可忽略的能量上限在计算开始时指定）。

2. **计算声线发散方向**

在几何声学中，一个球面波可由一组从声源点射出的线来表示。如果声源是全向辐射的，这组声线的方向将在声源点周围均匀分布。

在 RTT 中，每条代表声传播方向的声线可以用如下形式来表示（见图 4.14）：

$$\vec{P} = \vec{P}_s + \vec{v} \cdot l \tag{4.18}$$

式中 $\vec{P}$、$\vec{P}_s$——对应声线的到达点 P 和出发点 P_s 的坐标向量；

$\vec{v}$——声线方向的单位向量；

l——这条声线的长度。

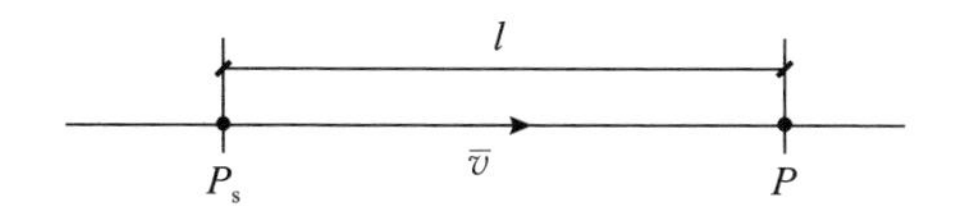

图 4.14 式（4.18）图解

RTT 中有两种简单的方法来得到在点源四周均匀分布的声线方向 $\bar{v}$。

第一种方法，也称为“确定方法”（Deterministic one），使用代数运算将环绕点声源的球面进行规则的网格分化，得到一组在球面均布的网格节点［见图 4.15（a）］，声源连接这些节点的声线与球面垂直并代表各声线方向。

第二种方法，也称为“统计方法”（Statistical one），各声线在声波球面上的指向点环绕声源随机分布［见图 4.15（b）］，若用仰角（Elevation angle）和方位角（Azimuth angle）来表示每个指向点的位置，则每个仰角和方位角将分别是（$-\pi/2$，$\pi/2$）及（0，2π）范围内的随机数。这里的每组随机数可以使用计算机程序库中的“随机数生成器”（Random numbers generator）产生。如果这些随机数在各自范围内的统计分布是均匀的，那么就可认为它们对应的各指向点在声波球面上的分布也是均匀的。

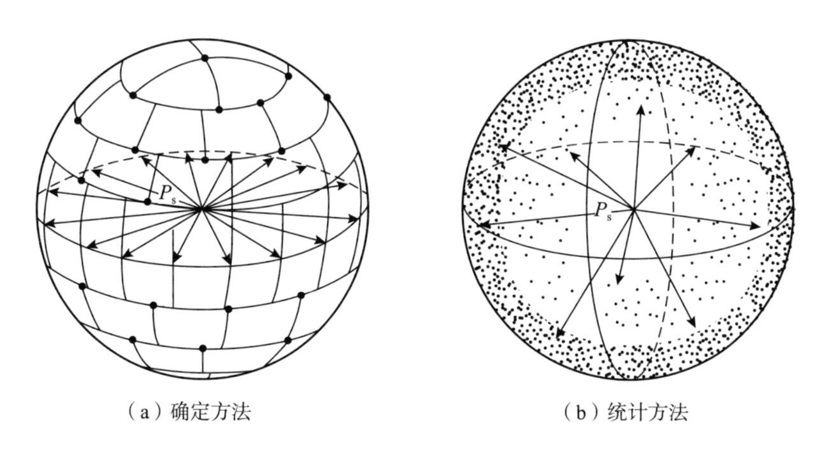

（a）确定方法　　（b）统计方法

图 4.15 获取点源四周均匀分布的声线方向

只要声线的指向点在声波球面上分布均匀，那么以上两种方法是等效的。但是，当预先不清楚多少声线计算数（Rays number）满足计算精度需要时，“确定方法”将变得很不方便。因为对于每一个预先指定的声线计算数，“确定方法”都必须对球面重新进行网格分割以均匀布点，这样当发现预先指定的较小声线计算数不合适并需要增加声线数时，重新分割的网格与原来的网格将完全不同，而原来计算的大部分声线方向在更新计算中将毫无用处。这实际上浪费了时间和计算资源。若使用“统计方法”则不会有类似状况，因为指向点随机分布，当增加声线数时，原来的指向点可以不动并保持有效，这样可以支持多次试算并节省时间。

3. **声线的反射**

RTT 的数值处理中，房间的形状是使用一组在三维空间描述房间各“有限界面”（Limiting surface）位置与大小的数学式来表示的。对于房间的弯曲面，在数值上可以使用多个小平面来有效模拟，RTT 中一般使用四边形小平面。这样根据预先指定的房间形状精确度，每个界面可由一个或多个四边形小平面来代替，并使用同样形式的数学式来描述，如图 4.16 所示。这样的近似处理使得房间内声线的反射计算起来变得简单方便。

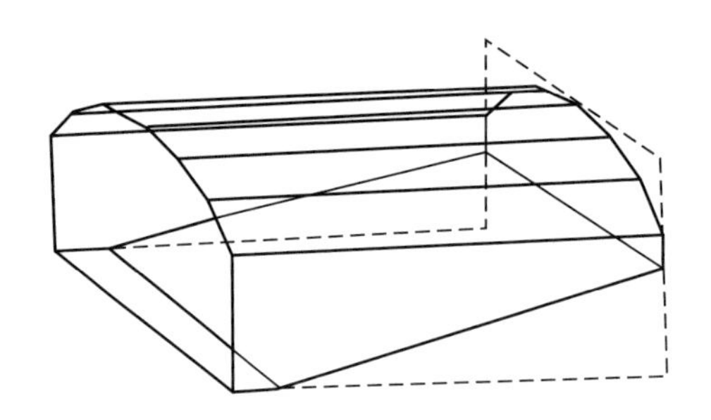

图 4.16 使用四边形小界面模拟房间复杂形状

房间内声线的反射计算包括三方面的内容，即确定反射面、计算反射线方向和计算反射声线能量。

(1) 确定反射面。对于房间假定的任意形状，数学上可以归为“凸形”（Convex one）和“凹形”（Concave one）两种。“凸形”体的定义是，连接体表面上任意两点的线段都完全包含在体内，不满足该条件的体即为

“凹形”体。

首先分析“凸形”体房间，如图 4.17 所示。对于任意一条 $\vec{v}$ 方向的声线，按照自身或其延长面有没有被声线“穿过”（Punctured）可将房间的面可分成两类，“穿过”的如图中的面 2、3、4、5，称为“穿透面”；没有“穿过”的如图中的面 1、6，称为“未穿透面”。

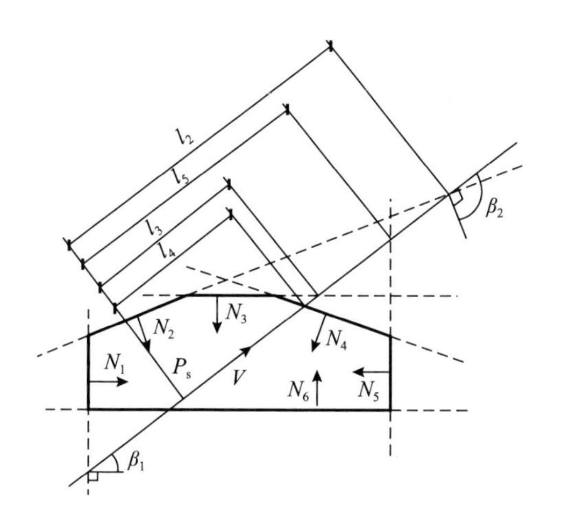

图 4.17 “凸形”体房间截面

“未穿透面”的充分必要条件是：$N_i \cdot \vec{v} > 0$，即 N_i 与 $\vec{v}$ 成锐角，其中 N_i 表示第 i 面的法向单位向量，指向房间内部。

对于“穿透面”，即 N_i 与 $\vec{v}$ 成钝角，则计算声源到“穿透点”（Puncture point）的距离即声线长度 l，该长度即为与式（4.18）对应的声线长度。使用如下方法判断声线穿透点 p 是否在第 i 面上，若穿透点 p 在第 i 面上时：

$$N_i \cdot \overrightarrow{p_i p} = 0 \tag{4.19}$$

式中 p_i——第 i 面上任意一点，比如四边形面的一个角点；

$\overrightarrow{p_i p}$——从 p_i 指向 p 的方向向量。

而声源点 P_s 到第 i 面上穿透点 p 之间的距离 l_i 为

$$l_i = \frac{N_i \cdot \overrightarrow{p_i P_s}}{\vec{v} \cdot N_i} \tag{4.20}$$

然后求出方向 $\vec{v}$ 声线对应的所有 l_i 中的最小值 $l_{\min}$，即该段声线的实际长度：

$$l_{\min} = \min(l_i), \quad i = 1, \cdots, I$$

式中　I——近似房间形状的所有面的数目。

当房间是“凹形”体，有些面会在房间内部突起（见图 4.18），这样穿透点 p 将不一定在房间的界面上，也有可能存在于房间内部。后者将使上述寻找穿透面和声线长度的算法出错。只要把这些点去除，那么对于任意形状房间计算、寻找 $l_{\min}$ 的方法将变得一致。

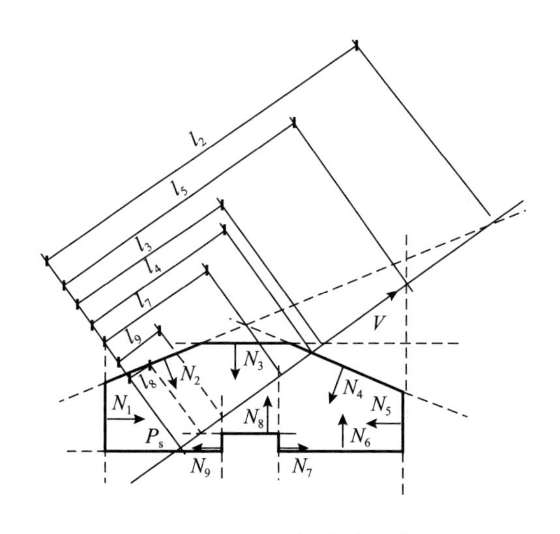

图 4.18　“凹形”体房间截面

人们可以很容易区分“凹形”体房间的界面和内部突出包含的面。去除存在于房间内部的穿透点 p 需要判断该点是在四边形界面上还是面的延长面上。有三种不同的方法可用于判断一个点 Q 是否在四边形 $ABCD$ 内。

第一种方法［见图 4.19（a）］，判断 $\angle AQB$、$\angle BQC$、$\angle CQD$ 和 $\angle CQA$ 四个夹角的和是否等于 2π，若等于 2π，则点 Q 在四边形界面上，否则在面的延长面上。

第二种方法［见图 4.19（b）］，判断：$\triangle AQB$、$\triangle BQC$、$\triangle CQD$、$\triangle CQA$ 四个三角形面积和是否等于四边形 $ABCD$ 的面积，若等于则点 Q

在四边形界面上，否则在面的延长面上。

第三种方法［见图 4.19（c）］，首先作出辅助向量 S_j 和$\overrightarrow{QR_j}$，其中 S_j 是四边形第 j 边上的法向单位向量并指向四边形内部，R_j 是 Q 在第 j 边上作垂线得到的垂足，当向量 S_j 和$\overrightarrow{QR_j}$同向时，数量积 $S_j \cdot \overrightarrow{QR_j}$为正，反向时为负，则判断四边形各边对应的该数量积的符号，若有一个为正，则点 Q 不在四边形界面内。

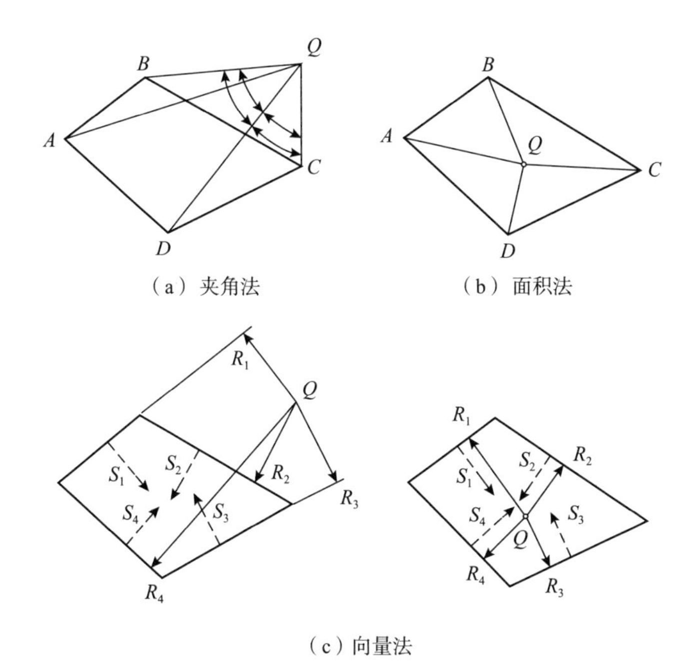

图 4.19　判断 Q 点是否在四边形 $ABCD$ 内的三种方法

（2）计算反射线方向。用 $\vec{v}'$ 表示反射声线方向的单位向量（见图 4.20），该向量可由反射点 Q 和声源镜像点 P'_s确定，而反射点 Q 的位置可用上述求出的 l_{min}代换式（4.18）中的 l 算出。声源镜像点 P'_s的位置可由式（4.21）计算：

$$P'_s = P_s - N_r \cdot 2d \tag{4.21}$$

式中　N_r——反射面对应的法向单位向量并指向房间内侧；

d——声源点 P_s 到反射面的距离。

$\vec{v}'$即可由反射线对照式（4.18）提供的关系很方便地求出。

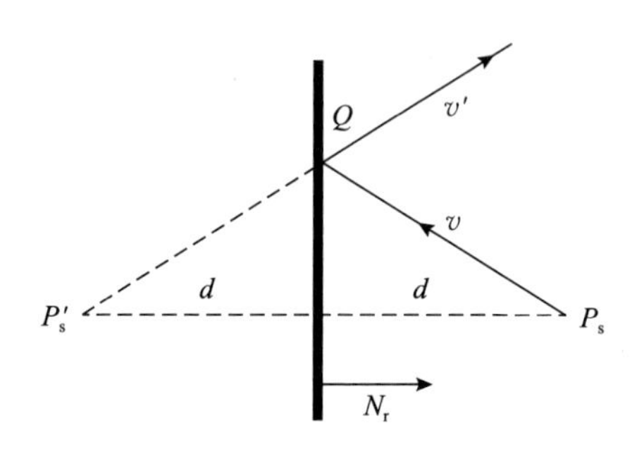

图 4.20　声线的反射

（3）计算反射声线能量。对于每次声反射，入射角可以由 N_i 与 $\vec{v}$ 两向量求出。同时房间每个界面的声吸收系数是预设的，这就使计算每次声反射对应的声能量衰减成为可能。物理上，界面的声吸收系数随入射角发生变化，其函数关系测量较为复杂且很少有现成数据可查。但是当入射方向足够多且无轨时，入射声场可认为是扩散场，并可使用混响吸声系数代替物理吸声系数进行计算，多数材料的混响吸声系数在很多文献上是可查的。

原则上，需要先将房间与理想混响室内的声场扩散度加以比较后再决定是否使用混响吸声系数。但对于大多数房间，主要界面的多面角（Solid angle）与理论上混响室的多面角相差不大，只要计算声线数和考虑的反射阶数足够多，室内声场均可认为是扩散场并使用混响吸声系数表示房间界面声特性。

对于有些主要界面的多面角与理论上混响室的多面角相差小很多的一些特殊房间，如长空间（Long space）、扁空间（Flat room）等，其内部的声场就不能再认为是扩散场且混响吸声系数也不再完全适用。这种情况下需要单独判断每块反射面是否使用物理吸声系数，对应的工作量将很大。

除反射造成的能量衰减外，房间内的空气阻尼也会造成能量损失，具

体可计算为

$$E(k_2) = E(k_1)\mathrm{e}^{-m(k_2-k_1)} \tag{4.22}$$

式中 $E(k_1)$、$E(k_2)$——距离声源 k_1、k_2 处的声线能量（$k_2>k_1$）；

m——空气的声阻尼系数。

需注意的是，RTT 中每个声线的能量除上述两方面损失外不会随距离发生衰减。一般意义上所说的球面波声强随距离发生衰减的现象在 RTT 中是由声波面的单位面积内包含的声线数减少来表现的。

4. **观察区声线的到达**

当计算脉冲响应时，RTT 通过叠加若干个单一的声线能量可计算出房间内的声能衰减曲线，具体计算思路可包括四种：①某个反射点处声能衰减；②声线路径上的等距间隔点处声能衰减；③发生在某特定观察界面上的反射声能衰减；④到达室内某接受区域（特定观察球面）上的声能衰减。

前两种思路能够将房间内所有位置处的声能衰减曲线计算出来，但难以用实验验证而受到限制。后两种思路涉及的声能计算接收范围大大缩小，比如某单一面的反射或室内某球形空间范围，这样得出的结果也容易使用实验测量加以验证。

第三种思路只需要特定观察界面的完整数学描述，具体计算时对每个声线的反射面加以逻辑判断即可完成。

而计算室内某球形空间观察范围内接收到的声能则需要预先指定观察范围的位置（球心位置）、大小（球面半径），以及对每条反射声线是否到达该范围予以追踪判断。具体的判断条件是反射声线需与计算球面相交或相切，即对于方向为 $\bar{v}$ 的声线，假定它到达观察球面时的长度为 l，则下面关于 l 的方程需有实数解：

$$(x-X_c)^2+(y-Y_c)^2+(z-Z_c)^2=R^2 \tag{4.23}$$

$$\begin{cases} x = X_s + v_x \cdot l \\ y = Y_s + v_y \cdot l \\ z = Z_s + v_z \cdot l \end{cases} \tag{4.24}$$

式中　x、y、z——声线末端的位置坐标；

X_c、Y_c、Z_c——观察球的球心位置；

R——观察球的半径；

X_s、Y_s、Z_s——声源的位置。

根据图 4.21 中的几何关系，该方程有实数解的条件可简化为

$$A^2 - B + R^2 \geqslant 0 \tag{4.25}$$

其中 $A=\vec{v} \cdot \vec{w}$，$B=|\vec{w}|^2$

式中　$\vec{w}$——从反射点到达观察球心的向量。

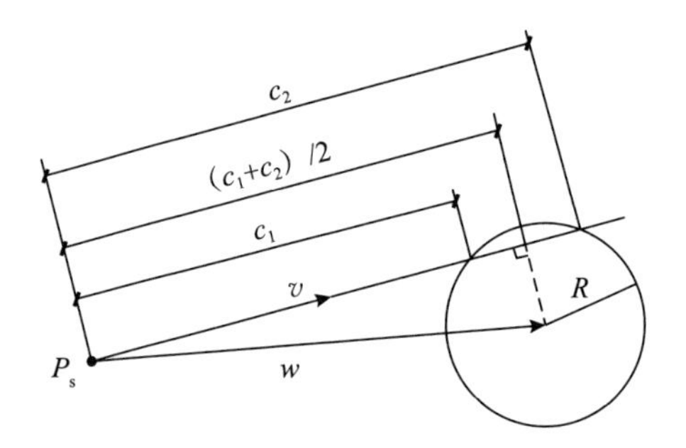

图 4.21　声线路径与观察球面之间的关系

得到的 l 实数解将有两个，分别为

$$C_1 = A + \sqrt{A^2 - B + R^2}$$

$$C_2 = A - \sqrt{A^2 - B + R^2} \tag{4.26}$$

当计算时仅考虑通过观察球面的声线能量，则可将上述两解求平均：

$$l = (C_1 + C_2)/2 = A \tag{4.27}$$

此外，补充判断反射点与观察球之间没有障碍阻挡声线的行进，即

$$l_{\min} \geqslant A \tag{4.28}$$

只要同时满足式（4.19）、式（4.22）的声线，均可到达观察球面并且其能量具体可求，则整个观察球面的能量衰减可计算求得。

5. **参数的预设**

RTT 计算时需预设好如下参数：

(1) 房间形状的描述参数，包括各四边形界面的角点位置、观察界面的面序号、观察球面的球心位置和半径。

(2) 各界面与房间内媒介的声学特性、声源情况，包括各界面的声吸收系数、室内空气的声能量阻尼系数、声源的位置和声功率。

(3) 关于结果形式的参量，包括声线追踪的能量衰减限值、表示声衰减曲线的直方图的时间分度。

4.6 室内噪声控制措施、对策及规范

总体上说，建筑室内噪声的控制是一项综合工程，包括法制建设、城市规划、建设管理、环境监管、环境评价、建筑设计、声学设计等多个相关领域，涉及政府、规划管理部门、交通管理部门、建设管理部门、环境监察管理与评价部门、建设设计部门、开发商、业主等多个单位和个人。由于待建、已建项目分别对应的室内噪声控制措施在很多地方存在较大区别，下面对应这两类情况分别展开讨论。

本节首先针对项目建设情况分别研究室内噪声的控制流程，然后对应阐述相关控制的实施步骤与方法，并将对具体的室内噪声控制方法展开讨论。

4.6.1 室内噪声的控制流程

1. **待建项目**

待建项目室内噪声控制流程如图 4.22 所示。

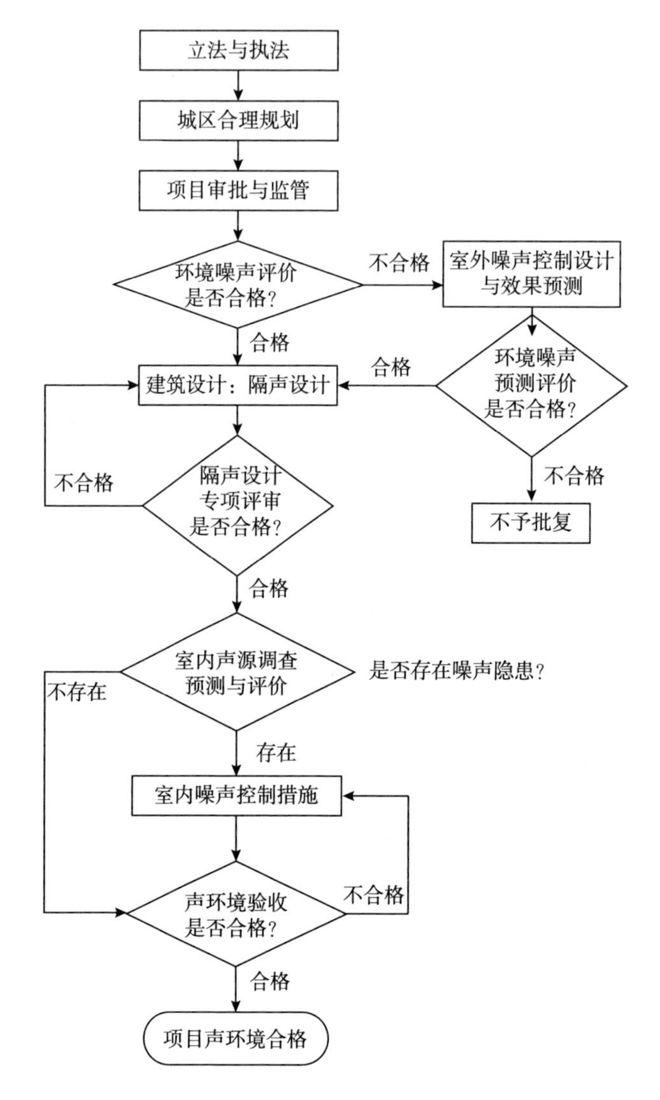

图 4.22　特建项目室内噪声控制

2. **已建项目**

已建项目室内噪声控制流程如图 4.23 所示。

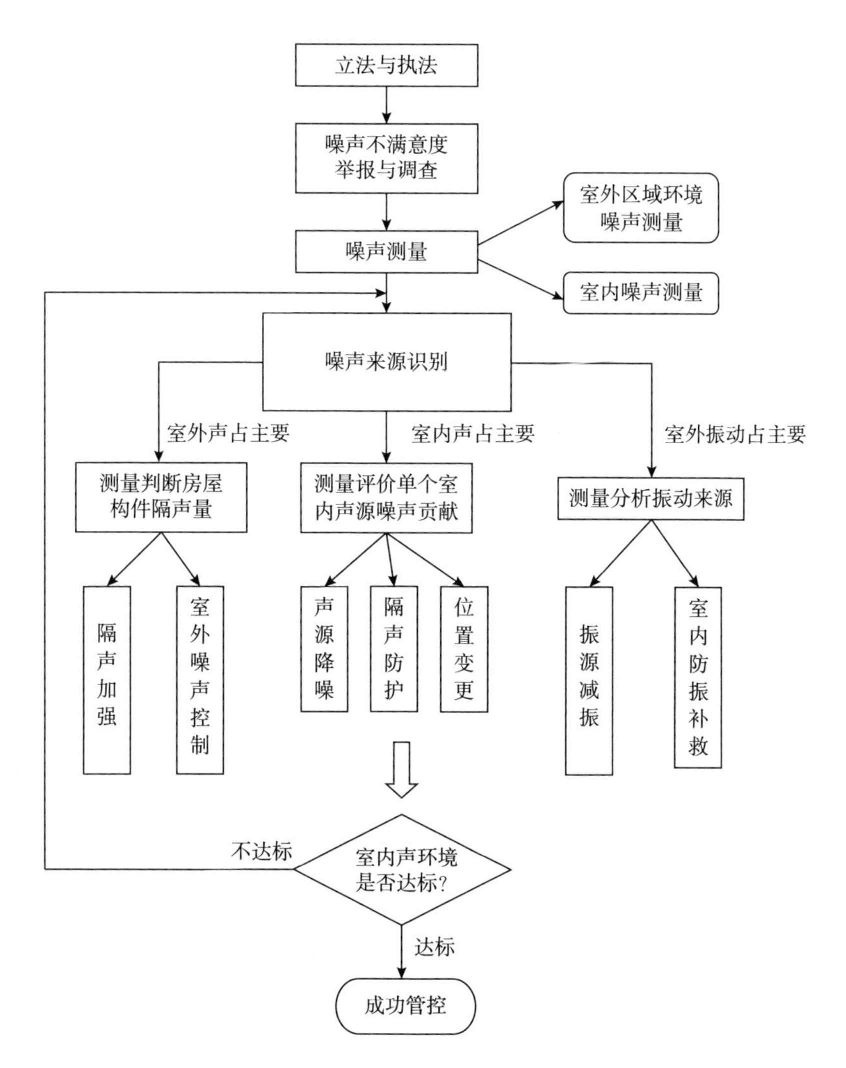

图 4.23　已建项目室内噪声控制

4.6.2　室内噪声的控制步骤

根据上述控制流程，在此将控制的各实施步骤与方法进行详细说明。

4.6.2.1 待建项目

1. **立法与执法**

制定相关法律并严格强制执行是室内噪声控制的先决条件。国外多数国家有相关法令对室内噪声加以强制控制；我国已于2021年12月4日通过了《中华人民共和国噪声污染防治法》（2022年6月5日起施行）用以控制区域环境及室内噪声。

2. **城区合理规划**

在总体规划中，应该按噪声等级将城市合理分区，建立或完善城市主城区的区域环境“噪声地图”（Noise mapping），并由环境监测部门予以经常更新。

噪声地图在欧洲多数大城市采用（如伦敦、伯明翰、巴黎、阿姆斯特丹、布鲁塞尔、柏林、日内瓦、博洛尼亚、布拉格、赫尔辛基等），它使用直观清晰的方式反映区域环境噪声分布的基本状况，能帮助决策者方便合理地规划城市以防止环境噪声的扩散，为人们掌握控制噪声的主动权提供可能。

在规划城区时，参照噪声地图，尽量使声环境要求较高的场合（如住宅、文教、医疗场合）远离噪声源和高噪声区，并可将对噪声不敏感的建筑物排列在该类建筑外围临交通干线上，以形成周边式的声屏障。同时应尽量避免交通干线（包括机场、航线和铁路线）邻近和穿行声环境要求较高的区域。

3. **项目审批与监管**

将区域环境噪声超标情况作为强制性法规写入建设项目批复要求与条件，加大并规范环境影响评价中噪声影响评价的权重因子与测量预测方法。

4. **环境影响评价**

在规划住宅、文教、医疗等对声环境敏感的建筑时，需要委托具有相应资质的环境影响评价单位对建设前后周围环境噪声加以正确合理的测量与预测，对噪声影响展开重点评价。

当区域环境噪声现状达不到建设项目所处类别的要求时，开发商必须展开积极有效的“室外噪声控制”设计工作，并委托环评单位对控制措施效果进行合理预测，结论必须有据可依。对于采取控制措施后，仍无法出具可靠论据证明能达到所处类别要求的建设项目，建设项目管理部门将不予批复。

5. **建筑设计**

待建项目的结构设计过程必须包含建筑声学设计专项。设计单位应配备有专门的建筑声学设计师，且该人员需持有国家或省级统一认证的建筑声学职业资格证书。

待建项目的隔声设计要求需严格遵照《民用建筑隔声设计规范》（GB 50118—2010）中的相关内容。在设计评审时，需包括隔声设计评审专项，并进行专门评审。

6. **室内噪声隐患评价**

对室内声环境要求高的场所，建议业主在室内装修前专门组织人力对将来可能存在的室内声源与户间噪声予以合理预测、隐患评估与措施设计。

4.6.2.2 已建项目

1. **立法与执法**

该部分与待建项目相关内容相一致。

2. **噪声不满意度举报与调查**

政府、环境管理部门应该开通顺畅的环境噪声污染、噪声扰民的举报渠道，并有义务对其中问题较突出的室内噪声案例进行跟踪走访与调查。建议在各个社区建立完备的“噪声不满意度调查”（Noise complaint investigate）与“危机处理”（Crisis - process）机制，以迅速发现室内噪声问题地点并有效予以处理。

3. **噪声测量**

对问题地点首先需同时开展室外区域环境噪声测量和室内噪声测量工作，相关测量方法与要求请参照文献［17］～［20］。

当测量室外区域环境噪声时，应分别在室外、室内布点测量，室内测点宜分别测量窗户或门开、关两种状态下室外区域环境噪声的影响，以确定门、窗等的实际插入损失。

当测量室内噪声源的噪声影响时，首先应调查清楚所有潜在的噪声源，然后应在各测点分别针对每个噪声源单开的情况进行测量，以确定各处各噪声源的影响分布，同时需在室内重点防护位置加以额外布点。

当调查发现室外有大型振动源（如变压器、冷源热泵机组）邻近时，需使用振动传感器依据《机械振动与冲击 建筑物的振动 振动测量及其对建筑物影响的评价指南》（GB/T 14124—2009）进行振动测量与评价。

以上测量在室内布点位置需保持一致。

4. **噪声来源识别**

按照多个声场叠加则声能量线形叠加的原理，正确处理测量到的数据，分别计算出各室外噪声源、各室内噪声源在室内各测点处的噪声能量及其所占百分比，以确定室内各处各来源噪声影响贡献值，识别主要噪声源。

5. **采取措施**

测量分析后需针对不同情况分别采取措施以保护室内重点防护点（区）。

当主要是室外声影响时，应根据具体情况有针对性地进行“室外噪声控制”并采取建筑隔声加强的措施。

当主要是室内声影响时，应了解清楚具体单个噪声源在重点保护点的影响贡献值，并分别采取声源降噪、隔声防护（隔声罩、挡声板和室内声屏障等）以及安装位置变更等措施。

对于主要由室外振动引发的影响情况，必须详细调查建筑周围（包括地下）所有配套设施，重点是变压器、冷源热泵机组、中央空调器等大型装置。对振动源本身需采取隔振、减振措施，特殊场合下需同时在室内进行减振补救：将现有地板改造成浮筑楼板，甚至在现有房间内浮筑建造一个嵌套房间。

4.6.3 室内噪声的控制措施

控制室内噪声需按其来源分别采取措施，主要可分为室外噪声控制、室外振动控制、建筑隔声和室内噪声控制四大方面。

4.6.3.1 室外噪声控制措施

本节针对影响室内的几种主要噪声来源简要介绍其控制措施。

1. **交通噪声控制**

(1) 建造声屏障。声屏障是被动式减少交通噪声对保护建筑影响的重要手段。声屏障的形式多样，必须结合地形及经济等条件选用。例如，地面道路可经济、有效地利用已有的绿化土堤作为声屏障，高架道路上声屏障宜采用透明材料以保证行车视野和城市景观。但是，声屏障单体花费较高，且降噪效果有限。

(2) 道旁绿化。路边大片绿化有助于减轻交通噪声影响。一般选用常绿灌木、乔木结合作为主要培植方式，保证四季的降噪效果。但是绿化带必须要有足够的宽度方能具有较好的降噪效果。

(3) 合理规划。在城区规划或区域整体建设时，优先将对噪声不敏感建筑配置在邻近交通道路的位置，能形成周边式的声屏障，对内侧建筑的噪声保护十分有利。

2. **施工噪声**

对于施工噪声，需要加强现场施工管理。在区域规划和建设时，尽可能做到成片建设、同时施工和一次性完工，避免后续建设对前期建筑的噪声干扰；同时需尽可能淘汰高噪声施工机械，改变施工工艺，减少不必要的噪声；施工时应将主要高噪声机械按照保护建筑的位置加以合理规避，并在其周围采取隔声措施。

3. **工业及公用设施噪声**

在城市规划时，声环境要求较高的建筑应禁止邻近大型工业园区。附近的公用配套设施应与噪声敏感建筑相隔 30 m 以上防护距离。当位置条件不允许时，必须对其中的噪声与振动设备采取针对性控制措施。

4. **社会生活噪声**

噪声嘈杂的社会生活单元（如集贸市场、夜总会、歌舞厅等）的位置需在规划时尽可能远离主要噪声保护建筑，或在其之间安排高大建筑加以噪声阻挡；住宅小区需严格禁止流动商贩的出入；儿童的户外活动场地不宜安排在住宅楼围成的相对闭合的户外空间；保护建筑四周的道路和停车场需合理布局，避免布置在建筑的主要迎风开窗侧，同时限制车流量和车速，禁止鸣笛。

4.6.3.2 室外振动控制措施

变压器、冷源热泵机组等大型装置邻近建筑时，经常引发建筑结构振动，并通过结构声传递至室内墙面和地面进而污染室内场合的声环境。这类问题的解决办法是对相关大型装置进行减振、隔振处理。装置减振措施包括安装减振垫、减振器，隔振措施包括给装置建造隔振台座、开挖隔振沟、安装浮筑隔振地台等（详见文献［33］）。

4.6.3.3 建筑隔声措施

建筑隔声的基本原理是“质量定律”[33-40]，即墙体越厚重整体隔声效果越好。

对于隔声室、隔声罩和隔声屏，一般而言，隔声构件隔声量应大于“目标隔声量”5 dB（A）以上[40]。

通常房间侧墙、顶板的隔声量较高，门窗的隔声量较低，含窗外墙的综合隔声效果主要由窗决定。建筑设计中应合理选择房间门、窗及墙板等隔声构件，将墙上门窗的声透射量与墙的声透射量设计相等：一般将房间侧墙和顶板的隔声能力提高至高于门窗隔声量 10～15 dB，或窗墙面积比控制在 30％以内。此外，还需注意门、窗的密封。

关于隔声门窗的详细设计方法与要点另可参考文献［33］、［40］。在隔声设计中，不同建筑场合的隔声减噪措施将有所差别，可参考文献［22］、［23］。

4.6.3.4 室内噪声控制措施

1. **声源降噪**

在此以分体吊顶式空调器的声源降噪措施为例进行说明。参考［33］分体吊顶式空调噪声主要产生于排气管并针对性安装抗性消声器进行治理，重点是控制其低频轰鸣声。

2. **隔声防护**

室内声屏障（或隔断、屏风）是室内场合使用最多的隔声防护措施。在此参考文献［76］、［77］简要介绍其计算方法与设计要点。

室内声屏障的减噪效果一般可用“插入声压级差”（Insertion sound pressure level difference）、“屏障声衰减”（Screen sound attenuation）等指标来评价[77]。图 4.24 为有声屏障存在时的室内声传播情形。

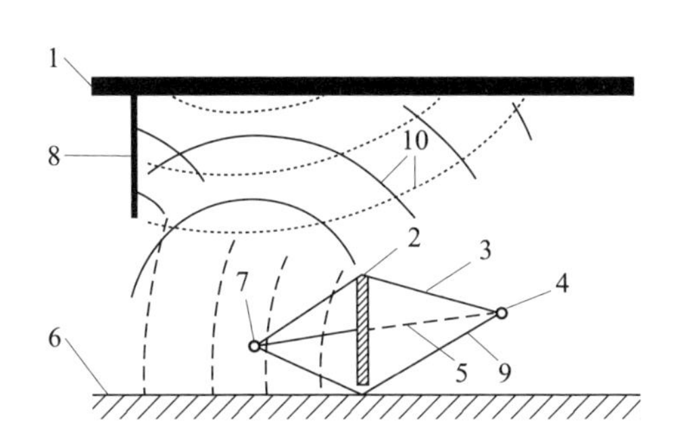

图 4.24 声屏障存在时的室内声传播情形

1—天花板；2—室内声屏障；3—通过声屏障顶部衍射到接收点的声衍射路径；
4—接收点；5—没有声屏障时到达接收点的直达声路径；6—地板；7—声源；
8—天花板上的声音挡板；9—通过声屏障下部可能的缝隙衍射到接收点的声衍射路径；
10—波阵面

对位于声源混响半径之内的接收点，屏障声衰减 $D_{z,r}$ 可用下式估算：

$$D_{z,r} = 10\lg\left(1 + 20\,\frac{z}{\lambda}\right) \tag{4.29}$$

在闭合房间内具有无指向性声辐射特性的声源的混响半径 r_r 可近似为以下几种情况。

对赛宾公式适用的近似立方体房间：

$$r_r = 0.057\sqrt{\frac{V}{T}} \tag{4.30}$$

式中 V——房间体积，m^3；

T——混响时间 T_{60}，s。

对天花板较低（高度小于其他尺寸的1/3）且室内极少声散射体天花板几乎无吸声的房间：

$$r_r = 3H/2 \tag{4.31}$$

对反射主要出现在侧面的长形房间（宽度、高度均小于长度的1/3）：

$$r_r = 3B/2 \tag{4.32}$$

室内声屏障设计要点包括：屏障表面吸声系数越高，屏障声衰减值越大；声源对屏障表面的声辐射指向性越明显，屏障声衰减值越大；声源越靠近屏障且越远离屏障边缘，屏障声衰减值越大；屏障的最短边越长，屏障声衰减值越大；接收点越靠近屏障且越远离屏障边缘，屏障声衰减值越大；屏障到天花板、侧墙的距离越小，屏障周边的吸声系数越大，屏障声衰减效果越好。

表4.11给出了扁平房间内声屏障插入声压级差的典型经验值，在500～4000 Hz倍频程内的标准偏差约1 dB[31,32]。

表4.11　低天花板房间内声屏障插入声压级差的典型经验值

屏障高度/房间高度	声源距接收点距离/房间高度		
	＜0.3	0.3～1	1～3
＜0.3	7 dB	4 dB	—
0.3～0.5	10 dB	7 dB	4 dB
＞0.5	—	9 dB	6 dB

4.6.4 室内噪声的控制指南与规范

室外噪声的控制存在“待建”项目和“已建”项目两种可能。其各自需要的对策主要可包括：需要怎样的流程、遵循怎样的步骤、采用怎样的措施。相关流程可参加图 4.23 和图 4.24；相关步骤可详细参考 4.6.2 节中的介绍；相关措施可详细参考 4.6.3 节的讨论。具体指南与规范可参考表 4.12。

表 4.12 室内噪声控制指南与规范

标准号	标准名称
GB 55016—2021	建筑环境通用规范
GB 50096—2011	住宅设计规范
GB 50118—2010	民用建筑隔声设计规范
GB 3096—2008	声环境质量标准
GB/T 21232—2007	声学 办公室和车间内声屏障控制噪声的指南

5 计算机辅助建筑声学设计

5.1 计算机辅助建筑声学概述

声学设计中通过模型预测声学设计效果可以为设计者与使用者提供直观的声学感受。设计者借助模型的预测结果对设计方案进行修改，从而达到预期的效果。

20 世纪 20 年代，我国开始出现少量建筑声学方面的专门研究。而 20 世纪上半叶，我国学者进行的建筑声学研究并不多。中华人民共和国成立后，设立了一批建筑声学研究机构，并开始了规模化的人才培养。20 世纪 90 年代，开始有研究机构开展室内声场计算机模拟研究。

在 20 世纪 50 年代，统计学理论与缩尺模型是室内声学研究采用的主要技术，但由于科学与技术的限制，当时的模型尚不能对相关声学参数进行十分准确的预测。随着声线跟踪法与虚声源法等以几何声学为基础的经典方法的提出，以及科学与技术的发展，计算机模拟技术应用于实际室内声场的模拟与分析成为可能。20 世纪 80 年代前后，以几何声学理论和波动声学理论为基础的两类计算方法都得到了长足发展，并逐渐运用到实际工程中。20 世纪 80 年代后期，声场计算机模拟技术有了新的发展。在算法方面，混合方法的提出提高了计算效率和精度。德国 ADA 声学设计公司推出第一个基于矩形空间的可听化软件，后来发展成为 EASE 软件。20 世纪 90 年代，研究声场的计算机模拟方法快速发展。这一时期的研究趋向于多样化的发展，不少研究思想或方法至今仍然被广泛使用。随着计算机技术的快速发展，相应的模拟软件日趋成熟，开始广泛应用于各个方面。

当前应用市场中有许多可以进行声学预测的计算机模拟软件，比如，中国的SEDU软件、丹麦的ODEON软件、德国的Cadna/A软件和EASE软件、比利时的RAYNOISE软件、瑞典的CATT软件等。这些软件预测的方向和内容各有侧重，但作用都是利用计算机、根据相关的计算原理，对指定场所进行声学模拟以及辅助设计。

本书以我国SEDU软件建筑隔声部分为例，说明对建筑进行计算机辅助模拟隔声减振分析的一般步骤。

5.2 计算机辅助建筑声学设计软件简介

5.2.1 ODEON软件简介

ODEON软件是丹麦技术大学自1984年开始研发，并已商品化的建筑声学设计软件。该软件采用基于几何声学原理的虚声源法与声线跟踪法相结合的混合法进行声场仿真计算模拟，可应用于房间声学、厅堂声学、噪声控制等方面的设计。

ODEON软件的数据库是开放式的，用户可随时根据实际情况对其增补修改，如修改声源的方向性、声功率，根据需要添加吸声材料等，且可接收文本文件格式的数据文件。该软件支持多文件界面，内含多种CAD接口，如AUTOCAD、IntelliCAD等。

计算音质参数，包括声压级 SPL、A计权声压级 SPL（A）、早期衰变时间 EDT、混响时间 T_{30}、侧向声能因子 LF、语言传输指数 STI、空间衰变比 DL_2、清晰系数 C_{80}、明晰度 D_{50}、重心时间 T_s、A计权后期侧向声压级 $LLSPL$（A）以及舞台参数早期支持 ST_{early} 和后期支持 ST_{late} 和总支持 ST_{total} 等。

在20世纪90年代初期，德国声学学会建筑声学技术委员会发起并组织了一次对欧洲7个国家的12个单位的室内声场模拟软件的评比，在16个被测试的软件中，ODEON软件的早期版本ODEON2.5被评为准确度最高的三款软件之一。在长期的应用发展中，ODEON软件不断进行改进，保证了软件的精确性和准确度。

5.2.2 SEDU软件简介

建筑声环境软件SEDU是由北京绿建软件股份有限公司开发的一款声学软件，软件集室外场地噪声与室内隔声计算于一体，紧贴国内标准要求，快速模拟目标建筑受到的噪声污染及计算室内声环境情况，是建筑行业评估建筑声环境的重要工具。

SEDU室外部分为场地噪声分析模块，以《环境影响评价技术导则 声环境》（HJ 2.4—2009）、《绿色建筑评价标准》（GB/T 50378—2019）、《声环境质量标准》（GB 3096—2008）等标准为依据，软件综合考虑声传播过程中的多种因素，如公路、轨道、工业声源、声屏障、桥梁、绿化带等。SEDU建模简单便捷，支持多核并行计算，并将室外噪声结果提取到室内隔声计算使用，将室内外声环境联通综合考虑。

SEDU室内部分为建筑隔声分析模块，软件将复杂的计算参数化，设置围护结构的隔声参数、吸声参数即可计算围护结构隔声性能和室内噪声级。该软件提供丰富的声学材料数据库，并提供多种建筑隔声计算书，为建筑声学设计和评估提供了技术支撑。

5.2.3 Cadna/A软件简介

Cadna/A是基于德国RLS90通用计算模型的噪声模拟软件，其计算原理源于《户外声传播的衰减的计算方法》（ISO 9613－2：1996），广泛用于环境评价、建筑设计、交通管理、城市规划等众多领域。经原国家环保总局环境工程评估中心认证，该软件理论基础与《环境影响评价导则——

声环境》(GB/T 17247.2—1998) 要求一致，预测结果直观可靠，可以作为我国声环境影响评价的工具软件，也可用于城市或区域环境噪声的预测、评价和控制方案设计。

RLS90 模型共包括声源模型和声传播模型两个子模型，对道路车流、重车比、车速、路面性质、道路坡度、声屏障、地形、建筑物、气象条件各方面都有考虑，而且它考虑噪声在道路两旁隔声设施间的多重反射，非常适用于路旁隔声设施的效果评价。

5.2.4 EASE 软件简介

EASE 软件通过计算机对真实、准确的建筑声学数据和信息输入进行相关声学参量运算，从而达到对实际工程安装的预判断和分析作用。该软件混合使用了声线跟踪法和声像法，结合了前者模拟速度快和后者精度高的特点。

EASE 软件支持模型构件在其中直接建模，也可以利用 AutoCAD 等通用软件建立模型，然后输出为 DXF 文件，导入 EASE 中。该软件中包括完整的音箱数据，具有丰富的声学材料的吸声系数数据库并支持长文件名，也支持对所有材料的完整描述，可在工程数据检查程序中提供更详细的信息。

EASE 的基础设计应用版（EASE JR）对于混响时间的计算是以依林/赛宾公式为基础的。EASE JR 所运算的声学参量包括直达声声压级、总声压级、临界距离、直达声/混响声比、到达时间、最初直达声到达时间、扬声器声音投射重叠、C 系列参量、辅音损失率、语言清晰度等。

5.2.5 RAYNOISE 软件简介

RAYNOISE 是比利时声学设计公司 LMS 开发的一种大型声场模拟软件系统。其主要功能是对封闭空间或开敞空间以及半封闭空间的各种声学现象加以模拟，能够较准确地模拟声传播的物理过程，包括镜面反射、扩散反射、墙面和空气吸收、衍射和透射等现象并能模拟重放接受位置的听音效果。该系统可以广泛应用于厅堂音质设计，工业噪声预测和控制，录音设备设计，机场、地铁和车站等公共场所的语音系统设计，以及公路、铁路和体育场的噪声估计等。

RAYNOISE广泛用于工业噪声预测和控制、环境声学、建筑声学以及模拟现实系统的设计等领域，但设计者的初衷还是在房间声学，即主要用于厅堂音质的计算机模拟。在进行厅堂音质设计时，首先要求准确快速地建立厅堂的三维模型，因为它直接关系到计算机模拟的精度。RAYNOISE系统为计算机建模提供了友好的交互界面。用户既可以直接输入由AutoCAD等生成的三维模型，也可以由用户选择系统模型库中的模型并完成模型的定义。

5.3 建筑声学模拟原理

5.3.1 建筑室内声学模拟原理

声源在围蔽空间里辐射的声波，将依所在空间的形状、尺度、围护结构的材料、构造和分布情况而被传播、反射和吸收。声波在室内空间传播可能出现各种现象：随传播距离增加导致的声能衰减、听众对直达声能的反射和吸收、房间界面对直达声能的反射和吸收、来自界面相交凹角的反射声、室内装修材料表面的散射、界面边缘的声衍射、障板背后的声影区、界面的前次反射声、地板的共振、平面界面之间对声波的反射及产生的驻波和混响以及声波的透射等。对于要求有良好听闻条件的房间，建筑设计人员主要可通过空间的体形、尺度、材料和构造的设计与布置，利用、限制或消除上述若干声学现象，为获得优良的室内音质创造条件。

利用计算机软件对室内环境进行模拟，能够高效、直观地显示出该空间的优缺点，以便建筑设计人员对室内环境进行优化设计。

5.3.2 建筑隔声模拟原理

声波在房屋建筑中的传播方式可分为空气传声和固体传声。其中空气传声的途径可以归纳为经由空气直接传播和经由围护结构的振动传播两种。固体传声则是围护结构受到直接的撞击或振动作用而发声。就人们的感觉而言，固体声和空气声是不容易分辨的。

建筑的墙体、门、窗、屋顶及楼板等构件所采用的材料与样式均会对建筑隔声产生影响。在运用计算机软件进行隔声模拟时，应准确、全面地输入各项参数。

5.3.3 环境噪声模拟原理

我国城市噪声主要来源于道路交通噪声，其次是建筑施工噪声、工业生产噪声，以及社会生活噪声等。噪声评价是指在不同条件下，采用适当的评价量和合适的评价方法，对噪声的干扰与危害进行评价。总声压级、A 声级、噪声评价数、语言干扰级、交通噪声指数等噪声评价量是常用的用于描述噪声暴露的评价量。

为了从宏观上控制噪声污染及创造增进身心健康、适宜工作的声环境，国际标准组织制定了相关标准。我国也先后发布了《中华人民共和国环境保护法》《中华人民共和国环境噪声污染防治条例》《中华人民共和国环境噪声污染防治法》，并于 2021 年公布了《中华人民共和国噪声污染防治法》。此外，我国还发布并施行了集中控制声环境的标准。

城市声环境规划与降噪设计都是为了创造有益健康、宜于工作和生活的声环境。噪声自声源发出后，经中间环境的传播、扩散到达接受者，因此解决噪声污染的问题就必须依次从噪声源、传播途径和接受者三个方面采取合理的措施。利用计算机软件模拟上述三个方面，可以便捷、直观地得出经济而有效的降噪方案。

5.4 建筑隔声模拟软件介绍

本节以 SEDU 为平台，介绍建筑隔声模拟软件的应用。

SEDU 软件特点如下：

(1) 支持一模多算，支持复杂建筑形态，如天井、错层、封闭阳台等。

(2) 建模工具丰富，模型更加贴近现实，支持多种声源、桥梁、绿化带、声屏障等。

(3) 完美支持现行隔声设计标准中六类民用建筑隔声计算。

(4) 与规范紧密联系，对不同声功能区室外噪声进行计算。

(5) 支持工业项目噪声模拟，提供线声源、面声源等相关声源设置和计算。

(6) 实现室外、室内接力计算，支持轻质墙体的隔声计算。

(7) 提供系统的隔声计算报告、室外噪声分析报告，计算流程清晰、数据详细。

(8) 与绿建斯维尔建筑日照 SUN、建筑采光 DALI、暖通负荷 BECH、能耗计算 BESI、建筑通风 VENT、住区热环境 TERA 等共享模型，实现绿色建筑设计的全覆盖。

5.4.1 基础知识

5.4.1.1 入门知识

1. **必备知识**

(1) 建模基础知识。SEDU 构筑在 CAD 平台上，而 CAD 又构筑在 Windows 平台上。因此，用户使用 Windows+CAD+SEDU 来解决问题。对于 Windows 和 CAD 的基本操作，本书不再进行讲解，如果您还没有使用过 CAD，请寻找其他资料解决 CAD 的入门操作。除此之外，办公软件

（主要指 Word 和 Excel）也是需要的，规范验证的输出格式就是 Word 和 Excel 文件，毕竟有些任务更适合用办公软件执行。

（2）声学基础知识。SEDU 提供建筑隔声和室外噪声基本计算操作流程，用户需要深入学习基本的声学基础知识，并深刻理解标准中提到的基本理论。

2. **软硬件环境**

SEDU 对硬件并没有特别要求，只要能满足 CAD 的使用要求即可。推荐使用多核处理器，以便并行计算提高速度。特别是动态分析程序计算量很大，更好的硬件配置可以节省等待时间，同时也会带来更舒适的工作体验。

3. **安装和启动**

不同版本的 SEDU 安装过程的提示可能会有所区别，不过都很直观，如果有注意事项，请查看安装盘上的说明文件。

程序安装后，将在桌面上建立启动快捷图标“建筑声环境 SEDU”（不同的发行版本名称可能会有所不同）。运行该快捷方式即可启动 SEDU。

5.4.1.2 工作流程

SEDU 用来做建筑隔声设计和隔声性能计算时，首先就需要一个可以认知的建筑模型。隔声性能计算所关注的建筑模型是由墙体、门窗和楼板等围护结构构成的建筑框架以及由此产生的空间划分。

需要指出，SEDU 的建筑模型是基于标准层的模型，这和设计图纸是一致的，有了各个标准层的模型，通过楼层表就可以获得整个建筑的数字模型。全部的标准层可以集成在一个 DWG 文件，也可以把不同的标准层单独放入不同的文件中，这两种方式都可以通过楼层表指定。

有了建筑模型，接着就应当设置组成围护结构的构造类型、各种构件的隔声参数以及房间类型；然后就可以做隔声性能计算，即计算相关标准涉及的隔声性能指标以及房间背景噪声计算；此后就可以完成建筑隔声计算并输出建筑隔声性能报告。

SEDU 建筑隔声模拟工作流程如图 5.1 所示。

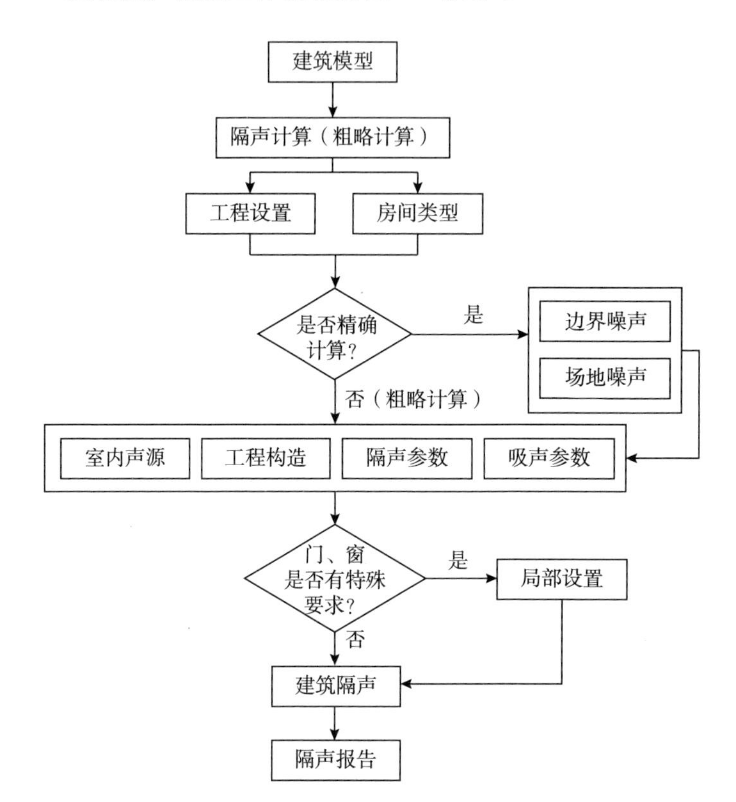

图 5.1 SEDU 建筑隔声模拟工作流程

SEDU 用来计算室外噪声时，首先要建立室外的总图模型。室外噪声分析区别于建筑隔声的地方是，室内噪声分析主要考虑场地中建筑之间、外部声源、障碍物等对室外噪声的影响。基本建模是对建筑轮廓赋予高度。建模完成后，对模型进行声功能区划分、网格设置等计算设置操作。之后即可进行室外噪声计算，依据标准中的要求得出噪声结果并输出室外噪声分析报告。SEDU 室外噪声工作流程如图 5.2 所示。

SEDU 所用的建筑模型与斯维尔建筑 Arch 兼容通用，这意味着 Arch（或兼容的其他系统）提供的建筑图纸可以避免重新建模，从而节省计算所需要的建模时间。

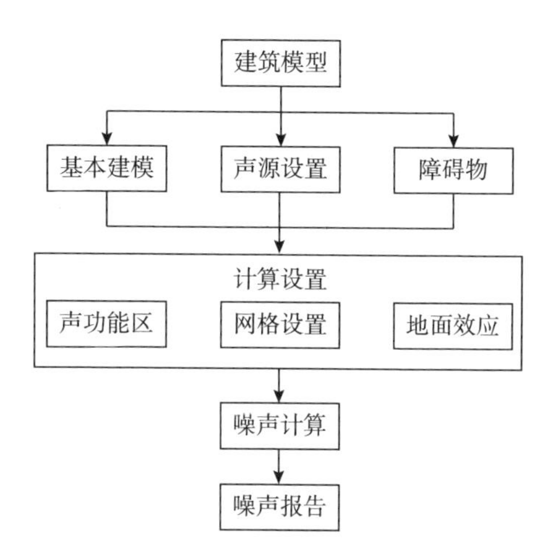

图 5.2　SEDU 室外噪声工作流程

提示：一个工程的各种文件都要存放到一个磁盘目录（文件夹）下，切记不要把不同项目的文件存在同一目录下，避免引起读取文件的混乱！

5.4.1.3　用户界面

SEDU 对 CAD 的界面进行了必要扩充（见图 5.3），以下进行综合介绍。

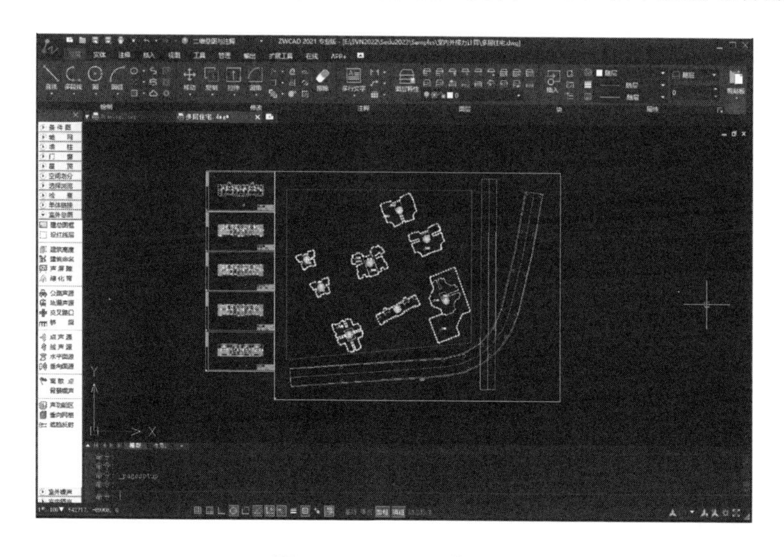

图 5.3　SEDU 用户界面

1. **屏幕菜单**

SEDU 的主要功能都列在屏幕菜单上，屏幕菜单采用“开合式”两级结构：第一级菜单可以单击展开第二级菜单，任何时候最多只能展开一个一级菜单，在展开另外一个一级菜单时，原来展开的菜单自动并拢。二级菜单是真正可以执行任务的菜单，大部分菜单项都有图标，以方便用户更快地确定菜单项的位置。当光标移到菜单项上时，CAD 的状态行会出现该菜单项功能的简短提示。

2. **右键菜单**

在此介绍的是绘图区的右键菜单，其他界面上的右键菜单见相应的章节，过于明显的菜单功能不再进行介绍。SEDU 的功能并不是都列在屏幕菜单上，有些编辑功能只在右键菜单上列出。右键菜单有两类：一类是模型空间空选右键菜单，列出建筑隔声最常用的功能；另一类是选中特定对象的右键菜单，列出该对象相关的操作。

3. **工具条**

工具条是另一种工作菜单，为了节省屏幕空间，工具条默认情况下不开启，用户可以右击 CAD 工具条的空白处，选择 toolbar 工具条。

4. **命令行按钮**

在命令行的交互提示中，有分支选择的提示，都变成局部按钮，可以单击该按钮或单击键盘上对应的快捷键，即进入分支选择。但要注意不要单击回车键。用户可以通过设置，关闭命令行按钮和单键转换的特性。

5. **文档标签**

CAD 平台是多文档的平台，可以同时打开多个 DWG 文档，当有多个文档打开时，文档标签出现在绘图区上方，可以点取文档标签快速地切换当前文档。用户可以配置关闭文档标签，把屏幕空间还给绘图区。

6. **模型视口**

SEDU 通过简单的鼠标拖放操作，就可以轻松地操纵视口，不同的视口可以放置不同的视图。

（1）新建视口。当光标移到当前视口的4个边界时，光标形状发生变化，此时开始拖放，就可以新建视口。

提示：光标应稍位于图形区一侧，否则可能会改变其他用户界面，如屏幕菜单和图形区的分隔条和文档窗口的边界。

（2）改视口大小。当光标移到视口边界或角点时，光标的形状会发生变化，此时，按住鼠标左键进行拖放，可以更改视口的尺寸，通常与边界延长线重合的视口也随之改变，如不需改变延长线重合的视口，可在拖动时按住Ctrl或Shift键。

（3）删除视口。更改视口的大小，使它某个方向的边发生重合（或接近重合），视口自动被删除。

（4）放弃操作。在拖动过程中如果想放弃操作，可按Esc键取消操作。如果操作已经生效，则可以用CAD的放弃（UNDO）命令处理。

5.4.2 单体建模

建筑设计图纸是隔声性能计算的基础条件，从建筑模型上讲，隔声性能计算非常注重围护结构，也就是墙体、楼板、门窗和屋顶，这些构部件在SEDU都有方便的方法创建或可从二维建筑图中转换获取。

5.4.2.1 2D条件图

建筑隔声所需要的图档不同于普通线条绘制的图形，而是由含有建筑特征和数据的围护结构构成，实际上是一个虚拟的建筑模型。CAD和天正3.0格式的图档是不能直接用于建筑隔声设计软件的，但可以通过转换和描图等手段获取符合要求的建筑图形。需要指出，建筑设计软件和建筑隔声设计软件对建筑模型的要求是不同的，建筑设计软件更多的是注重图纸的表达，而建筑隔声设计软件注重围护结构的构造设置，因此，在进行建筑隔声设计时应充分利用已有的建筑电子图档。

常见的建筑设计电子图档是DWG格式的，如果设计人员获得的是斯维尔建筑Arch绘制的电子图档，那么可以用最短的时间建立建筑框架，直接打开即可；如果设计人员获得的是天正建筑 5.0 或天正建筑 6.0 绘制的电子图档，那么也可以用很短的时间建立建筑框架；如果设计人员获得的是天正建筑 3.0 或理正建筑绘制的电子图档，那么要转换处理，所花费的时间根据绘图的规范程度和图纸的复杂程度而定，若转换效果不理想，也可以把它作为底图，重新描绘建筑框架。

模型处理是一个技巧性很强的过程，好的方法和合理的操作将事半功倍。建议用户在处理过程中充分利用好本章中介绍的辅助功能和 CAD 的编辑命令。

1. **图形转换**

屏幕菜单命令：

【2D 条件图】→【转条件图】（ZTJT）
→【柱子转换】（ZZZH）
→【墙窗转换】（QCZH）
→【门窗转换】（MCZH）

对于天正建筑 3.0、理正建筑和 CAD 绘制的建筑图，可以根据原图的规范和繁简程度，通过本组命令进行识别转换，将原图变为 SEDU 的建筑模型。

（1）转条件图。该命令用于识别转换天正建筑 3.0 或理正建筑图，按墙线、门窗、轴线和柱子所在的不同图层进行过滤识别。由于本功能是整图转换，因此对原图的质量要求较高。对于绘制比较规范和柱子分布不复杂的情况，本功能成功率较高。

操作步骤：

1）按命令行提示，分别用光标在图中选取墙线、门窗（包括门窗号）、轴线和柱子。选取结束后，它们所在的图层名自动提取到对话框（见图 5.4），也可以手工输入图层名。

提示：每种构件可以有多个图层，但不能彼此共用图层。

2）设置转换后的竖向尺寸和容许误差。这些尺寸可以按占比例最多

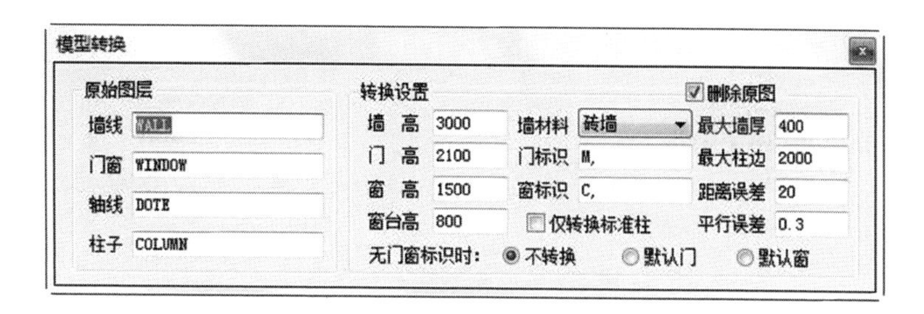

图 5.4　转条件图的对话框

的数值设置，因为后期批量修改十分方便。

3）对于被炸成散线的门窗，要让系统能够识别需要设置的门窗标识，也就是说，大致在门窗编号的位置输入一个或多个符号，系统将根据这些符号代表的标识，判定这些散线转成门或窗。但以下情况不予转换：①标识同时包含门和窗两个标识；②无门窗编号；③包含 MC 两个字母的门窗。

4）框选准备转换的图形。一套工程图有很多个标准层图形，一次转多少取决于图形的复杂度和图形绘制是否规范。最少一次要转换一层标准图，最多支持全图一次转换。

（2）柱子转换。该命令用于单独转换柱子（见图 5.5）。对于一张二维建筑图，如果要将柱子和墙窗分开转换，最好先转柱子，再转换墙窗，这会大大降低图纸复杂度并提高转换成功率。

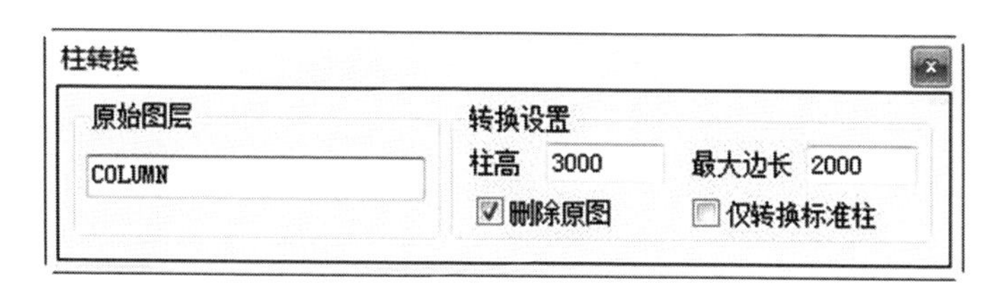

图 5.5　柱子转换的对话框

（3）墙窗转换。该命令用于单独转换墙窗（见图 5.6）。其原理和操作方法与“转条件图”相同。

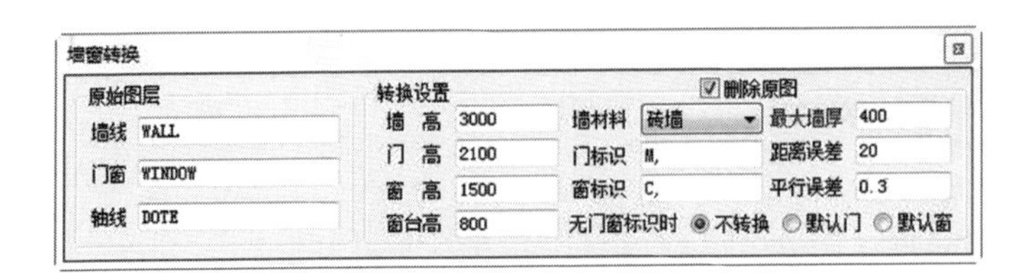

图 5.6　墙窗转换的对话框

(4) 门窗转换。该命令用于单独转换天正建筑 3.0 或理正建筑的门窗。如图 5.7 所示，对话框右侧选项的意义是，勾选项的数据取自本对话框的设置，不勾选项的数据取自图中测量距离。在分别设置好门窗的转换尺寸后，框选准备转换的门窗块，系统批量生成 SEDU 的门窗。当采用描图方式处理条件图时，在描出墙体后用本命令转换门窗最恰当。天正建筑 3.0 和理正建筑的门窗是特定的图块，如果被炸成散线，本命令就无能为力了，可考虑用“墙窗转换”的门窗标识方法或者利用原图中的门窗线采用“两点插窗”快速插入。

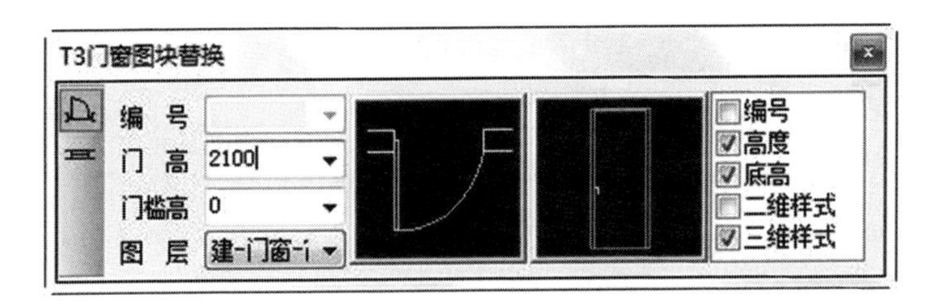

图 5.7　门窗替换的对话框

提示：对于绘制不规范的原始图，转换前应适当做一下处理，例如消除重线和整理图层等，这将大大提高转换成功率。

2. **描图工具**

屏幕菜单命令：

【2D 条件图】→【背景褪色】(BJTS)

【辅助轴线】(FZZX)

【墙　　柱】→【创建墙体】(CJQT)

【2D 条件图】→【门窗转换】(MCZH)

【门　　窗】→【两点门窗】(LDMC)

面对来源复杂的建筑图，往往描图更为可靠。尽管 SEDU 提供的建模工具游刃有余，但描图确实具有一定的技巧性，处理得当就会省时省力。

(1) 背景褪色。描图前对天正建筑 3.0 或理正建筑的图档做褪色处理，使得它们当作参考底图与描出来的围护结构看上去泾渭分明。此外，建筑隔声设计最关注的是建筑设计工程图纸中的墙体和门窗，把其他图形褪色处理，既不影响对图纸的阅读，又突出重点。分支命令选项如下。

1) 背景褪色：将整个图形按 50%褪色度进行处理。

2) 删除褪色：删除经褪色处理的图元。

3) 背景恢复：恢复经褪色处理的图纸回到原来的色彩。

(2) 辅助轴线。该命令主要作为描图的辅助手段，对缺少轴网的图档在两根墙线之间居中生成临时轴线和表示墙宽的数字，以便沿辅助轴线绘制墙体。

(3) 门窗转换。该命令在后面的墙体章节中有详细介绍，在此提醒设计者创建墙体中有三种定位方式，其中左边和右边定位用于沿墙边线描图是一个很理想的方法。

(4) 门窗转换。描出墙体后，可以批量转换天正建筑 3.0 或理正建筑的门窗；然后用对象编辑修改同编号的门窗尺寸，也可以用特性表修改。

(5) 两点门窗。天正建筑 3.0 或理正建筑的门窗块含有属性，一旦被炸成一堆散线，尽管可以用门窗标识的方式转换，却很麻烦。在此种情况下，采用本功能，利用图中的门窗线做捕捉点可快速连续插门窗（见图 5.8）。

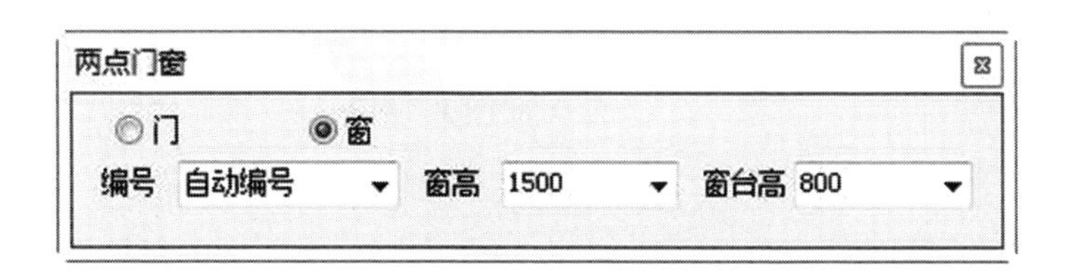

图 5.8　两点门窗的对话框

3. **墙体整理**

屏幕菜单命令：

【2D条件图】→【倒墙角】（DQJ）

【修墙角】（XQJ）

（1）倒墙角。该功能与CAD的倒角（Fillet）命令相似，专门用于处理两段不平行的墙体的端头交角问题。需要注意以下两种情况：

1）当倒角半径不为0时，两段墙体的类型、总宽和左右宽必须相同，否则无法进行倒墙角。

2）当倒角半径为0时，用于不平行且未相交的两段墙体的连接，此时两墙段的厚度和材料可以不同。

（2）修墙角。该命令提供对两端墙体相交处的清理功能，当设计者使用CAD的某些编辑命令对墙体进行操作后，墙体相交处有时会出现未按要求打断的情况，采用该命令框选墙角可以轻松处理。

5.4.2.2 轴网

轴网在建筑隔声设计中没有实质用处，仅反映建筑物的布局和围护结构的定位。轴网由轴线、轴号和尺寸标注三个相对独立的系统构成。

绘制轴网通常分三个步骤：

（1）创建轴网，即绘制构成轴网的轴线。

（2）对轴网进行标注，即生成轴号和尺寸标注。

（3）编辑修改轴号。

1. **创建轴网**

屏幕菜单命令：

【轴网】→【直线轴网】（ZXZW）

【弧线轴网】（HXZW）

【墙生轴网】（QSZW）

（1）直线轴网。该命令用于创建直线正交轴网或非正交轴网的单向轴线，可以同时完成开间和进深尺寸数据设置。其对话框如图5.9所示。

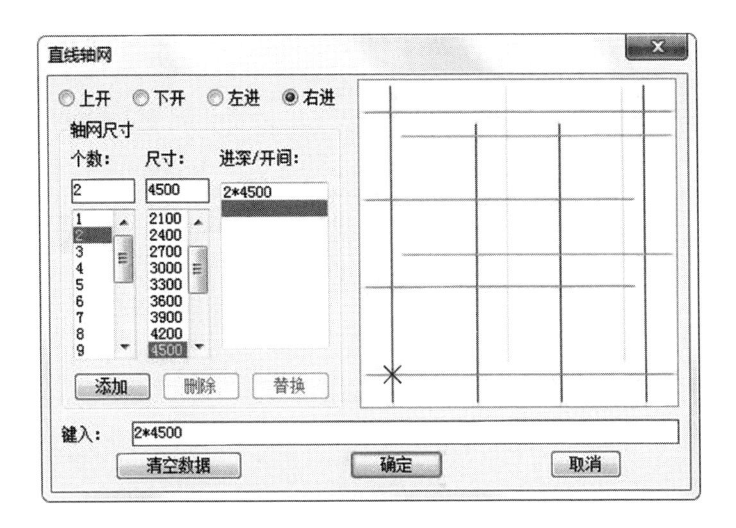

图 5.9 直线轴网对话框

输入轴网数据有两种方法：

1）直接在“键入”栏内键入，每个数据之间用空格或逗号隔开，输入完毕后按回车键生效。

2）在“个数”和“尺寸”中键入，或鼠标点击从下方数据栏获得待选数据，双击或点击“添加”按钮后生效。

（2）弧线轴网。创建一组同心圆弧线和过圆心的辐射线组成弧线轴网。当开间的总和为 360°时，生成弧线轴网的特例，即圆轴网。弧线轴网对话框如图 5.10 所示。

对话框选项和操作说明如下：

1）开间。由旋转方向决定的房间开间划分序列，用角度表示，以度为单位。

2）进深。在半径方向上，按由内到外的房间划分尺寸。

3）起始半径。最内侧环向轴线的半径，最小值为零，可在图中点取半径长度。

4）起始角度。起始边与 X 轴正方向的夹角，可在图中点取弧线轴网的起始方向。

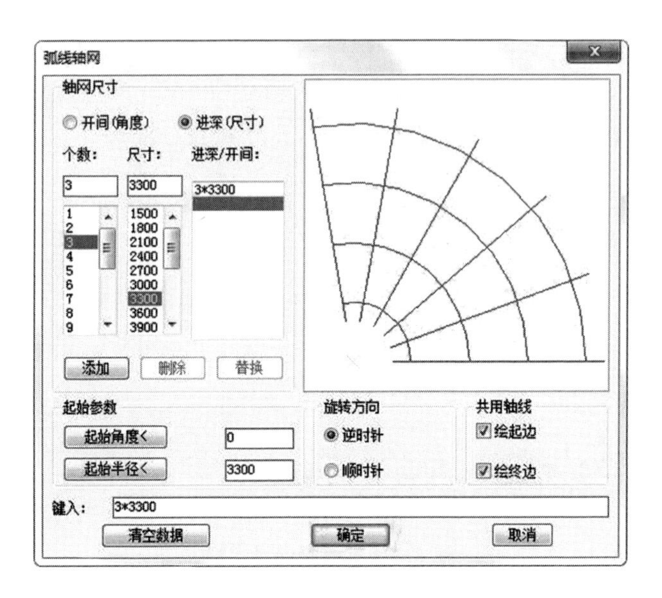

图 5.10 弧线轴网对话框

5）绘起边、绘终边。当弧线轴网与直线轴网相连时，应不画起边或终边，以免轴线重合。

（3）墙生轴网。该功能用于在已有墙体上批量快速生成轴网，很像先布置轴网后画墙体的逆向过程，在墙体的基线位置上自动生成轴网，如图 5.11 所示。

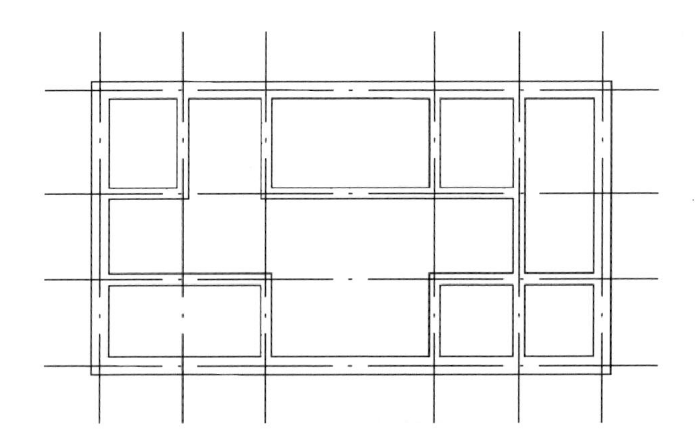

图 5.11 墙体生成的轴网

2. 轴网标注

轴网的标注有轴号标注和尺寸标注两项，软件自动一次性智能完成，但两者属不同的自定义对象，在图中是独立存在的。

(1) 整体标注。

屏幕菜单命令：

【轴网】→【轴网标注】(ZWBZ)

右键菜单命令：

〈选中轴线〉→【轴网标注】(ZWBZ)

“轴网标注”命令对起止轴线之间的一组平行轴线进行标注。能够自动完成矩形、弧形、圆形轴网，以及单向轴网和复合轴网的轴号和尺寸标注。

操作步骤：

第 1 步，如果需要，可更改对话框（见图 5.12）中列出的参数和选项。

第 2 步，选择第一根轴线。

第 3 步，选择最后一根轴线。

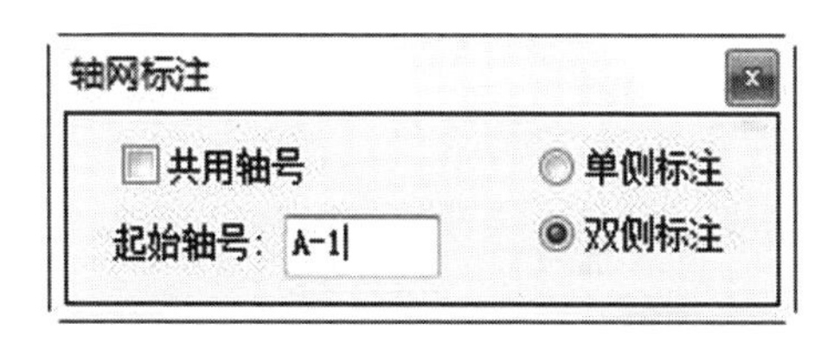

图 5.12 轴网标注对话框

对话框选项和操作说明如下。

1) 单侧标注。只在轴网点取的那一侧标注轴号和尺寸，另一侧不标。

2) 双侧标注。轴网的两侧都标注轴号和尺寸。

3) 共用轴号。选取本选项后，标注的起始轴线选择前段已经标好的最末轴线，则轴号承接前段轴号继续编号。并且，在前一个轴号系统编号重排后，后一个轴号系统也自动相应地重排编号；选取“共用轴号”后的标注操作示意图，如图 5.13 所示。

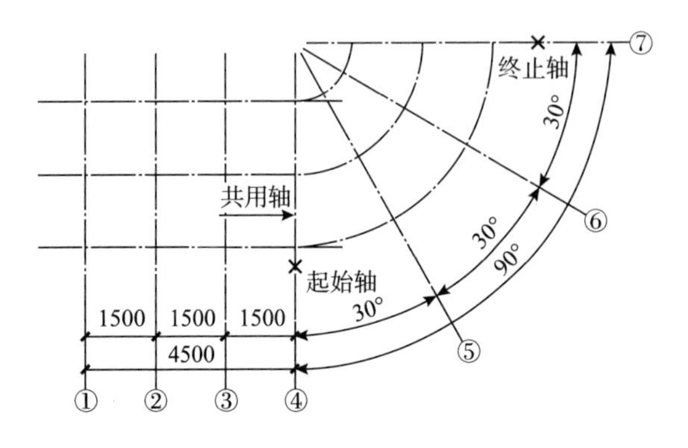

图 5.13　组合轴网的标注

4）起始轴号：选取的第一根轴线的编号，可按规范要求用数字、大小写字母、双字母、双字母间隔连字符等方式标注，如 8、A-1、1/B 等。

（2）轴号标注。

屏幕菜单命令：

【轴网】→【轴号标注】（ZHBZ）

右键菜单命令：

〈选中轴线〉→【轴号标注】（ZHBZ）

“轴号标注”命令只对单个轴线标注轴号，标注出的轴号独立存在，不与已经存在的轴号系统和尺寸系统发生关联。

（3）轴号编辑。常用的轴号编辑方法是夹点编辑和在位编辑，专用的编辑命令都在右键菜单中。

1）修改编号。使用在位编辑来修改编号。选中轴号对象，然后单击圆圈，即进入在位编辑状态。如果要关联修改后续的多个编号，按回车键；否则只修改当前编号。

2）添补轴号。

右键菜单命令：

〈选中轴号〉→【添补轴号】（TBZH）

“添补轴号”命令对已有轴号对象添加一个新轴号。

3）删除轴号。

右键菜单命令：

〈选中轴号〉→【删除轴号】（SCZH）

“删除轴号”命令用于删除轴号系统中某个轴号，其相关联的所有轴号自动更新。

5.4.2.3 柱子

柱子在建筑物中起承载作用，而对建筑隔声的计算结果影响较小，相关的隔声规范中并未提及柱子的隔声性能要求，通常可忽略不计。

如果建筑隔声模型是源于其他斯维尔软件且含有柱子，柱子不会参与计算；当模型在 SEDU 中创建时，可以不创建柱子，但是本小节仍会提供柱子创建的基本方法作为参考，以便模型与其他软件共用。

1. **建筑层高**

屏幕菜单命令：

【墙柱】→【当前层高】（DQCG）

【改高度】（GGD）

每层建筑都有一个层高，也就是本层墙柱的高度。以下两种方法可以用来确定层高：

（1）当前层高。该命令是在创建每层的柱子和墙体之前，设置当前默认的层高，这可以避免每次创建墙体时都去修改墙高（墙高的默认值就是当前层高）。

（2）改高度。该命令是创建模型时接受默认层高，完成一层标准图后一次性修改所有墙体和柱子的高度，对 SEDU 使用熟练的用户，推荐采用这个方法。

2. **标准柱**

标准柱的截面形式为矩形、圆形或正多边形。通常柱子的创建以轴网为参照，创建标准柱的步骤如下：

第 1 步，设置柱的参数，包括截面类型、截面尺寸和材料等。

第 2 步，选择柱子的定位方式。

第 3 步，根据不同的定位方式回应相应的命令行输入。

第 4 步，重复第 1～3 步，或回车结束。

屏幕菜单命令：

【墙柱】→【标准柱】(BZZ)

标准柱对话框（见图 5.14）选项和操作说明如下。

图 5.14　标准柱对话框

(1) 形状。在图 5.14 所示对话框中，首先确定插入的柱子形状，除常见的矩形和圆形外，还有正三角形、正五边形、正六边形、正八边形和正十二边形等。

(2) 确定柱子的尺寸。

对于矩形柱子，“横向”代表 X 轴方向的尺寸，“纵向”代表 Y 轴方向的尺寸。

对于圆形柱子，给出“直径”大小。

对于正多边形，给出外圆“直径”和“边长”。

(3)“基准方向”的参考原则如下。

1) 自动：按照轴网的 X 轴（即接近 WCS－X 方向的轴线）为横向基准方向。

2) UCS—X：用户自定义的坐标 UCS 的 X 轴为横向基准方向。

(4) 柱子的偏移量有“横偏”和“纵偏”，分别代表在 X 轴方向和 X 轴垂直方向的偏移量。

(5) 转角。柱子的转角在矩形轴网中以 X 轴为基准线。在弧形、圆形轴网中以环向弧线为基准线，以逆时针为正，顺时针为负。

(6) 材料。柱子的材料可选择混凝土、砖、钢筋混凝土和金属。

(7) 左侧图标表达的插入方式如下。

1) 交点插柱：捕捉轴线交点插柱，若未捕捉到轴线交点，则在点取位置插柱。

2) 轴线插柱：在选定的轴线与其他轴线的交点处插柱。

3) 区域插柱：在指定的矩形区域内，所有的轴线交点处插柱。

4) 替换柱子：在选定柱子的位置插入新柱子，并删除原来的柱子。

3. **墙角柱**

屏幕菜单命令：

【墙柱】→【角柱】(JZ)

“角柱”命令用于在墙角（最多四道墙汇交）处创建角柱。点取“墙角”命令后，弹出对话框，如图 5.15 所示。

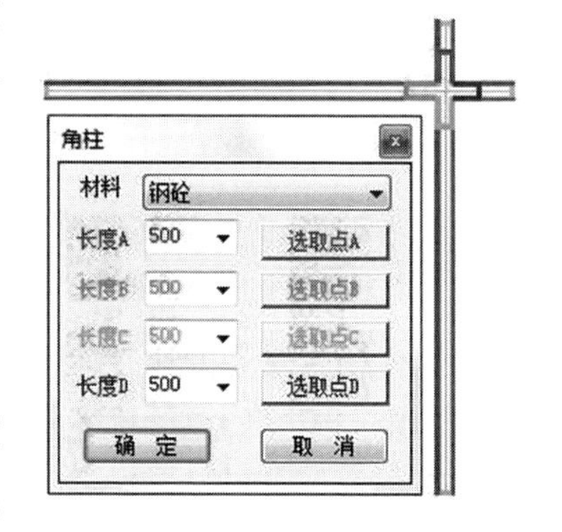

图 5.15　角柱创建对话框

“角柱”对话框选项和操作说明如下。

(1) 材料。确定角柱所使用的材质，可选混凝土、砖、钢筋混凝土和金属。

(2) 长度 A、长度 B、长度 C、长度 D。在图中墙体上代表的位置与图中颜色一一对应，注意此值为墙体基线长度，可直接键入或在图中点取控制点确定这些长度值。

4. **异形柱**

屏幕菜单命令：

【墙柱】→【异形柱】(YXZ)

“异形柱”命令可将闭合的 PLINE 转为柱对象。柱子的底标高为当前标高（ELEVATION），柱子的默认高度取自当前层高。

5. **编辑柱子**

柱子编辑主要是修改柱子的高度、柱子截面尺寸和样式。

（1）单柱改高。使用“对象编辑”修改单个柱子高度。

（2）批量改高。用“改高度”命令和墙体一同修改高度；或用“过滤选择”命令选出柱子，然后在特性表中修改高度。

（3）替换柱子。打开创建柱子的对话框，设计好新柱子，按下左侧的“替换”按钮，在图中批量选择原有柱子实现替换。

提示： 只有标准柱子才有这样的替换功能。

6. **柱分墙段**

屏幕菜单命令：

【墙柱】→【柱分墙段】（ZFQD）

“柱分墙段”命令将构造柱转成混凝土墙体以简化模型。

通常在建筑图中，设计师习惯于将剪力墙用复杂的构造柱表达，由于柱子与墙体之间的关系过于复杂，会给模型的计算带来困难。为解决此类问题，“柱分墙段”命令将复杂构造柱转成混凝土墙体（剪力墙）。

5.4.2.4 墙体

墙体作为建筑物的主要围护结构在隔声性能中起到至关重要的作用，它既是围成建筑物和房间的对象，又是门窗的载体。在模型处理过程中，与墙体打交道最多。如果不能用墙体围成建筑物和有效的房间，建筑隔声将无法进行正常计算。

1. SEDU **墙体的表面特性**

当选中墙体时，可以看到墙体两侧有两个黄色箭头，它们表达了墙体两侧表面的朝向特性，箭头指向墙外表示该表面朝向室外与大气接触，箭头指向墙内表示该表面朝向室内。显然，外墙两侧的箭头，一个指向墙内，一个指向墙外；而内墙两侧的箭头则都指向墙内（见图 5.16）。

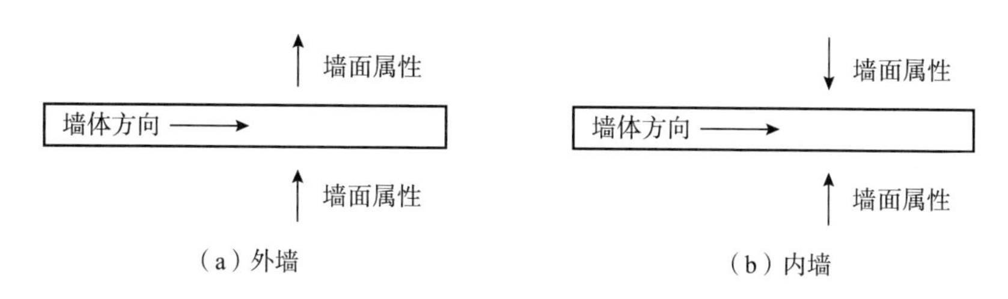

图 5.16 墙体表面特性示意

2. **墙体基线**

墙体基线是墙体的代表“线”，也是墙体的定位线，通常和轴线对齐。墙体的相关判断都是以基线作为标准，例如墙体的连接、相交、延伸和剪裁等，因此互相连接的墙体应当使它们的基线准确交接。SEDU 规定墙基线不准许重合，也就是墙体不能重合。如果在绘制过程产生重合墙体，系统将弹出警告，并阻止这种情况的发生。如果在用 CAD 命令编辑墙体时产生了重合墙体，系统将给出警告，并要求用户排除重合墙体。

建筑设计中通常不需要显示基线，但在建筑隔声中显示墙基线有利于检查墙体的交接情况。“图面显示”菜单下有墙体的“单线/双线/单双线”开关。从图形表示来说，墙基线一般应当位于墙体内部，也可以在墙体外。选中墙对象后，表示墙位置的三个夹点，就是基线的点。

3. **墙体类型**

在建筑隔声中，按墙体两侧空间的性质不同，可将墙体分为四种类型。

(1) 外墙。与室外接触，并作为建筑物的外轮廓。

(2) 内墙。建筑物内部空间的分隔墙。

(3) 户墙。住宅建筑户与户之间的分隔墙，或户与公共区域的分隔墙。

(4) 虚墙。用于室内空间的逻辑分割（如居室中的餐厅和客厅分界）。

虽然在创建墙体时可以分类绘制不同墙体，但 SEDU 提供了更加便捷的自动分类方式。也就是说，在创建模型时，用户不必关心墙体的类型，在随后的空间划分操作中系统将自动分类。

(1)“搜索房间”命令。自动识别指定内外墙。

(2)“搜索户型”命令。在搜索房间的基础上，将内墙转换为户墙。

(3)“天井设置”命令。在搜索房间的基础上，将天井空间的墙体转换为外墙。

上述三个功能将墙体分类后，如果又做了墙体的删除和补充，请重新进行搜索。在对象特性表中也可以修改墙体的类型。

提示：对于来自 Arch 或天正建筑 5～7 的建筑图，如果含有装饰隔断、卫生隔断和女儿墙，SEDU 将不予理睬；如果需要这些墙体起分割房间的作用，可将它们的类型改为内墙或外墙。可以用“对象查询”命令快速查看墙体的类型。

4. **墙体材料**

在墙体创建对话框中有“材料”项，指墙的主材类型，它与墙的建筑二维表达有关，不同的主材有不同的二维表现形式，建议用户先以满足节能设计需求为基准选择材料。建筑隔声设计特别关注墙体材料的隔声性能，在创建和整理隔声性能模型时，只要在“隔声设置”中给墙体赋予相应的隔声性能参数即可。总之，建筑隔声性能分析采用的墙体，其材料的隔声性能取决于隔声性能设置，而与墙体的真实材料无关。

5. **创建墙体**

屏幕菜单命令：

【墙柱】→【创建墙体】(CJQT)

【墙柱】→【单线变墙】(DXBQ)

墙体可以直接创建，也可以由单线转换而来，底标高为当前标高(ELEVATION)，墙体的所有参数都可以在创建后编辑修改。直接创建墙体有三种方式，即连续布置、矩形布置和等分创建。单线转换有两种方式，即轴网生墙和单线变墙。

(1) 直接创建墙体。“直接创建墙体”对话框（见图 5.17）中左侧的图标为创建方式，可以创建单段墙体、矩形墙体和等分加墙，“总宽”“左宽”“右宽”用来指定墙的宽度和基线位置，三者互动，应当先输入“总宽”，然后输入“左宽”或“右宽”。“高度”参数的默认值取的是当前层高，而不是上次的层高。若想改变这一项，设置为“当前层高”即可。

图 5.17 直接创建墙体

“直接创建墙体”对话框右侧是创建墙体时的三种定位方式，即基线定位、左边定位、右边定位，表达的意义如图 5.18 所示。左边定位和右边定位特别适合描图时描墙边画墙的情况。

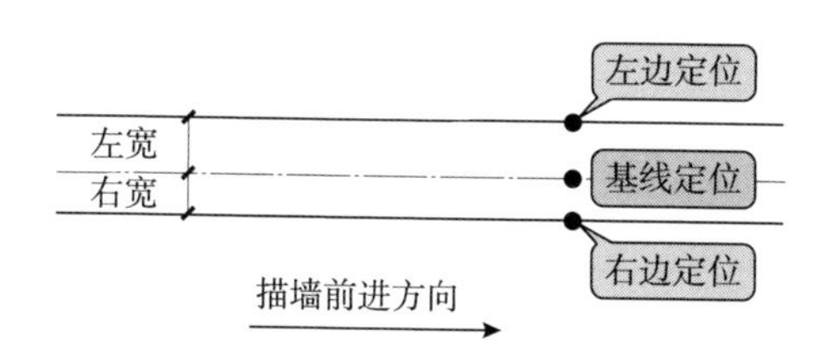

图 5.18 画墙定位示意

创建墙体是在一个浮动对话框中进行，画墙过程中无须关闭，可连续绘制直墙、弧墙，墙线相交处自动处理。墙宽和墙高数值可随时改变，单元段创建有误可以回退。当绘制墙体的端点与已绘制的其他墙段相遇时，自动结束连续绘制，并开始下一连续绘制过程。

提示：在基线定位时，为了墙体与轴网的准确定位，系统提供了自动捕捉功能，即捕捉已有墙基线和轴线。如果有特殊需要，设计者可以按 F3 键打开 CAD 捕捉，这样就自动关闭对墙基线和轴线的捕捉。换句话说，CAD 捕捉和系统捕捉是互斥的，并且采用同一个控制键。

(2) 单线变墙。“单线变墙”命令有两个功能：一个功能是将 LINE、ARC 绘制的单线转为墙体对象，并删除选中单线，生成墙体的基线与对应的单线相重合；另一个功能是在设计好的轴网上成批生成墙体，然后再编辑。

“轴线生墙”命令与“单线变墙”命令操作过程相似，差别在于“轴线生墙”命令不删除原来的轴线，而且被单独甩出的轴线不生成墙体。“单线变墙”功能在圆弧轴网中特别有用，因为直接绘制弧墙比较麻烦，批量生成弧墙后再删除无用墙体更方便。

单线变墙对话框如图 5.19 所示。

图 5.19　单线变墙对话框

6. **墙体分段**

屏幕菜单命令：

【墙窗屋顶】→【墙体分段】(QTFD)

“墙体分段”命令可把一段墙体分割为两段或三段，以便设置不同的材料或图层，进而附给不同的墙体构造，常常用在剪力墙结构的建模中。

采用“墙体分段”的好处在于转换或创建外墙时不考虑多种构造，从始至终绘制一种墙体，然后分段处理。另一种能达到同样目的的方法是，创建时就按不同材料分开绘制，再设置不同的构造。很多情况下，后者更为方便，用户可按自己习惯的方式选择不同方法。

操作步骤：

第 1 步，选择待分段的一段墙体。

第 2 步，选择第一个断点后回车结束，该段墙体被分割成两段。

第 3 步，选择第一个断点和第二个断点，该段墙体被分割成三段。

第 4 步，被分割的墙段其类型仍与原墙相同，用“对象编辑”或在特性中把分割出来的墙段设置成与相邻墙不同的材料或图层，否则，搜索房间时分割出来的墙体将合成原状。

5.4.2.5 门窗

门窗是建筑物隔声性能的薄弱环节，也是隔声性能审查的重点。在 SEDU 中，门、窗属于两个不同类型的围护结构，二者与墙体之间有智能联动关系。门窗插入后在墙体上自动开洞，删除门窗则墙洞自动消除。因此，门窗的建模和修改效率非常高。

1. **门窗种类**

SEDU 支持下列类型的门窗。

(1) 普通门。普通门的参数如图 5.20 对话框所示。“门槛高”指门的下缘到所在墙底标高的距离，通常就是距本层地面的距离，插入时可以选择按尺寸进行自动编号。

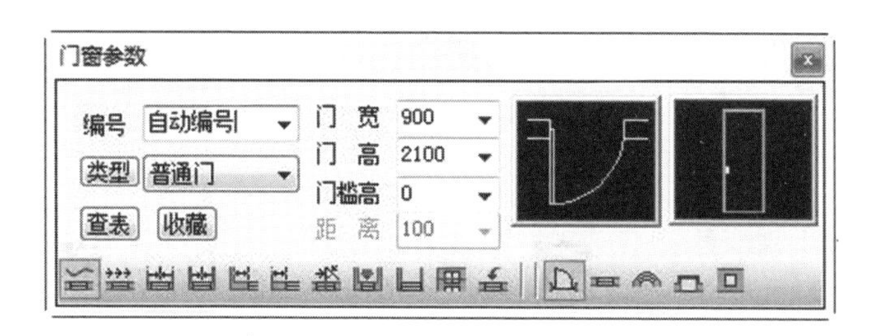

图 5.20 普通门的参数

普通门和窗插入示意如图 5.21 所示。

图 5.21　普通门和窗

(2) 普通窗。普通窗的参数与普通门的类似，支持自动编号。如图 5.22 所示。

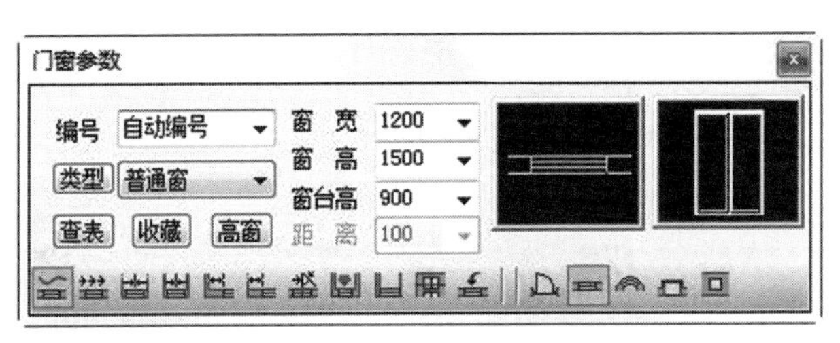

图 5.22　普通窗的参数

(3) 弧窗。弧窗安装在弧墙上，并且与弧墙具有相同的曲率半径。弧窗的参数如图 5.23 所示。

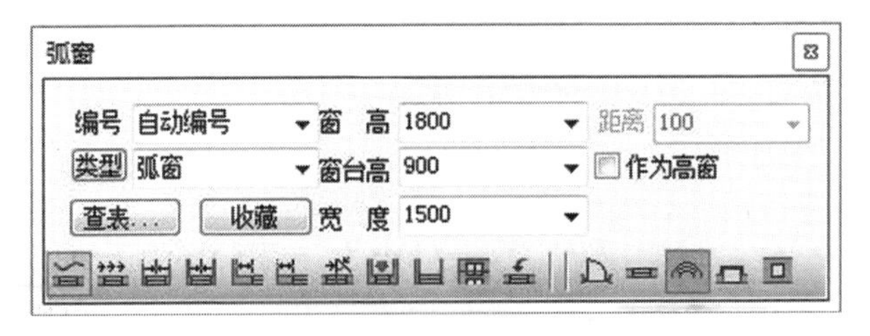

图 5.23　弧窗的参数

提示：弧墙也可以插入普通门窗，但门窗的宽度不能很大，尤其在弧墙的曲率半径很小的情况下，门窗的中点可能超出墙体的范围而导致无法插入。

弧窗插入示意如图 5.24 所示。

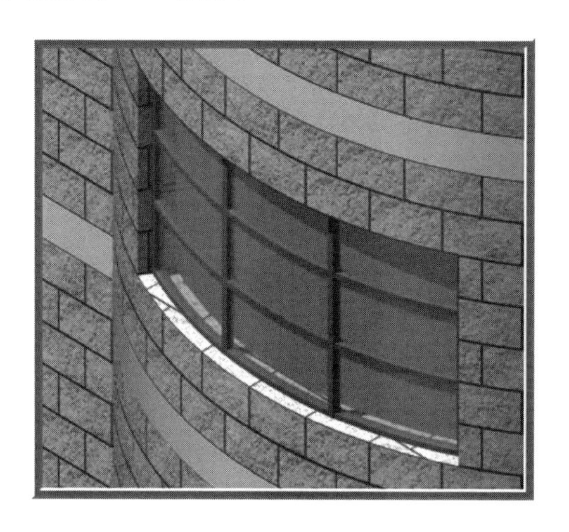

图 5.24 弧墙上的弧窗

(4) 凸窗。凸窗的参数如图 5.25 所示。

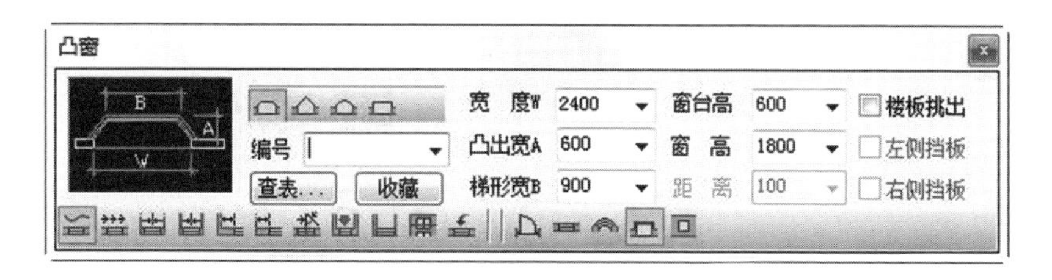

图 5.25 凸窗的参数

凸窗即外飘窗，包括四种类型（见图 5.26），其中矩形凸窗具有侧挡板特性。

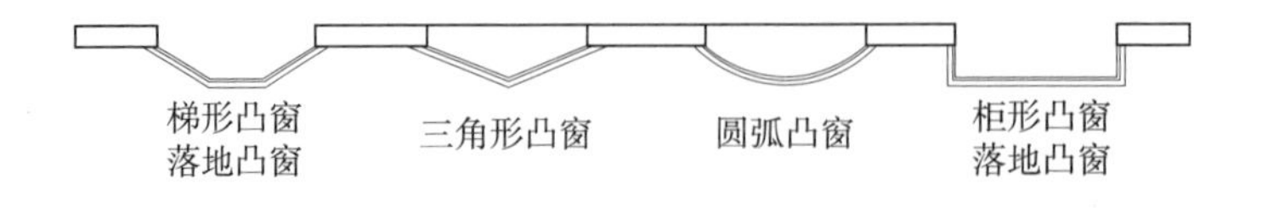

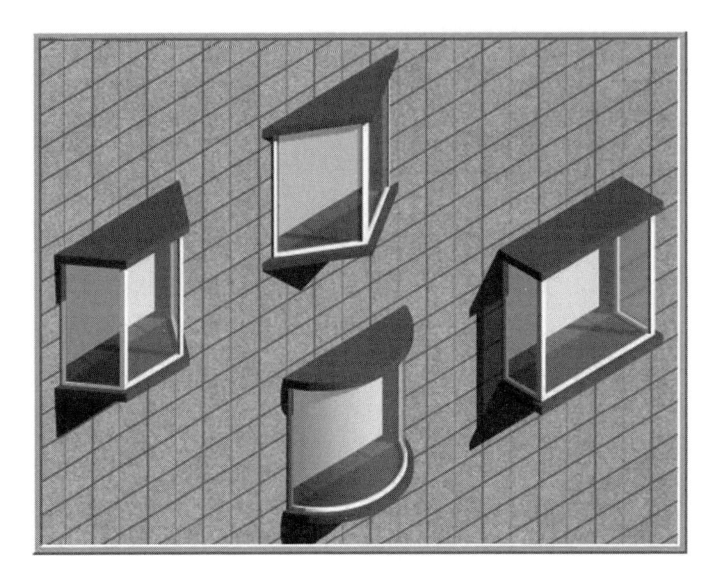

图 5.26　各种凸窗

(5) 转角窗。转角窗安装在墙体转角处，即跨越两段墙的窗户，可以外飘或骑在墙上。因两扇窗体的朝向不同，在隔声性能分析中，将其按两个窗处理。转角窗的参数及转角窗示意图分别如图 5.27、图 5.28 所示。

图 5.27　转角窗的参数

图 5.28 转角窗

(6) 带形窗。带形窗不能外飘，但可以跨越多段墙。在隔声性能分析中，将其按多个窗处理。带形窗参数和带形窗示意图分别如图 5.29、图 5.30 所示。

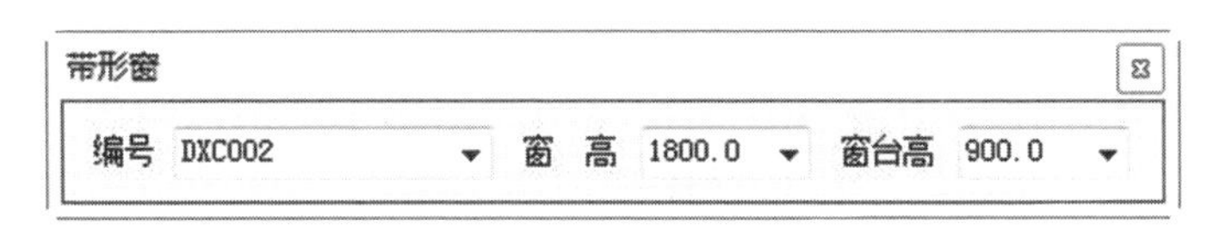

图 5.29 带形窗的参数

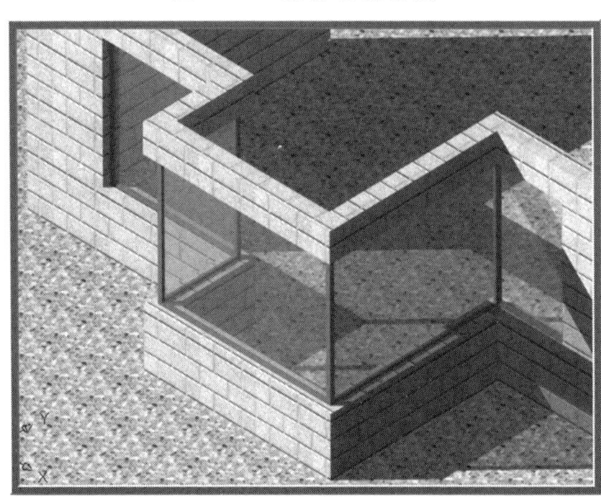

图 5.30 带形窗示意

2. **门窗编号**

屏幕菜单命令：

【门窗】→【门窗编号】(MCBH)

“门窗编号”命令用于给图中的门窗编号，可以单选编号，也可以多选批量编号。其分支命令“自动编号”与门窗插入对话框中的“自动编号”一样，按门窗的洞口尺寸自动编号，编号原则是由四位数组成，前两位为宽度，后两位为高度，按四舍五入提取，例如900×2150的门，其编号为M09×22。采用这种规则的编号可以直观看到门窗规格，目前被广泛采用。

提示： 应用SEDU进行隔声性能分析，门窗编号是一个重要的属性。用来标识同类制作工艺的门窗，即同编号的门窗，除位置不同外，它们的材料、洞口尺寸和三维外观都应当相同。如果没有编号形成了空号门窗，虽然不会影响计算，但会给后期的门窗隔声性能结果展示造成麻烦。补救的方法就是采用“门窗编号”命令给门窗进行统一的编号。

3. **插入门窗**

屏幕菜单命令：

【门窗】→【插入门窗】(CRMC)

右键菜单命令：

〈选中墙体〉→【插入门窗】(CRMC)

“插入门窗”命令汇集了普通门窗、凸窗和弧窗等多种门窗的插入功能，在对话框下方还提供了定位方式按钮，这些插入方式将帮助设计者快速、准确地确定门窗在墙体上的位置。虽然建筑隔声并不强调门窗的精确定位，但从提高效率角度讲，还是有必要介绍一下各种定位方法的特点。

(1) 自由插入。可在墙段的任意位置插入，鼠标点到哪即插到哪，这种方式快而随意，但不能准确定位。鼠标以墙中线为分界，内外移动控制开启方向，单击一次Shift键控制左右开启方向。通过一次点击，门窗的位置和开启方向就完全确定。

(2) 顺序插入。以距离点取位置较近的墙端点为起点，按给定距离插入选定的门窗。此后顺着前进方向连续插入，插入过程中可以改变门窗类型和参数。在弧墙顺序插入时，门窗按照墙基线弧长进行定位。

（3）轴线等分插入。将一个或多个门窗等分插入到两根轴线之间的墙段上，如果墙段内缺少轴线，则该侧按墙段基线等分插入。门窗的开启方向控制参见自由插入方法中的介绍。

（4）墙段等分插入。与轴线等分插入相似，本命令在一个墙段上按较短的边线等分插入若干个门窗，开启方向的确定方法与自由插入方法相同。

（5）垛宽定距插入。系统自动选取距离点取位置最近的墙边线顶点作为参考位置，快速插入门窗，垛宽距离在对话框中预设。本命令特别适合插室内门，开启方向的确定方法与自由插入方法相同。

（6）轴线定距插入。与垛宽定距插入相似，系统自动搜索距离点取位置最近的轴线与墙体的交点，将该点作为参考位置快速插入门窗。

（7）角度定位插入。本命令专用于弧墙插入门窗，按给定角度在弧墙上插入直线形门窗。

（8）智能插入。本插入模式具有智能判定功能，规则如下：

1）系统将一段墙体分三段，两端段为定距插，中间段为居中插（见图5.31）。

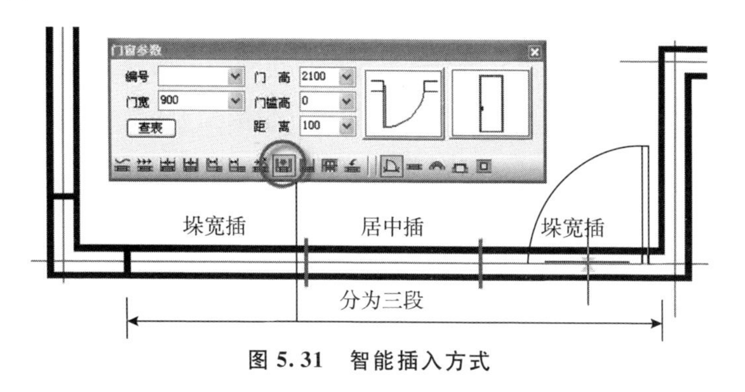

图5.31　智能插入方式

2）当鼠标处于两端段中，系统自动判定门开向有横墙一侧，内外开启方向用鼠标在墙上内外移动变换。

3）两端的定距插有两种方法，即墙垛定距和轴（基）线定距，可用

Q键切换，且二者用不同颜色短分割线提示，以便不看命令行就知道当前处于什么定距状态。

（9）满墙插入。门窗在门窗宽度方向上完全充满一段墙，使用这种方式时，门窗宽度由系统自动确定。

采用上述几种方式插入的门窗实例如图5.32所示。

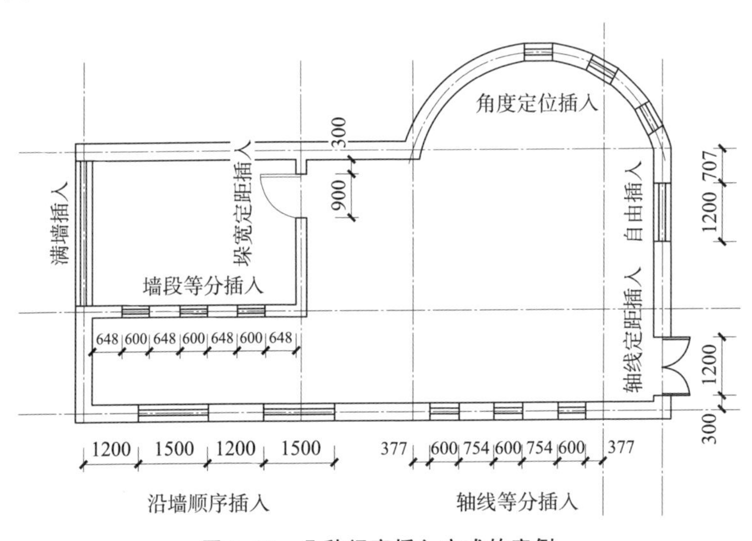

图5.32 几种门窗插入方式的实例

（10）上层插入。上层窗指的是在已有的门窗上方再加一个宽度相同、高度不同的窗，这种情况常常出现在厂房或大堂的墙体设计中。

在对话框下方选择“上层插入”方式（见图5.33），输入上层窗的编号、窗高和窗台到下层门窗顶的距离。使用本方式时，注意上层窗的顶标高不能超过墙顶高。

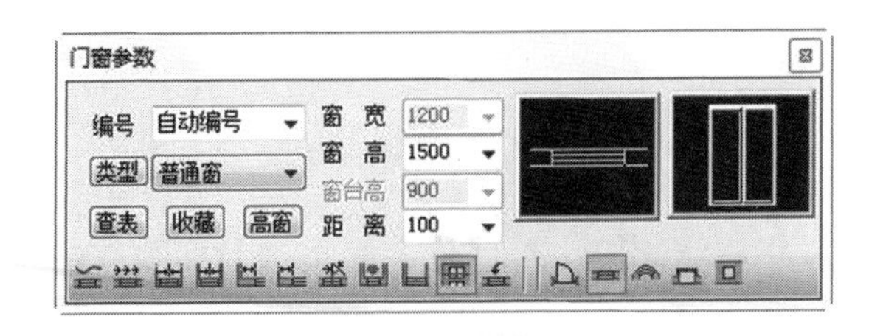

图5.33 插入上层门窗的选项

4. 插转角窗

屏幕菜单命令：

【门窗】→【转角窗】(ZJC)

右键菜单命令：

〈选中墙体〉→【转角窗】(ZJC)

在墙角的两侧插入等高角窗，有三种形式，即随墙的非凸角窗（也可用带形窗完成）、落地的凸角窗和未落地的凸角窗。转角窗的起始点和终止点在一个墙角的两个相邻墙段上，转角窗只能经过一个转角点。如果不是凸窗，最好用带形窗布置更方便。转角窗对话框如图 5.34 所示。

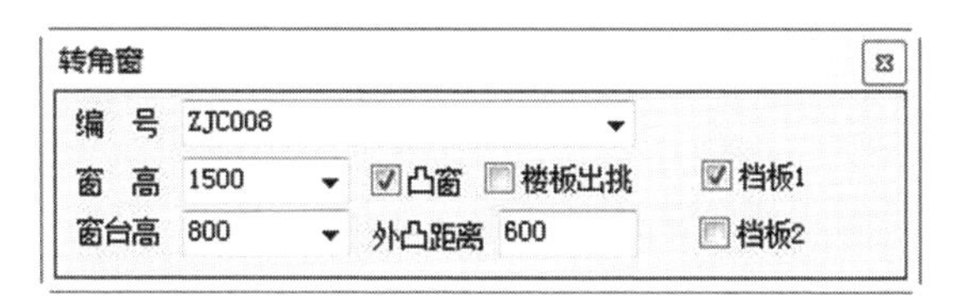

图 5.34 转角窗对话框

操作步骤：

第一步，确定角窗类型。不选取“凸窗”，就是普通角窗，窗随墙布置；选取“凸窗”，再选取“楼板出挑”，就是落地的凸角窗；只选取“凸窗”，不选取“楼板出挑”，就是未落地的凸角窗，如图 5.35 所示。

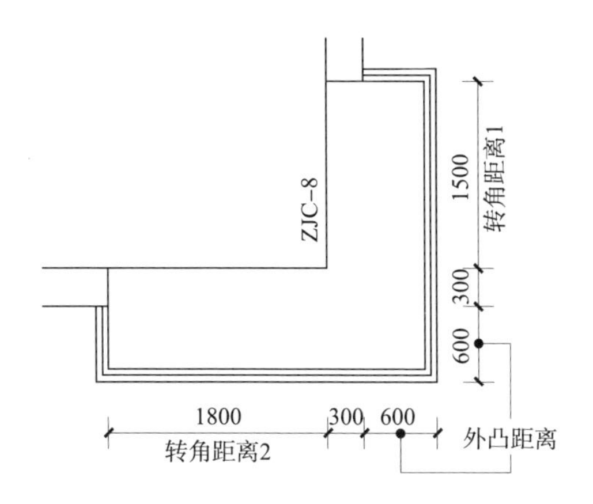

图 5.35 未落地凸角窗的实例平面图

第二步，输入窗编号和外凸尺寸。

第三步，点取墙角点，注意在内部点取。

第四步，拉动光标会动态显示角窗样式。

第五步，分别输入两个墙段上的转角距离，墙线显示为虚线的为当前一侧。

提示：

(1) 角凸窗的凸出方向只能是阳角方向。

(2) 转角窗编号系统不检查其是否有冲突。

(3) 凸角窗的两个方向上的外凸距离只能相同。

5. **布置带形窗**

屏幕菜单命令：

【门窗】→【带形窗】(DXC)

右键菜单命令：

〈选中墙体〉→【带形窗】(DXC)

“带形窗”命令用于插入高度不变、水平方向沿墙体走向的带形窗，此类窗转角数不限。点取命令后，命令行提示输入带形窗的起点和终点。带形窗的起点和终点可以在一个墙段上，也可以经过多个转角点，如图5.36所示。

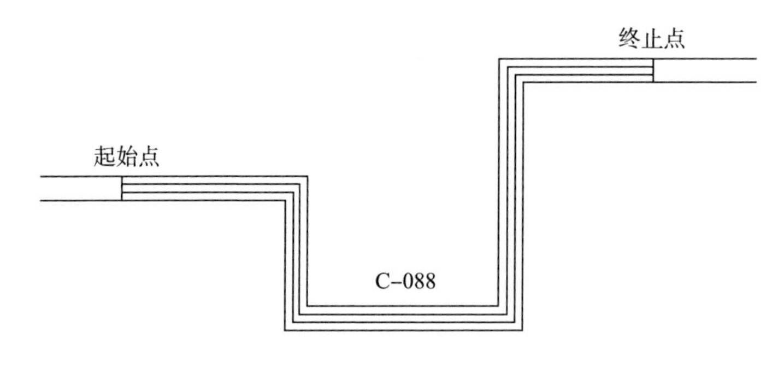

图 5.36 带型窗的插入实例

建筑中常见的封闭阳台用带形窗绘制最为方便，先绘制封闭的墙体，然后从起点到终点插入带形窗，就形成一个带阳台窗的封闭阳台，如图5.37所示。

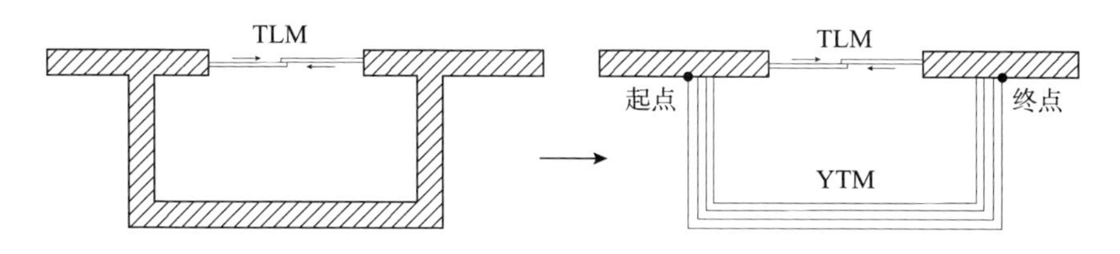

图5.37 封闭阳台实例

6. **定义天窗**

屏幕菜单命令：

【门窗】→【定义天窗】(DYTC)

“定义天窗”命令用于将封闭线条定义成天窗。封闭线条可以是多义线和圆。先将封闭线条布置在天窗下的房间所在楼层上，可以不必设置其标高，当系统提取模型时，会自动将其投影到屋顶上去。

7. **门转窗**

屏幕菜单命令：

【门窗】→【门转窗】(MZC)

“门转窗”命令可以实现将门对象部分或全部转换成窗。如果部分转换，则上部分转换为上层窗，如图5.38所示。

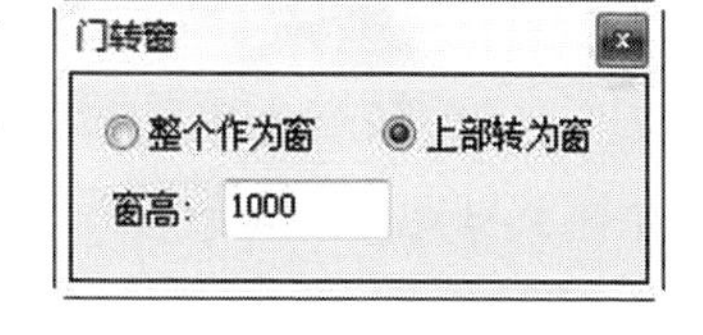

图5.38 门转窗对话框

提示：当插入门时，如果确定这个门是全玻璃门，可以直接插入同尺寸的窗代替门，免得再将门转换为窗了。如果门的上部透光，分别插入门和窗比较麻烦，还是插门再部分转换为窗比较方便。

8. **窗转门**

屏幕菜单命令：

【门窗】→【窗转门】(CZM)

“窗转门”命令用于将窗对象转换成门。一般用于以下两种情况：

（1）在“转条件图”中无门窗标识时，默认转换成窗的门对象。

（2）还原“门转窗”中误转成窗的门对象。

9. **门窗打断**

屏幕菜单命令：

【2D 条件图】→【门窗打断】（MCDD）

“门窗打断”命令将被内墙隔断的本属于不同房间的跨房间门窗，分割成两个或多个独立的门窗。

10. **门窗编辑**

屏幕菜单命令：

【门窗】→【插入门窗】（CRMC）

右键菜单命令：

〈选中门窗〉→【对象编辑】（DXBJ）

屏幕菜单命令：

【门窗】→【门窗整理】（MCZL）

批量修改门窗（只针对插入门窗所建立的普通门窗）功能在模型处理过程中非常有用。SEDU 有三种特点不同的解决方法可实现批量修改门窗：一是利用插入门窗对话框中的“替换”按钮；二是对门窗进行“对象编辑”；三是在特性表中进行修改；四是利用“门窗整理”，可以对门窗进行编辑和整理。其中第一种方法功能最强，不仅可以改编号、尺寸，还能将门窗类型互换；第二种、第三种和第四种方法只能改尺寸和编号。

（1）门窗替换。打开【插入门窗】对话框并按下“替换”按钮，首先在右侧勾选准备替换的参数项，然后设置新门窗的参数（见图 5.39），最后在图中批量选择准备替换的门窗，系统将用新门窗在原位置替换掉原门窗。对于不变的参数，应去掉勾选项，替换后仍保留原门窗的参数。例如，将门改为窗，宽度不变，应将宽度选项置空。事实上，替换和插入的界面完全一样，只是把“替换”作为一种定位方式。如图 5.39 所示。

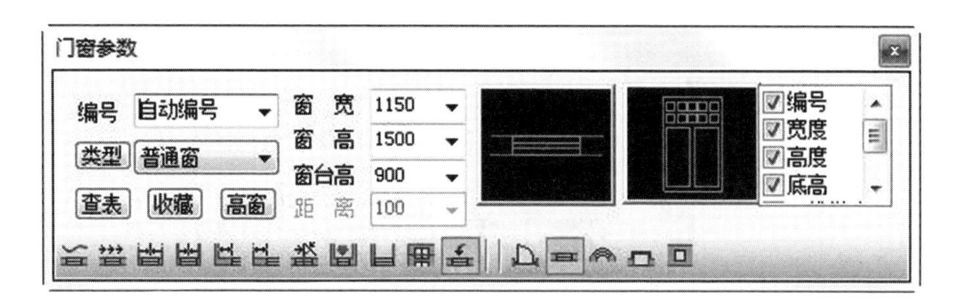

图 5.39 门窗替换对话框

提示： 建筑专业提交的图纸中，门窗类型有时并不正确，可以用门窗替换（清空全部过滤参数）来完成门窗类型的替换。

（2）对象编辑。利用“对象编辑”命令可以批量修改同编号的门窗。首先对一个门窗进行修改，当命令行提示相同编号门窗是否一起修改时，回答 Y，则一起修改；回答 N，则只修改这一个门窗。

（3）过滤选择＋特性表。打开对象特性表（Ctrl＋1），然后用过滤选择选中多个门窗，在特性表中修改门窗的尺寸等属性，达到批量修改的目的。

（4）门窗整理。“门窗整理”功能汇集了门窗编辑和检查功能。首先将图中的门窗按类提取到表格中，然后用鼠标点取列表中的某个门窗，视口自动对准并选中该门窗，此时，既可以在表格中也可以在图中编辑门窗。表格与图形之间通过“应用”“提取”“选取”按钮交换数据。表格中各部分所代表的意义如图 5.40 所示。当表中的数据被修改后以红色显示，提示该数据修改过且与图中不同步，直到点击“应用”按钮同步后才显示正常。若在某个编号行进行修改，该编号下的全部门窗同步被修改。冲突检查可将规格尺寸不同却采用相同编号的同类门窗找出来，以便修改编号或改尺寸。

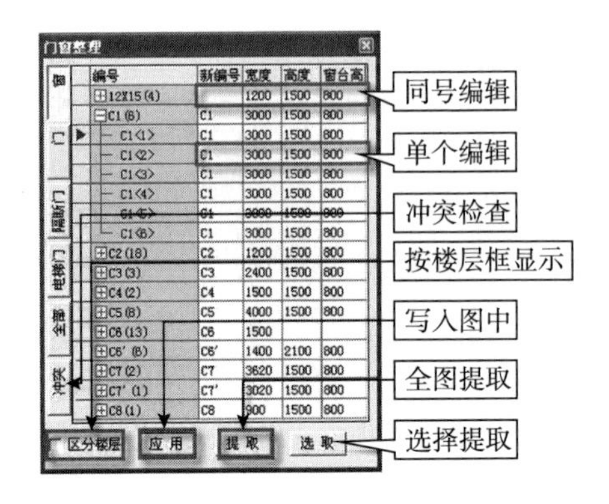

图 5.40 门窗整理列表

5.4.2.6 阳台

1. **封闭阳台**

完整的封闭阳台包括阳台栏板、阳台窗、顶层阳台的顶板、底层阳台的地板，以及阳台与房间之间的隔墙、隔墙上的门和窗。在 SEDU 中，用“外墙＋带形窗＋房间（封闭阳台）”的方式构成。

提示：建筑隔声相关标准中对阳台不做评价，而对与阳台相邻的主要功能房间进行评价。

封闭阳台有两种情况：

（1）封闭阳台与房间之间没有隔墙。此时，封闭阳台与房间为一体，将封闭阳台的栏板、阳台窗视为外墙外窗即可，SEDU 对此房间进行室内背景噪声计算，对外围护结构进行隔声计算。

（2）封闭阳台与房间之间有隔墙。此时，封闭阳台不参与评价，但是 SEDU 可以计算阳台的背景噪声；对于与阳台相邻的主要功能房间的室内背景噪声，需要进行相应的修正计算。

提示：对于第（2）种情况，用户可以将封闭阳台与房间之间的隔墙去掉，按照第（1）种情况中的方法进行近似计算。

2. **未封闭阳台**

在 SEDU 中，敞开阳台无须建模，需说明的是：

（1）其外门隔声性能评价在标准中按照外窗进行。

（2）此外，阳台底板起到了遮阳板作用，对隔墙上的窗而言需要设置一个与阳台底板同位置、同尺寸的平板遮阳，遮阳板不参与任何隔声计算。

5.4.2.7　屋顶

SEDU除提供常规屋顶（如平屋顶、多坡屋顶、人字屋顶和老虎窗）外，还可用二维线转屋顶的工具来构建复杂的屋顶。

提示： SEDU中约定屋顶对象要放置到屋顶所覆盖的房间上层楼层框内，并且数据提取中的屋顶数据也统计在上层。

1. **生成屋顶线**

屏幕菜单命令：

【屋顶】→【搜屋顶线】（SWDX）

“搜屋顶线”命令是一个创建屋顶的辅助工具，用于搜索整栋建筑物的所有墙体，按外墙的外皮边界生成屋顶平面轮廓线。该轮廓线为一个闭合PLINE，用于构建屋顶的边界线。

操作步骤：

第1步，当命令行提示“请选择互相联系墙体（或门窗）和柱子”时，选取组成建筑物的所有外围护结构，如果有多个封闭区域，要多次操作本命令，形成多个轮廓线。

第2步，偏移建筑轮廓的距离须输入“0”。

2. **人字坡顶**

屏幕菜单命令：

【屋顶】→【人字坡顶】（RZPD）

系统以闭合的PLINE为屋顶边界，按给定的坡度和指定的屋脊线位置，生成标准人字坡顶。屋脊的标高值默认为0，如果已知屋顶的标高可以直接输入，也可以生成后编辑抬高。由于人字坡顶的檐口标高不一定平齐，因此可使用屋脊的标高作为屋顶竖向定位标志。

操作步骤：

第1步，准备一封闭的PLINE，或利用“搜屋顶线”命令生成的屋顶线作为人字坡顶的边界。

第2步，执行命令，在对话框中输入屋顶参数（见图5.41），在图中点取PLINE。

第3步，分别点取屋脊线起点和终点，生成人字坡顶，也可以把屋脊线定在轮廓边线上生成单坡屋顶。

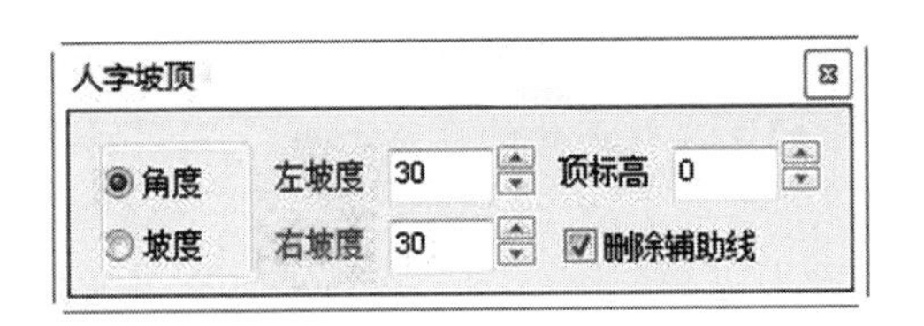

图5.41 人字坡顶的创建对话框

理论上讲，只要是闭合的PLINE就可以生成人字坡顶，具体的边界形状依据设计而定；也可以在生成屋顶后与闭合PLINE进行“布尔编辑”运算，切割出形状复杂的坡顶。图5.42是人字坡顶的实例。

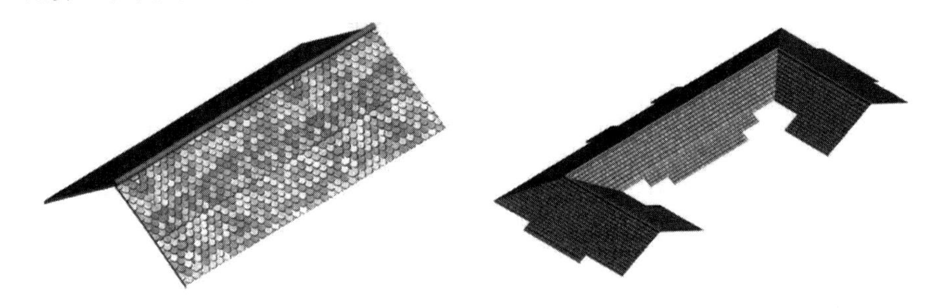

图5.42 人字坡顶的实例

3. **多坡屋顶**

屏幕菜单命令：

【屋顶】→【多坡屋顶】(DPWD)

“多坡屋顶”命令用于由封闭的任意形状PLINE线生成指定坡度的坡形屋顶，可采用对象编辑单独修改每个边坡的坡度，以及用限制高度切割顶部为平顶形式。

操作步骤：

第 1 步，准备一封闭的 PLINE，或利用“搜屋顶线”命令生成的屋顶线作为屋顶的边线。

第 2 步，执行命令，在图中点取 PLINE。

第 3 步，给出屋顶每个坡面的等坡坡度或接受默认坡度。

第 4 步，回车生成。

第 5 步，选中“多坡屋顶”命令，通过右键对象编辑命令进入多坡屋顶编辑对话框，进一步编辑多坡屋顶的每个坡面，还可以通过屋顶的夹点修改边界。

在多坡屋顶编辑对话框（见图 5.43）中，列出了屋顶边界编号和对应坡面的几何参数。当单击电子表格中某“边号”一行时，图中对应的边界用一个红圈实时响应，表示当前处理对象是这个坡面，可以逐个修改坡面的坡角或坡度，修改完后请点取“应用”按钮使其生效（见图 5.44）。点击“全部等坡”按钮，能够将所有坡面的坡度统一为当前的坡面坡度。坡屋顶的某些边可以指定坡角为 90°，对于矩形屋顶，表示双坡屋面的情况。

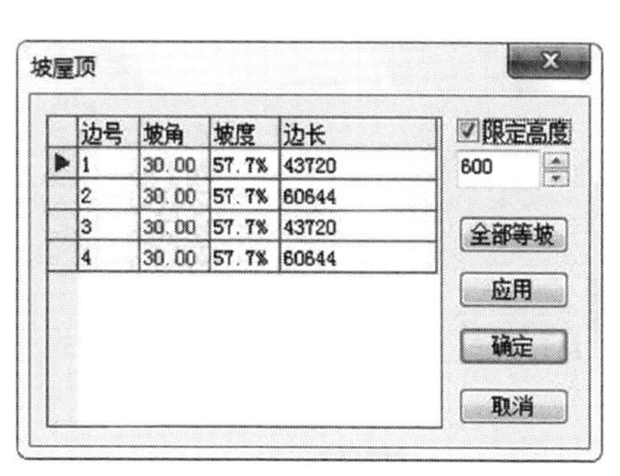

图 5.43 多坡屋顶编辑对话框

图 5.44 标准多坡屋顶

多坡屋顶编辑对话框中的“限定高度”可以将屋顶在该高度上切割成平顶，切割后的效果如图 5.45 所示。

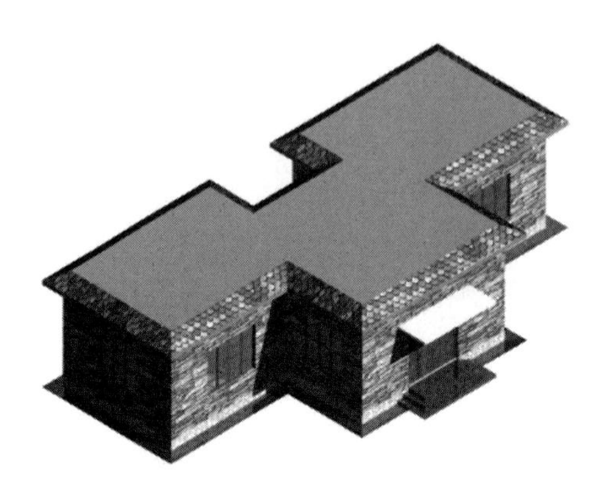

图 5.45　多坡屋顶限定高度后成为平屋顶

4. **平屋顶**

屏幕菜单命令：

【屋顶】→【平屋顶】(PWD)

“平屋顶”命令用于由闭合曲线生成平屋顶。在 SEDU 中，通常情况下，平屋顶无须建模，系统会自动处理，只有在一些特殊情况下才需要建平屋顶。

(1) 多种构造的屋顶。创建多个平屋顶，默认屋顶仍无须建模。在工程构造的“屋顶”项中设置相应的构造，系统默认把位居第一位的构造赋给默认屋顶，其他构造的屋顶用“局部设置”分别赋给。

(2) 公共建筑与居住建筑混建。当上部为居住建筑、下部为公共建筑时，需要将两部分建筑分开建模。

5. **线转屋顶**

屏幕菜单命令：

【屋顶】→【线转屋顶】(XZWD)

“线转屋顶”命令用于将由一系列直线段构成的二维屋顶转成三维屋顶模型（PFACE)。

交互操作步骤：

选择二维线条（LINE/PLINE)：选择组成二维屋顶的线段。

提示：最好全选，以便一次完整生成。

设置基准面高度<0>：

输入屋顶檐口的标高（通常为0）。

设置标记点高度（大于0）<1000>：

提示：系统自动搜索除了周边之外的所有交点，用绿色X提示，并给这些交点赋予一个高度。

设置标记点高度（大于0）<1000>：

继续赋予交点一个高度…

是否删除原始的边线？[是（Y）/否（N）]<Y>：

确定是否删除二维的线段。

命令结束后，二维屋顶转成了三维模型，如图5.46所示。

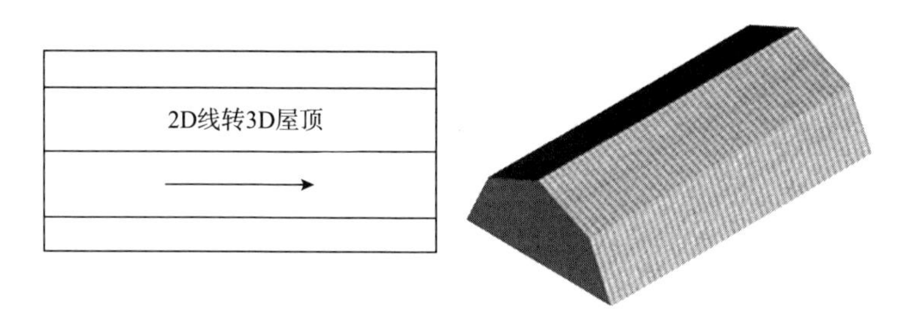

图5.46　二维屋顶转成三维屋顶

6. **老虎窗**

屏幕菜单命令：

【墙窗屋顶】→【加老虎窗】(JLHC)

“加老虎窗”命令用于在三维屋顶坡面上生成参数化的老虎窗对象，其控制参数比较详细。

提示：老虎窗与屋顶属于父子逻辑关系，必须先创建屋顶才能够在其上正确加入老虎窗。

老虎窗创建对话框如图5.47所示。

图 5.47 老虎窗的创建对话框

根据光标拖拽老虎窗的位置，系统自动地确定老虎窗与屋顶的相贯关系，包括方向和标高。在屋顶坡面点取放置位置后，系统插入老虎窗并自动求出与坡顶的相贯线，切割掉相贯线以下部分实体。

请对照图 5.47 所示对话框左侧的示意图理解下列参数的意义。

（1）型式。有双坡、三角坡、平顶坡、梯形坡和三坡共计五种类型（见图 5.48）。

（2）编号。老虎窗编号。

（3）窗宽。老虎窗的小窗宽度。

（4）窗高。老虎窗的小窗高度。

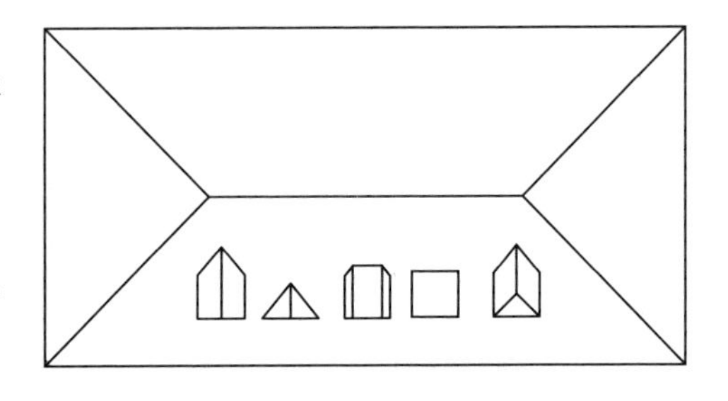

图 5.48 五种老虎窗的二维视图

（5）墙宽 A。老虎窗正面墙体的宽度。

（6）墙高 B。老虎窗侧面三角形墙体的最大高度。

（7）坡高 C。老虎窗屋顶高度。

（8）坡角度。坡面的倾斜坡度。

（9）墙厚。老虎窗墙体厚度。

（10）檐板厚 D。老虎窗屋顶檐板的厚度。

（11）出檐长 E。老虎窗侧面屋顶伸出墙外皮的水平投影长度。

（12）出山长 F。老虎窗正面屋顶伸出山墙外皮长度。

老虎窗的三维表现如图 5.49 所示。

图 5.49　老虎窗的三维表现

7. **墙齐屋顶**

屏幕菜单命令：

【墙窗屋顶】→【墙齐屋顶】(QQWD)

"墙齐屋顶"命令以坡屋顶做参考，自动修剪屋顶下面的外墙，使这部分外墙与屋顶对齐。人字坡顶、多坡屋顶和线转屋顶都支持本功能，人字坡顶的山墙由此命令生成。

操作步骤：

第 1 步，必须在完成"搜索房间"和"建楼层框"命令后才能执行"墙齐屋顶"，坡屋顶应单独一层。

第 2 步，将坡屋顶移至其所在的标高，或者选择"参考墙"，由参考墙确定屋顶的实际标高。

第 3 步，选择准备进行修剪的标准层图形，屋顶下面的内外墙均被修剪，其形状与屋顶吻合（见图 5.50）。

8. **墙体恢复**

屏幕菜单命令：

【墙窗屋顶】→【墙体恢复】(QTHF)

对于被"墙齐屋顶"修剪后的墙体，可通过"墙体恢复"命令复原到原来的矩形。

9. **屋顶开洞**

右键菜单命令：

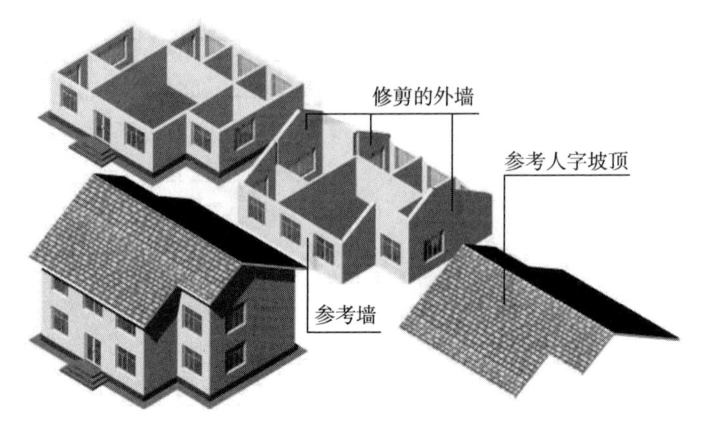

图 5.50 墙齐屋顶的实例

〈选中屋顶〉→【屋顶加洞】(WDJD)

右键菜单命令：

〈选中屋顶〉→【屋顶消洞】(WDXD)

“屋顶加洞”“屋顶消洞”命令可为人字坡顶和多坡屋顶开洞或消洞，以便提供更加精确的建筑模型。

(1) 加洞。用闭合 PLINE 绘制一个洞口水平投影轮廓线，系统将按这个边界开洞（见图 5.51）。

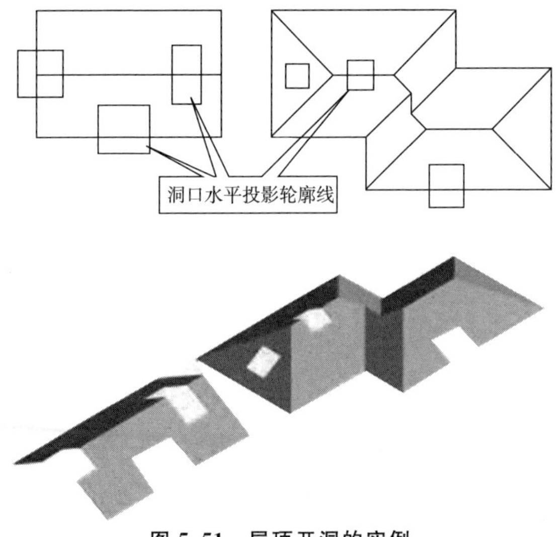

图 5.51 屋顶开洞的实例

（2）消洞。点击洞内删去洞口，恢复屋顶原状。

5.4.2.8 空间划分

建筑隔声的目标有两个方面：一方面是通过外围护结构将室外噪声阻隔，降低室外噪声对室内的干扰；另一方面是通过内围护结构降低相邻房间之间的噪声干扰。我们在此把常规意义上的房间概念扩展为空间，那么就包含了室内空间、室外空间和大地等，围护结构把室内各个空间和室外分隔开，每个围护结构通过两个表面连接不同的空间，这就是 SEDU 的建筑模型。

围合成建筑轮廓的墙就是外墙，它与室外相接触的表面就是外表面。室内用来分隔各个房间的墙就是内墙。居住建筑中某些房间共同属于某个住户，这里称为户型或套房，围合成户型但又不与室外大气接触的墙，就是户墙。

1. **搜索房间**

屏幕菜单命令：

【房间】→【搜索房间】（SSFJ）

“搜索房间”是建筑模型处理中的一个重要命令，也是关键步骤。该命令能够快速地划分室内空间和室外空间，即创建或更新一系列房间对象和建筑轮廓，同时自动将墙体区分为内墙和外墙。需要注意的是，建筑总图上如果有多个区域，则要分别搜索，也就是一个闭合区域搜索一次，建立多个建筑轮廓。如果某房间区域已经有一个（且只有一个）房间对象，本命令不会将其删除，只更新其边界和编号。

提示：

（1）搜索房间后系统记录了围成房间的所有墙体的信息，在隔声性能计算中采用，请不要随意更改墙体，如果必须更改，请务必重新搜索房间。

（2）搜索房间后即便生成了房间对象，也不意味着这个房间能为隔声性能所用，有些貌似合格的房间在进行隔声计算时系统会给出“房间找不到地板”等提示，一旦出现此类提示，请用图形检查工具或手动纠正，然后再执行“搜索房间”命令。

(3) 选中房间对象后，能够为隔声性能所接受的有效房间在其周围的墙基线上有一圈蓝色边界，无效房间则没有，如图 5.52 所示。

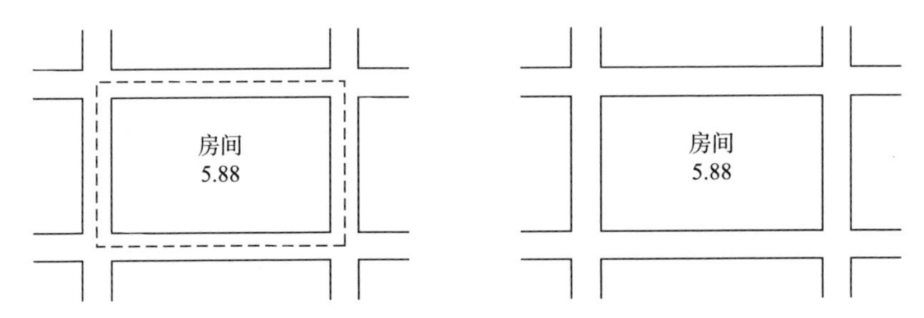

图 5.52 有效房间与无效房间的区别

图 5.53 是点击“搜索房间”命令后弹出的“房间生成选项”对话框，做建筑隔声时一般接受默认的设置就可以。当以“显示房间名称”方式搜索并生成房间时，房间对象的默认名称为“房间”，通过在位编辑或对象编辑可以修改名称。这个名称是房间的标称，并不代表房间的功能，房间的功能在特性表中设置。一旦设置了房间功能，名称的后面会加一个带“()”的房间功能。例如，一个房间对象为“资料室（办公室)”，资料室是房间名称，办公室为房间的功能。

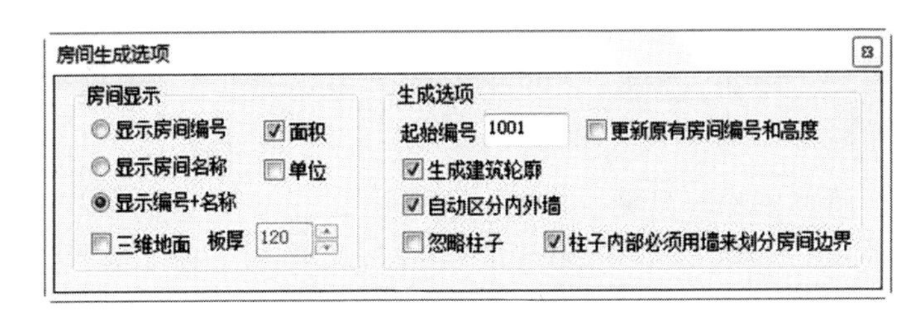

图 5.53 “房间生成选项”对话框

“房间生成选项”对话框的选项和操作说明：

(1) 显示房间名称。房间对象以名称方式显示。

(2) 显示房间编号。房间对象以编号方式显示。

(3) 面积、单位。用于确定房间面积的标注形式，显示面积数值或面积加单位。

(4) 三维地面、板厚。用于确定房间对象是否具有三维楼板以及楼板的厚度。

(5) 更新原有房间编号和高度。用于确定是否更新已有房间编号和高度。

(6) 生成建筑轮廓。用于确定是否生成整个建筑物的室外空间对象，即建筑轮廓。

(7) 自动区分内外墙。用于确定是否自动识别和区分内外墙的类型。

(8) 忽略柱子。勾选此项，房间边界不考虑柱子，以墙体为边界。

(9) 柱子内部必须用墙来划分房间边界。当围合房间的墙只搭到柱子边而柱内没有墙体时，系统给柱内添补一段短墙作为房间的边界。

设置完上述参数，可完成搜索房间并生成房间，如图 5.54 所示。

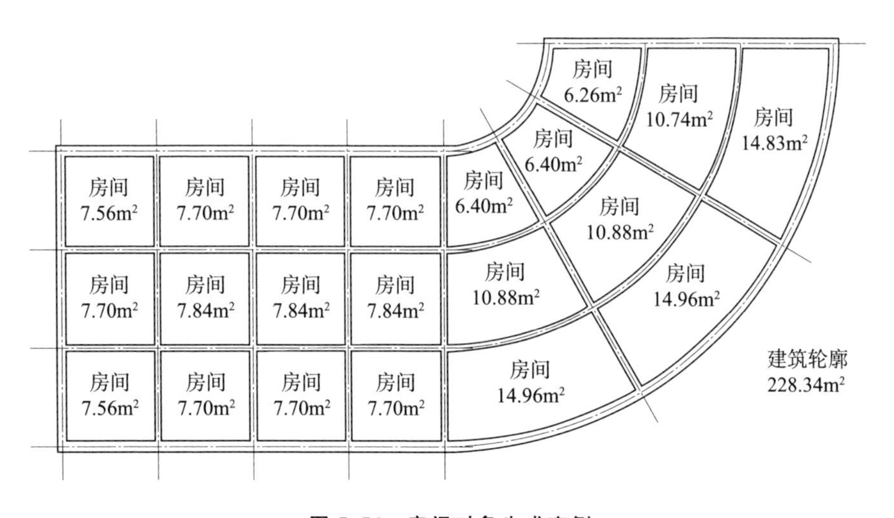

图 5.54 房间对象生成实例

提示:

(1) 如果搜索的区域内已经有一个房间对象，则更新房间的边界，否则创建新的房间。

（2）对于开敞房间，如客厅和餐厅，可以用虚墙来分隔。

（3）修改了墙体的几何位置后，要重新进行房间搜索。

2. **搜索户型**

屏幕菜单命令：

【房间】→【搜索户型】(SSHX)

“搜索户型”命令用于搜索并建立单元户型对象。“搜索户型”命令应当在“搜索房间”命令后执行，即内外墙识别已经完成，房间对象已经生成，选取组成户型的房间对象生成户型。

系统在搜索户型的同时会将户与户之间的边界内墙变为分户墙。户型对象的填充样式可以选择，并可以设置不同的颜色以便区分相邻的户型（见图 5.55）。

图 5.55　房间对象生成实例

3. **房间排序**

屏幕菜单命令：

【房间】→【房间排序】(FJPX)

房间的表示有名称和编号两种方式，二者一一对应，选用哪种方式取决于设计者的习惯和设计需要。当用编号表示时，如果执行多次房间搜索，得到的编号可能会杂乱无章，这时可以使用“房间排序”命令，将选中的房间按照位置排序，给出有规律的编号。

4. **设置天井**

屏幕菜单命令：

【房间】→【设置天井】(SZTJ)

“设置天井”命令用于完成天井空间的划分和设置，一定要在“搜索房间”后再操作本设置，否则会造成天井的边界墙体内外属性不对。执行本命令后，选取“搜索房间”时在天井内生成的房间对象，使其变为天井对象，如图5.56所示。

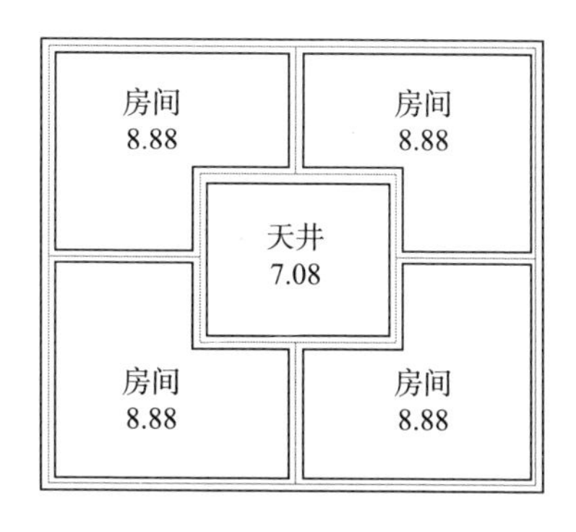

图5.56 天井对象

5.4.2.9 楼层组合

1. **建楼层框**

屏幕菜单命令：

【楼层组合】→【建楼层框】(JLCK)

“建楼层框”命令用于全部标准层在一个DWG文件的模式下，确定标准层图形的范围，以及标准层与自然层之间的对应关系，其本质就是一个楼层表。

交互操作：

第一个角点<退出>：在图形外侧的四个角点中点取一个。

另一个角点<退出>：向第一角点的对角拖拽光标，点取第二点，形成框住图形的方框。

对齐点<退出>：点取从首层到顶层上下对齐的参考点，通常用轴线交点。

层号（形如：-1，1，3~7）<1>：输入本楼层框对应自然层的层号。

层高<3000>：本层的层高。

楼层框从外观上看就是一个矩形框，内有一个对齐点，左下角有层高和层号信息，“数据提取”中的层高取自本设置。系统认为被楼层框圈在其内的建筑模型是一个标准层。在建立楼层框过程中，当提示录入“层号”时，此时的“层号”是指这个楼层框所代表的自然层，输入格式与楼层表中的相同。

楼层框的层高和层号可以采用在位编辑进行修改，方法是首先选择楼层框对象，再用鼠标直接点击层高或层号数字，当数字呈蓝色时，为被选状态，直接输入新值替代原值。或者将光标插入数字中间，像编辑文本一样再修改。楼层框具有五个夹点，鼠标拖拽四角上的夹点可修改楼层框的包容范围，拖拽对齐点可调整对齐位置（见图 5.57）。

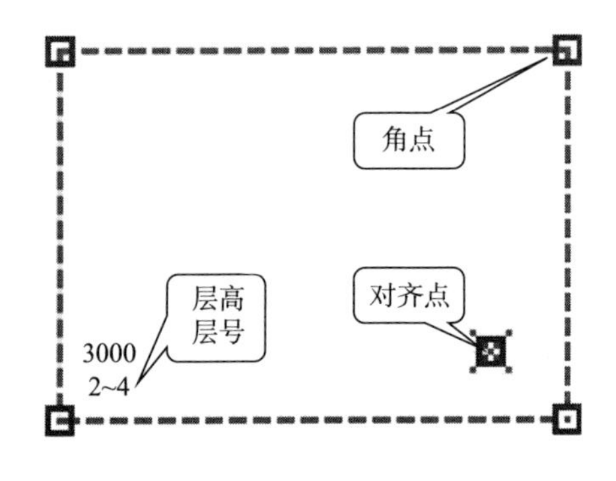

图 5.57 楼层框的外观和夹点

2. **楼层表**

屏幕菜单命令：

【楼层组合】→【楼层表】(LCB)

建筑模型是由不同的标准层构成的，在 SEDU 中用楼层表来指定标准层和自然层之间的对应关系。这样系统才可以获取整个建筑的相关数据来进行隔声性能评估。每个标准层可以单独放到不同的 DWG 文件中，也可以放到同一个 DWG 文件中，用楼层框加以区分。建议采用后者，因为这样可以使整个操作过程更加快捷便利。楼层设定对话框如图 5.58 所示。

图 5.58 楼层设定对话框

对于多图设置，确保“全部标准层都在当前图”复选框没有被选中，然后在“楼层”列相应的行内输入标准层所代表的自然楼层，可以写多项，各项之间用逗号隔开，每一项又可以写成“××”或“××～××”的格式，例如“2，4～6”，表示该图代表第二层和第四到第六层。然后在“文件名”列内输入此标准层图形文件的完整路径，也可以通过“选文件…”按钮来选择图形文件。

对于单图设置，只需将“全部标准层都在当前图”复选框选中即可，系统会自动识别图形文件中的楼层框。

提示：无论是单图设置还是多图设置，一定要确认楼层没有重复。再者，单图和多图两种模式只能任取其一，不支持混合方式，即一个工程由多张图构成，其中的某些图上又包括多个楼层的情况。

5.4.2.10 图形检查

图形在识别转换和描图等操作过程中，难免会发生一些问题，如墙角连接不正确、围护结构重叠、门窗忘记编号等，这些问题可能会影响隔声性能分析的正常进行。为了高效率地排除图形和模型中的错误，SEDU 提供了一系列检查工具。

1. **闭合检查**

屏幕菜单命令：

【图形检查】→【闭合检查】(BHJC)

“闭合检查”命令用于检查围合空间的墙体是否闭合。光标在屏幕上动态搜索空间的边界轮廓，如果放置建筑内部则检查房间是否闭合，如果放置室外则检查整个建筑的外轮廓闭合情况。当检查的结果是闭合时，沿墙线动态显示一闭合红线，点击鼠标左键或按 Esc 键结束操作。

2. **重叠检查**

屏幕菜单命令：

【图形检查】→【重叠检查】(CDJC)

“重叠检查”命令用于检查图中重叠的墙体、柱子、门窗和房间，可删除或放置标记。检查后，如果有重叠对象存在，则弹出检查结果，如图 5.59 所示。

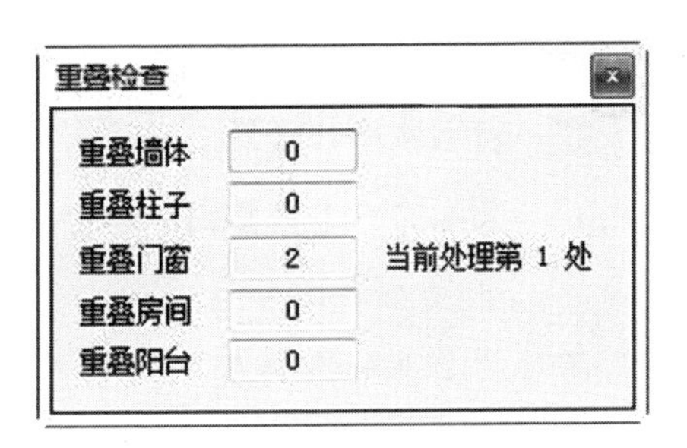

图 5.59　重叠检查的结果

弹出检查结果时，软件处于非模式状态，可用鼠标缩放和移动视图，以便准确地删除重叠对象。命令行有下列分支命令可操作：

(1) 下一处 (Q)。转移到下一重叠处。

(2) 上一处 (W)。退回到上一重叠处。

(3) 删除黄色 (E)。删除当前重叠处的黄色对象。

(4) 删除红色 (R)。删除当前重叠处的红色对象。

(5) 切换显示 (Z)。交换当前重叠处黄色和红色对象的显示方式。

(6) 放置标记 (A)。在当前重叠处放置标记，不做处理。

(7) 退出 (X)。中断操作。

3. 柱墙检查

屏幕菜单命令：

【图形检查】→【柱墙检查】(ZQJC)

“柱墙检查”命令用于检查和处理图中柱内的墙体连接。隔声性能计算要求房间必须由闭合墙体围合而成，即便有柱子，墙体也要穿过柱子相互连接起来。有些图档，特别是来源于建筑设计的图档，往往会有这个缺陷，因为在建筑设计中，柱子可以作为房间的边界，只要能满足搜索房间建立房间面积，对建筑设计而言就足够了。为了处理这类图档，在 SEDU 中，可采用“柱墙检查”命令对全图的柱内墙进行批量检查和处理（见图 5.60)。“柱墙检查”对柱内墙的处理原则如下：

(1) 该打断的柱内墙打断。

(2) 未连接墙端头，当延伸连接后为一个节点时，自动连接。

(3) 未连接墙端头，当延伸连接后多于一个节点时，给出提示，人工判定是否连接。

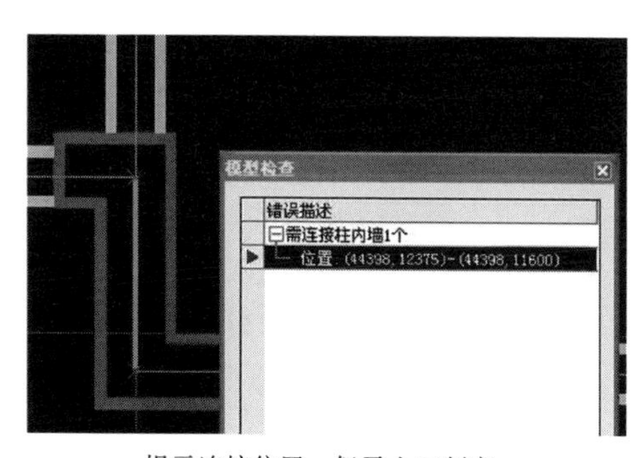

提示连接位置，但需人工判定

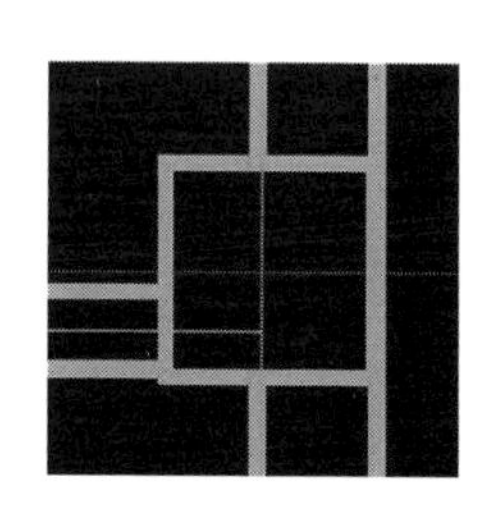

自动连接修复

图 5.60　柱墙检查示意

4. 墙基检查

屏幕菜单命令：

【图形检查】→【墙基检查】(QJJC)

“墙基检查”命令用来检查并辅助修改墙体基线的闭合情况。系统能判定清楚的情况下，会自动闭合；若存在多种可能，则给出示意线辅助修改。但当一段墙体的基线与其相邻墙体的边线超过一定距离时，系统不会判定这两段墙是否要连接。系统默认距离为 50 mm，可在 sys/Config. ini 中手动修改墙基检查控制误差“WallLinkPrec”的值（见图 5. 61）。

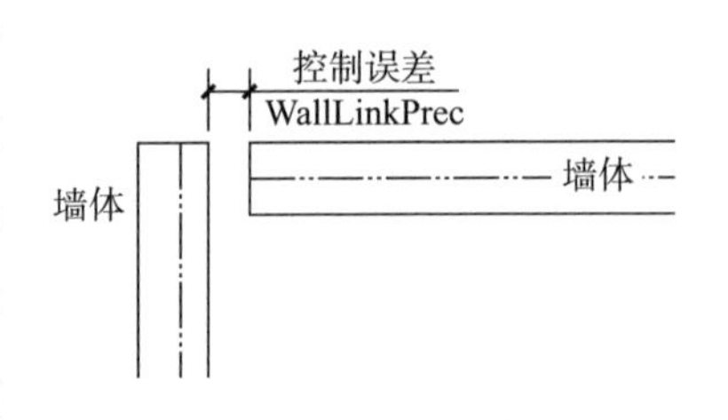

图 5. 61　墙基检查示意

5. **模型检查**

屏幕菜单命令：

【图形检查】→【模型检查】(MXJC)

在做隔声性能分析之前，利用“模型检查”功能检查建筑模型是否符合要求，若存在错误或不恰当之处，将使分析和计算无法正常进行。模型检查的项目包括：超短墙，未编号的门窗，超出墙体的门窗，楼层框层号不连续、重号和断号，与围合墙体之间关系错误的房间对象。

模型检查完成后会提供一个错误清单（见图 5. 62），这个清单中的每条提示行都与图形有关联关系，用鼠标点取提示行，图形视口将自动对准到错误之处，可以即时修改。修改过的提示行在清单中以淡灰色显示。

图 5. 62　模型检查的错误清单

6. **关键显示**

屏幕菜单命令：

【图形检查】→【关键显示】(GJXS)

“关键显示”命令用于隐藏与隔声性能分析无关的图形对象，只显示与其有关的图形。这样做的目的是简化图形的复杂度，便于处理模型。

7. **模型观察**

屏幕菜单命令：

【图形检查】→【模型观察】(MXGC)

“模型观察”命令利用渲染技术实现建筑声环境模型的真实模拟，用于观察建筑声环境模型的正确性，查看建筑数据及不同部位围护结构的隔声性能。进行模型观察前必须正确完成如下设计：建立标准层，完成搜索房间并建立有效的房间对象，创建除平屋顶外的坡屋顶，建立楼层框(表)。这样才能查看到正确的建筑模型和数据。

鼠标右键选取不同的围护结构，将查看结构的隔声参数；此外，观察窗口支持鼠标直接操作平移、旋转和缩放。

“模型观察”对话框如图 5.63 所示。

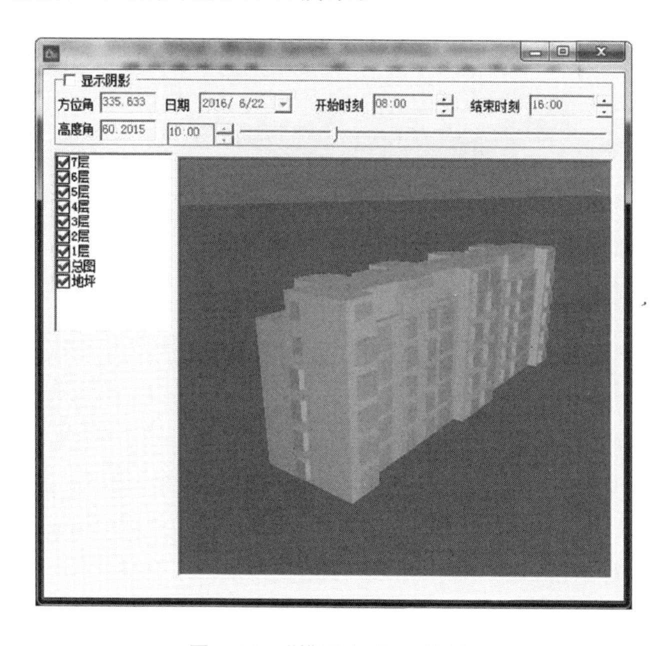

图 5.63 “模型观察”对话框

8. **三维组合**

屏幕菜单命令：

【图面显示】→【三维组合】(SWZH)

“三维组合”命令用于观察模型的不同朝向、不同方位。同时，模型各朝向的图片保存在工程文件 pic 文件夹下。当输出隔声性能报告时，如果 pic 文件夹下有图片，则输出，输出时可选择输出的图片朝向（见图 5.64）。

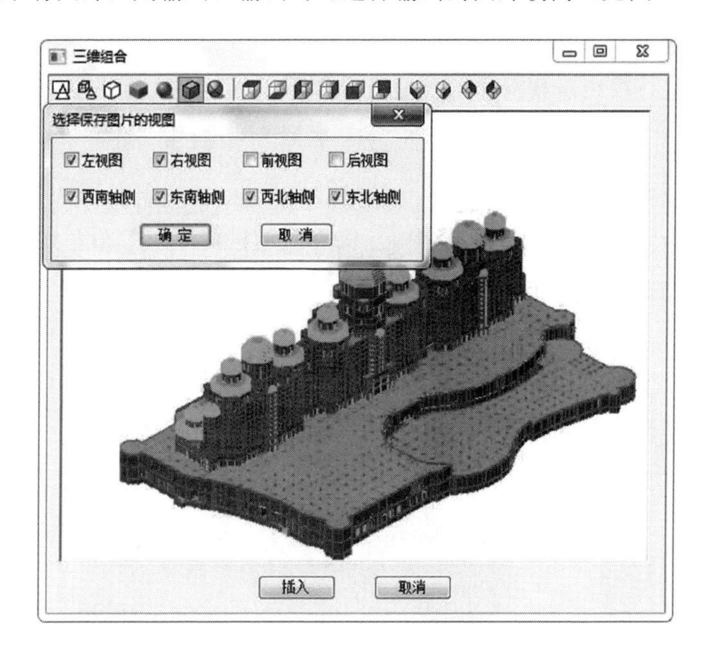

图 5.64　三维组合

5.4.2.11　异型模型

对于像体育场馆、剧场等特殊复杂的建筑模型，CAD 平台下的软件建模能力有一定局限性，为了解决这类建筑的隔声性能计算分析问题，SEDU 支持从三维建模软件（3Dmax、犀牛 Rhino 等）中导入复杂模型。

1. **导出 CAD 文件**

在三维建模软件（以犀牛软件的操作为例进行说明）中打开三维模型，导出所选择的物件，并保存为 DWG 格式（见图 5.65）。

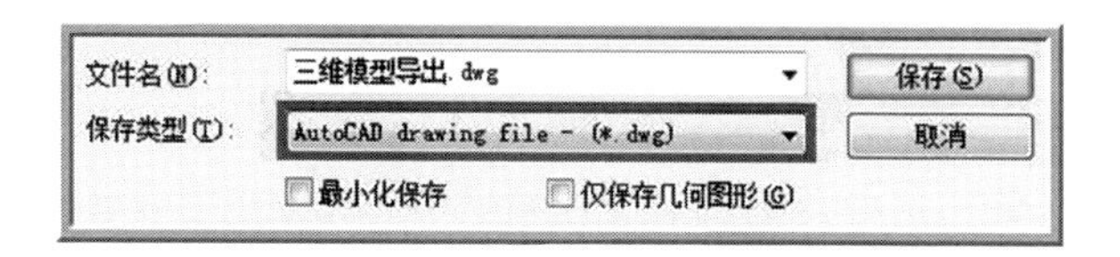

图 5.65　模型导出对话框

(1) 对导出配置进行设置。①设置转换后 DWG 文件的 CAD 版本；②设置将三维模型中的曲面、网格等图元统一转换为网格（SEDU 只支持网格对象），如图 5.66 所示。

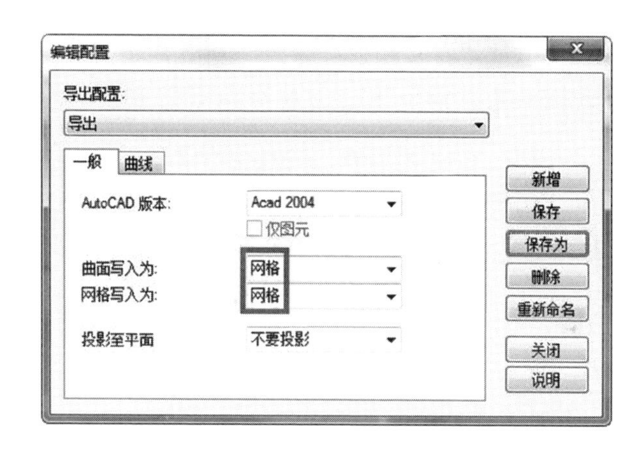

图 5.66　导出配置对话框

(2) 设置导出的网格面的数量。鉴于 doe—2 在计算过程中对模型构件的数量有限制，建议复杂模型在导出过程中将导出的网格数量简化到最少，如图 5.67 所示。

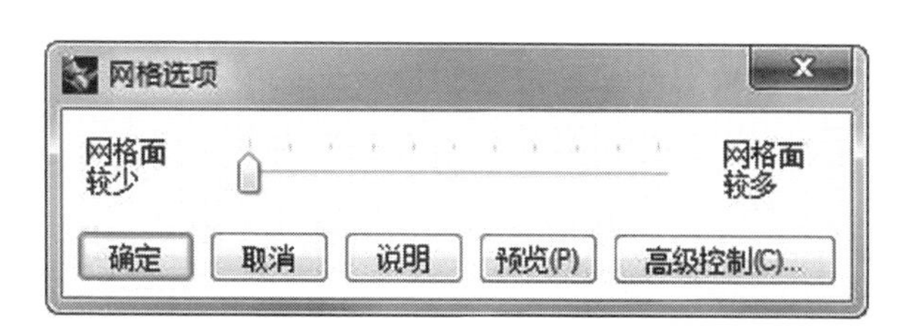

图 5.67　网格选项对话框

2. SEDU **的建模处理**

(1) 在 SEDU 中打开导出的 CAD 文件。

1) 分解对象。选中所有对象，用命令“explode”分解对象，将所有的网格对象分解为三维面。

2) 面片合成。将分解开的三维面进行“面片合成”。若外围护结构有多种构造，则需通过“过滤选择”中的过滤条件将不同构造的面片筛选出来，分别进行“面片合成”。

(2) 边界条件设置。

1) 指定屋顶。通过“定义屋顶”命令将所有组成外围护结构的多面网格指定为屋顶，软件将根据多面网格的倾角自动判定其为屋顶或者外墙。

2) 指定边界。对于模型中的天窗、玻璃幕墙、外墙等透光部分，则可以选中这些部位的多面网格，在属性表（Ctrl+1）中将边界条件设置为“玻璃”，并指定其归属的房间编号。软件自动将外窗构造附于这些构件。

3. **注意事项**

有以下几点需要注意：

(1) 多面网格分解后，每个三角面的法向必须朝外，也就是从外看，三角形的顶点顺序必须是逆时针排列的。

(2) 当多面网格作为建筑物的垂直围护结构时，可在多面网格的位置建 0 高度的普通墙体来辅助生成建筑物的外轮廓线，形成闭合房间。

(3) 当曲面为不透明部件时，多面网格可以指定为屋顶、墙、门等围护结构，程序可以根据三维面片的倾斜度（标准文件 .std 中屋顶墙边界的划分角度）自动判定多面网格对象是属于屋顶、外墙或者挑空楼板。

(4) 当曲面为透明部件时，边界条件必须为玻璃。可以在属性表中将围护结构直接指定为“窗”“玻璃幕墙”，或者将围护结构指定为“屋顶”，边界条件设定为“玻璃”，此时对应的面片计入外窗或天窗面积中。

(5) 如果在属性表中将多面网格的围护结构属性指定为“墙”或“玻

璃幕墙”，还可以设置隔声相关参数。

5.4.3　总图建模

5.4.3.1　设置

1. **工程设置**

屏幕菜单命令：

【设置】→【工程设置】(GCSZ)

在“工程设置”对话框中输入工程的相关信息，如地点、工程名称等（见图5.68）。这些内容将体现在室外噪声模拟报告和室内隔声报告书中。

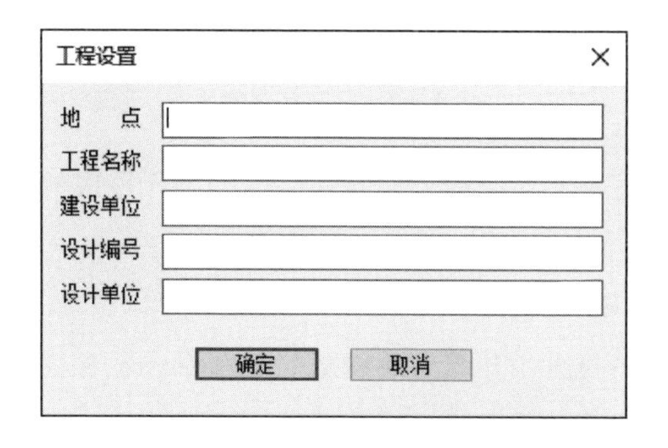

图5.68　工程设置对话框

2. **标准选择**

屏幕菜单命令：

【设置】→【标准选择】(BZXZ)

SEDU可实现国家和地方《绿色建筑评价标准》中对声环境的模拟，并根据不同标准要求进行达标判定。

噪声计算前，可在“标准选择”功能中选择项目选用的标准（见图5.69)。SEDU默认标准为国家标准《绿色建筑评价标准》(GB/T 50378—2019)，点击下拉箭头可根据项目所在地切换其他地方标准。选定标准后，结果达标判定和报告书均以此为依据进行输出。

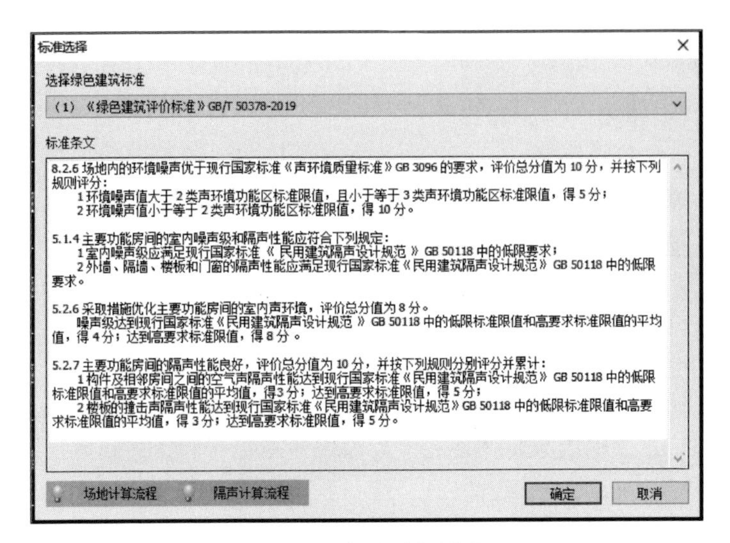

图 5.69 标准选择界面

此处标准确定后，室外噪声计算和室内隔声计算均采用选用标准进行达标判定。

5.4.3.2 基本建模

总图模型基本部分由建筑轮廓构成。总图中应包含场地内建筑物、声源、声屏障等对噪声计算产生影响的因素。

1. **建筑高度**

屏幕菜单命令：

【室外总图】→【建筑高度】(JZGD)

“建筑高度”命令有两个功能：一是给代表建筑物轮廓的闭合 PLINE 赋予一个给定高度和底标高，生成三维的建筑轮廓模型；二是对已有建筑轮廓重新编辑高度和标高。

命令交互和回应：

选择现有的建筑轮廓或闭合多段线或圆：选取图中的建筑物轮廓线。

建筑高度＜24000＞：键入该建筑轮廓模型的高度。

建筑底标高＜0＞：键入该建筑轮廓模型的底部标高。

建筑高度表示的是竖向恒定的拉伸值，如果一个建筑物的高度要分成几部分且高度不一致，应分别赋给高度。圆柱状甚至是悬空的遮挡物，都可以用“建筑高度”命令建立。生成的三维建筑轮廓模型属于平板对象，设计者也可以用建筑设计软件 Arch 的“平板”建模，将其放在规定的图层即可。此外，还可以调用 OPM 特性表设置 PLINE 的标高和高度，并放置到规定的图层上作为建筑轮廓。

2. **建筑命名**

屏幕菜单命令：

【室外总图】→【建筑命名】(JZMM)

一个噪声模型可能由多个建筑轮廓构成，建筑命名将属于同一建筑的部分定义在同一名称下，赋予其唯一的 ID。对建筑进行建筑命名之后，该建筑才会在报告书中参与达标统计，否则不予统计。

建筑名称将在彩图中显示，以便用户查看场地内建筑的噪声情况，快速检索到目标建筑。用户可通过勾选“显示标注”控制建筑、道路名称是否显示（见图 5.70）。

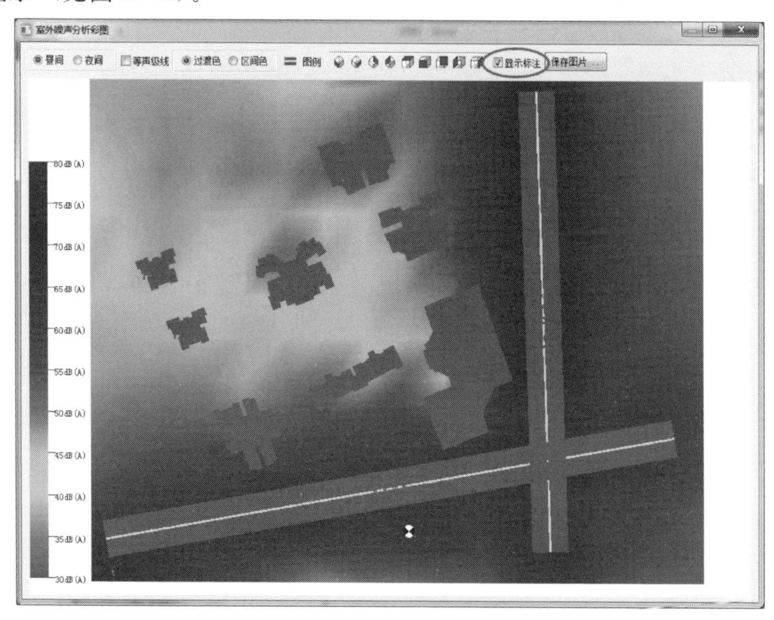

图 5.70　建筑名称显示效果

操作步骤：

第 1 步，点取命令，按系统提示输入建筑名称，如 A1、B2 等。

第 2 步，选择同属于一个建筑物的全部部件，包括建筑轮廓、阳台、屋顶等。

第 3 步，标注建筑名称。

3. **建总图框**

屏幕菜单命令：

【室外总图】→【建总图框】(JZTK)

“建总图框”命令用于创建总图框对象，确定总图的范围以及对齐点。运行命令后，手动选取两个对角点及对齐点，设置内外高差，即可形成总图框。

4. **设红线层**

屏幕菜单命令：

【室外总图】→【设红线层】(SHXC)

《绿色建筑评价标准》(GB/T 50378—2019) 关于场地环境噪声不再考虑建筑所处的声环境功能分区，所以当基于该标准使用 SEDU 进行噪声模拟时，无须绘制声功能区，软件对红线内已命名的建筑进行统计和得分判断。如未绘制建筑红线，则软件默认全部参与计算的已命名建筑参与对标统计。

5. **本体入总**

屏幕菜单命令：

【室外总图】→【本体入总】(BTRZ)

“本体入总”命令用于将单体模型插入总图或在总图区域内更新（见图 5.71)，这样设计者可以在同一张 DWG 工作图内同时拥有单体和总图，以便进行室内外接力计算。

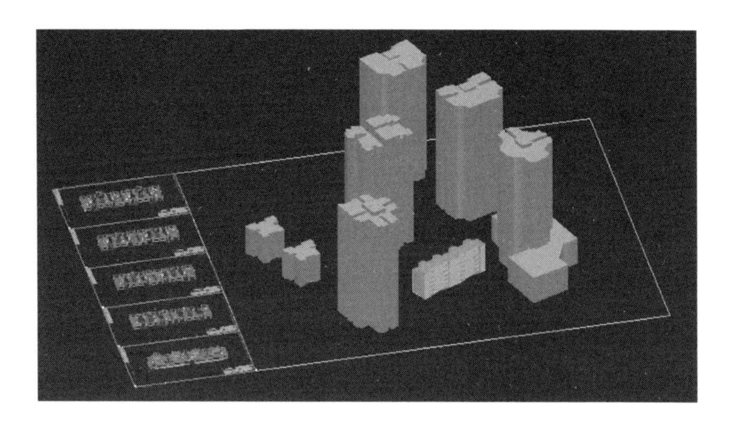

图 5.71 本体入总

6. 提取单体

屏幕菜单命令：

【室外总图】→【提取单体】(TQDT)

该命令把配套的建筑设计软件 ARCH 的模型或节能设计 BECS 的模型提取到本图，作为遮挡物。

操作步骤：

第 1 步，选择配套的 DWG 图（建筑设计图或节能模型）或外部楼层表 dbf 文件。

第 2 步，确认该单体建筑的内外高差，以便正确地落在总图上。

第 3 步，点取插入位置和转角，默认的基点是单体建筑的对齐点。

7. 单体链接

屏幕菜单命令：

【室外总图】→【单体链接】(DTLJ)

用“单体链接”功能将工程中每一个单体建筑链接进总图模型中，各单体共用一个总图模型即可，避免了在大规模项目中多次修改总图、多次计算的麻烦。

使用单体链接的模型可实现室外室内接力计算，在总图计算完场地噪声后，打开单体图即可读取该单体建筑的边界噪声。对于建筑体量较大的项目，单体链接功能可以大大提高工作效率。

提示：单体和总图模型存放在同一文件夹下。

操作步骤：

第 1 步，点击“单体链接”命令，如图 5.72 所示，选择总图中需要链接的单体模型。

第 2 步，对单体进行命名、对单体在总图中的角度进行确认。

第 3 步，在图中点取相应位置确定建筑位置。

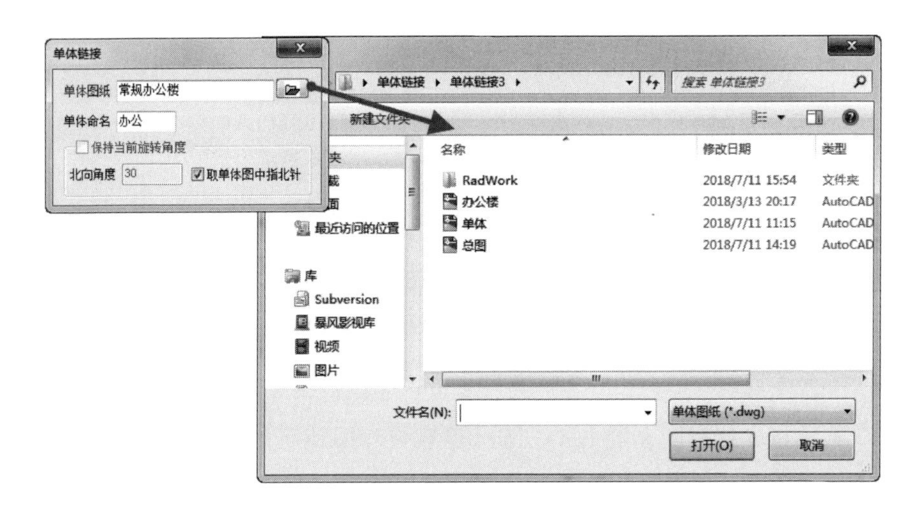

图 5.72　单体链接界面

单体链接总图效果如图 5.73 所示。

8. 修改链接

屏幕菜单命令：

【室外总图】→【修改链接】(XGLJ)

“修改链接”功能为单体链接辅助功能，为用户修改单体信息提供了方便。点击“修改链接”命令，选择需要修改的单体建筑轮廓，将弹出“单体链接”设置界面，可在此界面对单体位置、名称、朝向等进行修改，还可以修改引用的单体模型。

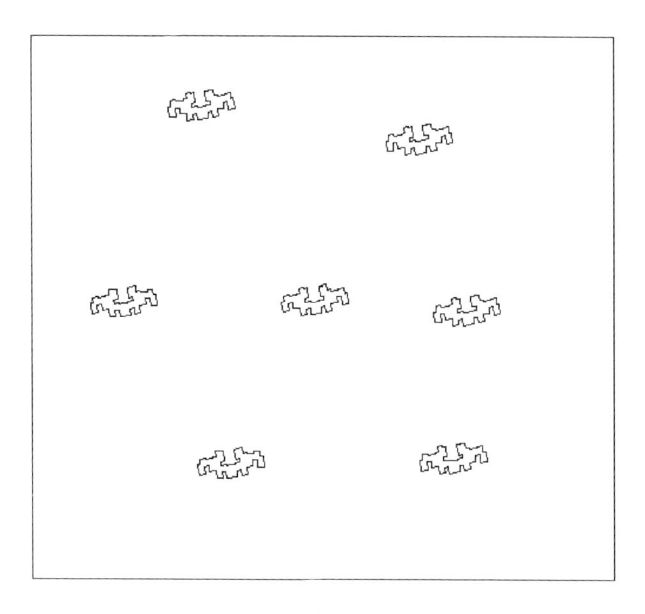

图 5.73 单体链接总图效果

9. **更新链接**

屏幕菜单命令：

【室外总图】→【更新链接】(GXLJ)

单体如有修改，总图重新打开软件会自动提示更新单体信息。若在总图开启状态下修改单体，在单体修改完成后，点击“更新链接”完成单体更新即可（见图 5.74）。可通过模型观察确认单体是否更新成功。

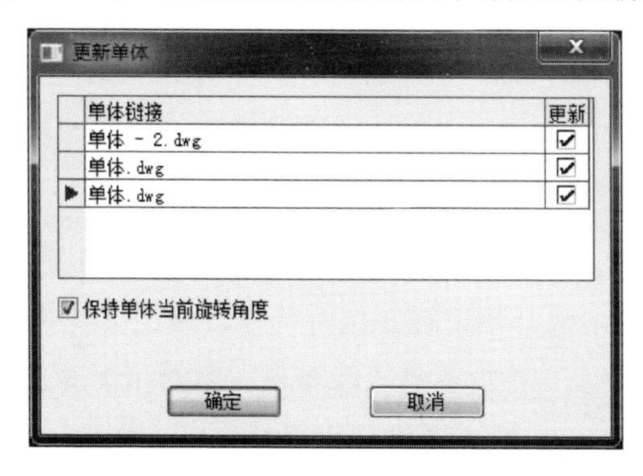

图 5.74 更新链接界面

5.4.3.3 声源设置

1. 公路声源

屏幕菜单命令：

【室外总图】→【公路声源】(GLSY)

“公路声源”命令可用于公路、城市道路等的噪声评价。场地环境的变化会对噪声产生影响，如道路车流量的变化。公路声源包括公路参数和源强设置两部分内容，设置参数后即可在图中绘制。

(1) 公路参数。公路参数包括路面类型、道路总宽、车道数、中央隔离带宽、车道宽五个参数，如图 5.75 所示。

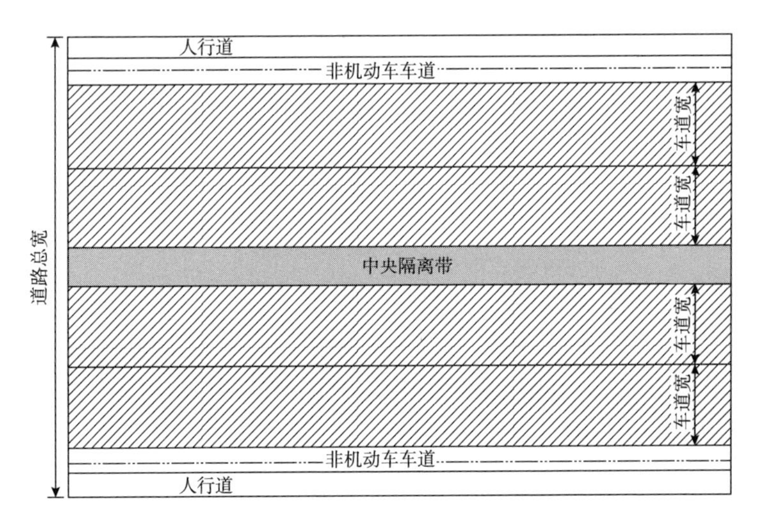

图 5.75 公路参数示意

(2) 公路源强。通过昼夜的车流参数确定公路声源源强，还可以通过测声点数据获得公路声源源强。

1) 车流参数。SEDU 依据《环境影响评价技术导则 声环境》(HJ 2.4—2009) 对车型的分类，将车辆分为小、中、大三种车型，分别设定预测车流量，从而确定公路声源车流情况。SEDU 依据车流量信息估算出每一个车道 7.5 m 处平均 A 声级的值，便于查看公路声源的噪声值情况。

SEDU 提供公路车流量的参考数据，不同公路等级、不同城市的道路车流量信息。点击“公路声源”界面的 参考值 （见图 5.76），选定参考道路后，相应的路面类型、车道数、设计车速、车流量数据自动匹配到该道路。

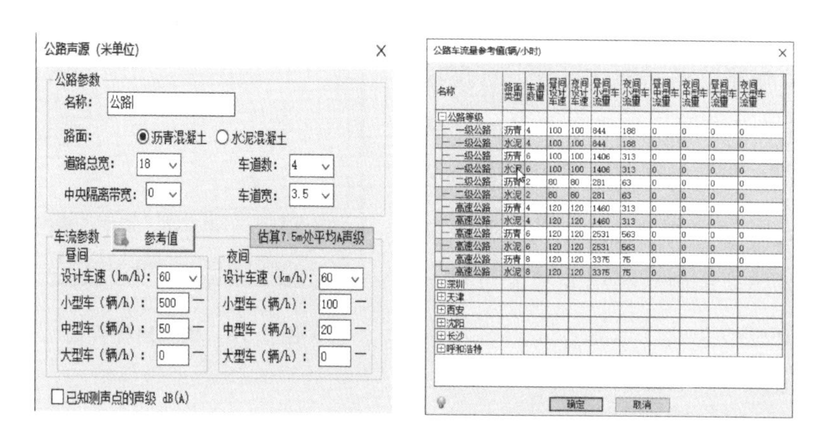

图 5.76 公路声源设置——根据车流量计算

2）根据测声点，确定公路源强。当车流量信息难以获取时，可在道路两侧某点进行实测，在软件中输入该测声点位置和测得的噪声值大小即可，软件会根据道路两侧测声点数值推算出公路声源的源强，如图 5.77 所示。

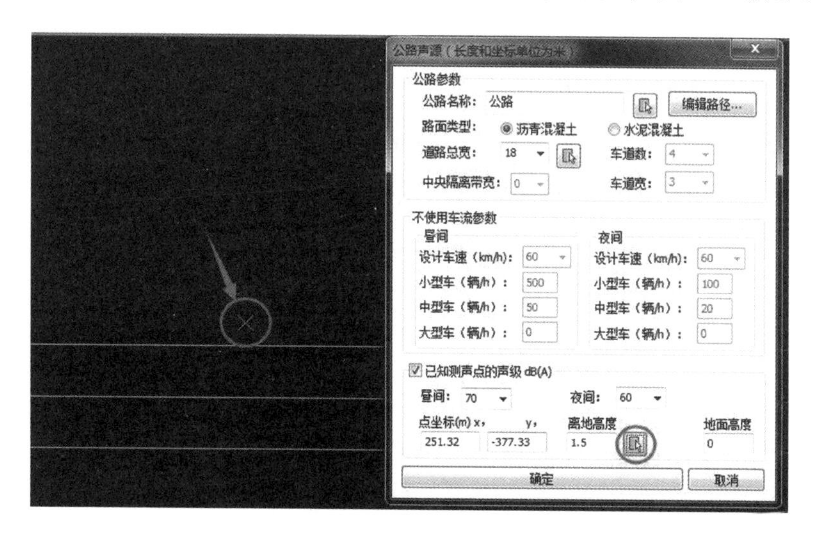

图 5.77 利用已知测声点的声级设置公路声源

3）公路路径编辑。当公路节点有不同的高度时，可双击道路调出公路设置界面，利用“编辑路径”功能对全部节点进行高度设置。软件支持手动输入标高、增删节点、统一高度、首尾插值（根据道路首尾高度自动插值）等功能（见图 5.78）。此外，也可以在相应公路特性表（Ctrl+1）中逐个修改节点高度来确定路面标高。利用此功能对每一个道路节点高度进行设置，完美支持高架桥等道路情况的建模。

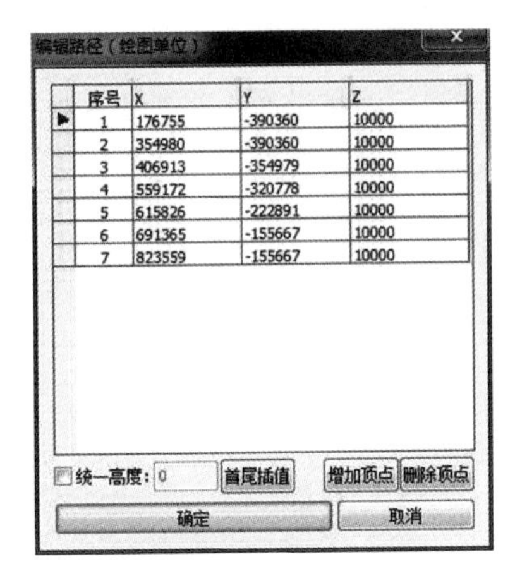

图 5.78　编辑路径界面

提示： 道路命名后，彩图中可以显示道路名称，效果见图 5.70。

2. **轨道声源**

屏幕菜单命令：

【室外总图】→【轨道声源】（GDSY）

《声环境质量标准》（GB 3096—2008）对轨道交通周围的建筑噪声做出了要求。通过“轨道声源”功能，可设定轨道名称、昼夜间车辆参数，以用于城市轨道、铁路等噪声的模拟评价。如图 5.79 所示，可根据实际情况对参数进行手动输入，以确保模拟结果的准确性。

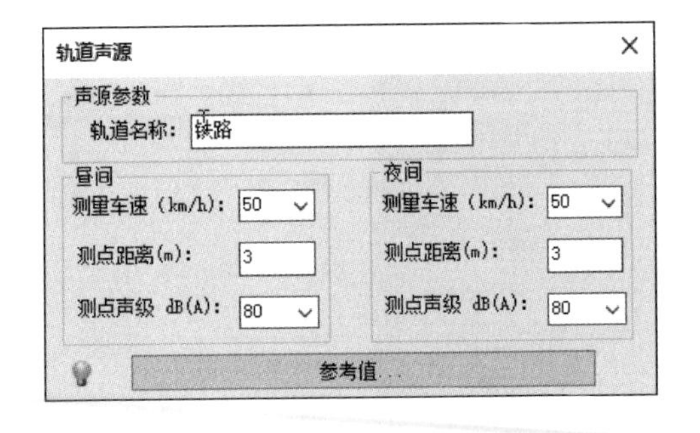

图 5.79　轨道声源设置对话框

（1）运行车速。列车的运行车速，km/h。

（2）测点距离。在测量列车声级时，测点距离列车的距离，m。

（3）测量车速。在测量列车声级时，列车实际运行速度，km/h。

3. **桥梁**

屏幕菜单命令：

【室外总图】→【桥梁】（QL）

城市中的高架桥梁会对距离道路较近的建筑物有一定影响。SEDU 增加了桥梁绘制功能，提供了两种快速绘制桥梁的方法：

（1）手动绘制桥梁。手动绘制桥梁的方法与公路声源相同。点击“桥梁”命令，按照命令行提示输入桥梁宽度、桥梁高度后，直接在 DWG 图上绘制即可。

（2）根据已有公路声源一键生成。在已经建好公路声源的情况下，只需按照提示点击道路即可自动生成桥梁，桥梁节点处标高与公路节点标高一致，桥梁宽度默认每侧向外延伸 1 m。

绘制好的桥梁效果图如图 5.80 所示。

图 5.80 桥梁效果图

桥梁绘制完毕后，可双击 DWG 图中桥梁基线对宽度和顶点高度进行编辑或修改，如图 5.81 所示。

桥梁作为水平声屏障，能够有效降低道路两侧较近范围内的噪声值。选中桥梁自动沿着桥梁两侧生成声屏障，声屏障底标高与桥梁一致。桥墩无任何实际计算意义，只是形象表现桥梁，不会起到噪声屏障作用。

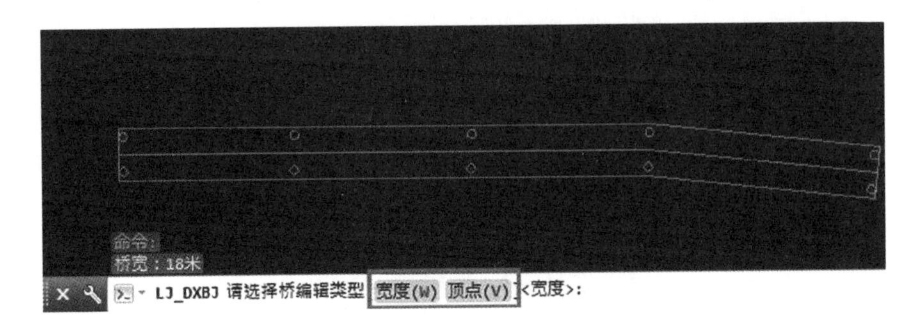

图 5.81　桥梁宽度、顶点修改

4. **交叉路口**

屏幕菜单命令：

【室外总图】→【交叉路口】(JCLK)

当两条公路在平面形成交叉时，需要考虑交叉路口对场地噪声的影响，因为交叉路口处车辆加速、减速会使得周围噪声值有所增加。“交叉路口”功能操作简单，只需要在 DWG 图中绘制出交叉路口的范围即可，可通过属性表修改交叉路口标高。交叉路口在彩图中暂无显示，在 DWG 图中可以看到其范围，如图 5.82 所示。

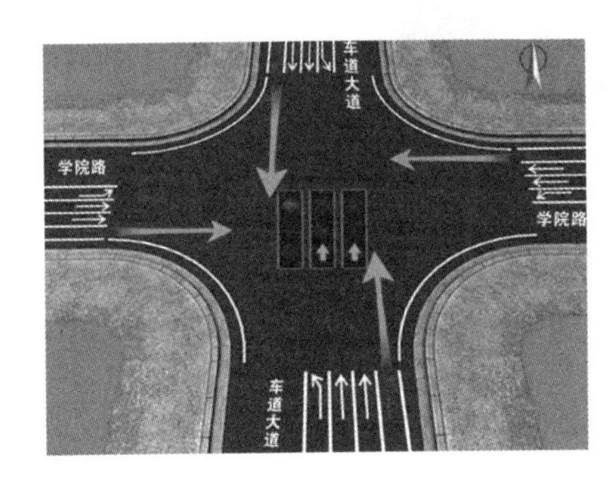

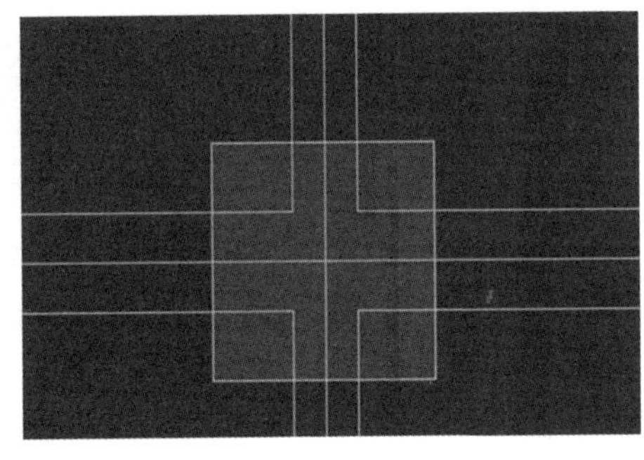

图 5.82　交叉路口

提示：当只有两条公路平面交叉时，才应设置交叉路口；立面交叉不能设置为交叉路口，例如，立交桥存在立面交叉的位置，不得认定为交叉路口，如图 5.83 所示。

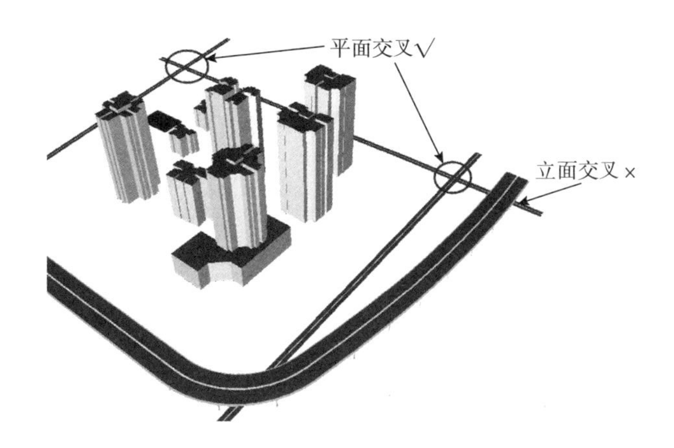

图 5.83　交叉路口判定方法

5. **点声源**

屏幕菜单命令：

【室外总图】→【点声源】(DSY)

任何形状的声源，只要声波波长远远大于声源几何尺寸，该声源可视为点声源。在声环境影响评价中，当声源中心到预测点之间的距离超过声源最大几何尺寸 2 倍时，可将该声源近似为点声源。点声源仅有明确位置而无范围，传播距离比声波小、指向性不强，“点声源”设置工具为室外发声设备提供了建模途径，如图 5.84 所示。

点声源的设置有两种方法：

(1) 当已知声源的声功率级时，可直接对昼夜间声源声功率级进行设置。

(2) 当不能确定声源的声功率级，而距测声点一定距离位置的声源声功率级可测时，可利用测声点的声级来定义点声源。测声点距离指测声点距离声源的距离。

上述软件提供了一些参照数据，设计者可根据实际情况选择点声源类型。

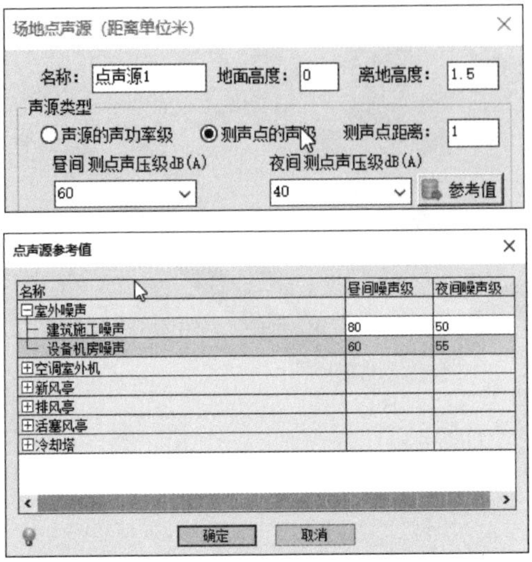

图 5.84　点声源设置对话框

6. **线声源**

屏幕菜单命令：

【室外总图】→【线声源】（XSY）

当进行远场分析时，可将火车噪声、公路上大量机动车辆行驶的噪声或者输送管道辐射的噪声等看作由许多点声源组成的线声源。线声源可以闭合。设计者可通过手动绘制或选择基线方式绘制线声源位置。线声源源强设置可直接输入声源的声功率级，还可以通过已知测声点的声功率级来定义（见图 5.85）。

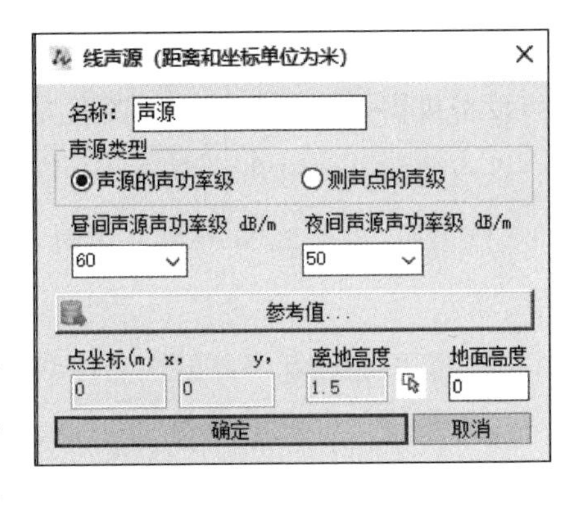

图 5.85　线声源设置对话框

7. **面声源**

屏幕菜单命令：

【室外总图】→【水平面源】（SPMY）

【室外总图】→【垂向面源】(CXMY)

面声源是以平面波形式辐射声波的声源，其辐射生波的声压幅值不随传播距离改变（不考虑大气吸收）。面声源一般只在比模拟区域大时才使用，环境绿建模拟中很少用面声源，多见于工业项目。面声源分水平面声源和垂向面声源两种类型。

(1) 水平面声源可用于模拟停车场或工业中常见的噪声源。点击“水平面源”命令，在图中绘制或选取闭合 PLINE 线，设置面声源离地高度，确定水平面声源的位置和区域，如图 5.86 所示。

水平面声源的源强有两种设置方式：

1) 输入声源的声功率级。

2) 设置已知测声点的声功率级并确定测声点位置，软件根据测声点数据确定面声源源强。

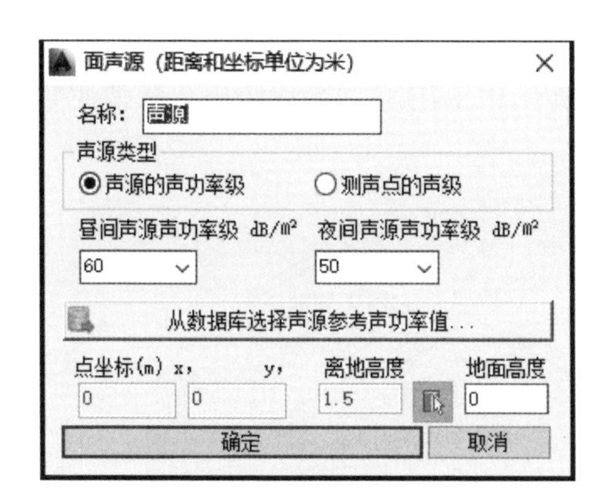

图 5.86　面声源设置对话框

(2) 垂向面声源可用于模拟设备厂房的外墙发声，常见于工业项目。输入垂向面声源的高度和底标高后，可手动绘制或选择基线生成一个垂向面声源。垂向面声源的源强设置方式与“水平面源”的设置方式一致。

垂向面声源的底标高即底边距离地面的高度。

提示： SEDU 暂不支持倾斜的面声源。

5.4.3.4 障碍物

在声的传播过程中，建筑物、围墙、树木、山坡等均能对噪声传播造成影响，在一定程度上削减噪声能量。

1. **绿化林带**

屏幕菜单命令：

【室外总图】→【绿化带】(LHD)

绿化林带使声波衰减，有降噪的作用。《环境影响评价技术导则 声环境》(HJ 2.4—2009) 中对绿化林带的噪声衰减做了详细的描述。"绿化带"命令使得闭合 PLINE 线生成绿化林带。

命令交互和回应：

请选择绿化带轮廓线：选取图中表示绿化带的闭合 PLINE 线。

绿化带高度<15000>：键入该绿化带模型的高度。

绿化带底标高<0>：键入该绿化带模型的底部标高。

命令结束后，闭合 PLINE 线即生成为绿化林带如图 5.87 所示。

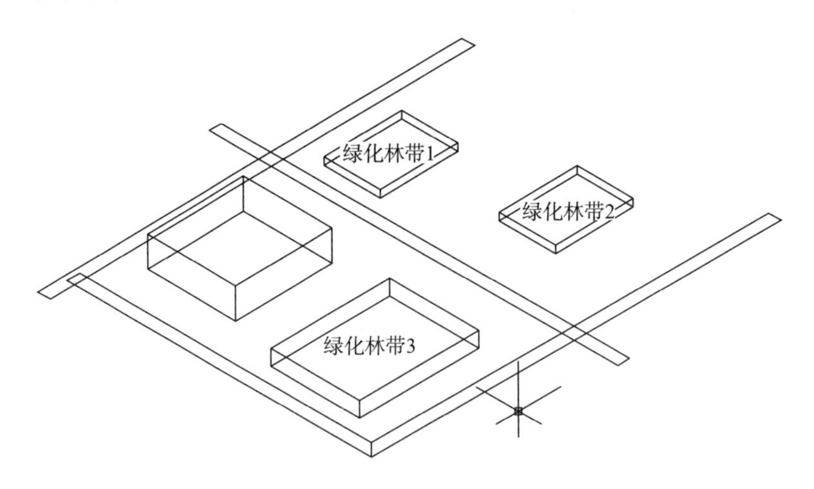

图 5.87 绿化林带效果图

2. **声屏障**

屏幕菜单命令：

【室外总图】→【声屏障】(SPZ)

声屏障是位于声源和预测点之间的实体障碍物，如围墙、建筑物、土坡或地堑等，能够引起声能量的较大衰减。在环境影响评价中，可将各种形式的屏障简化为具有一定高度的薄屏障。一般声屏障越高，降噪效果就越好。例如，公路、高速公路、高架复合道路常常利用吸隔声屏板来实现噪声的降低。

操作步骤：

第 1 步，点击“声屏障”命令，根据命令行提示依次输入声屏障的高度、底标高。

第 2 步，绘制声屏障。可直接在图中绘制声屏障，或点选图中已有 PLINE 线生成声屏障。

3. **遮挡反射**

屏幕菜单命令：

【室外总图】→【遮挡反射】(ZDFS)

为了降低噪声，常在噪声传播途径上增设吸声、隔声屏障等措施。“遮挡反射”命令用于批量设置障碍物、声屏障等对象的噪声反射属性。设计者可根据需要，选择是否考虑噪声反射（见图 5.88）。SEDU 中可以通过反射体吸声量和平均吸声系数这两种形式来体现噪声反射。

吸声系数是被吸收的声能与入射声能之比，表示单位面积吸声量。

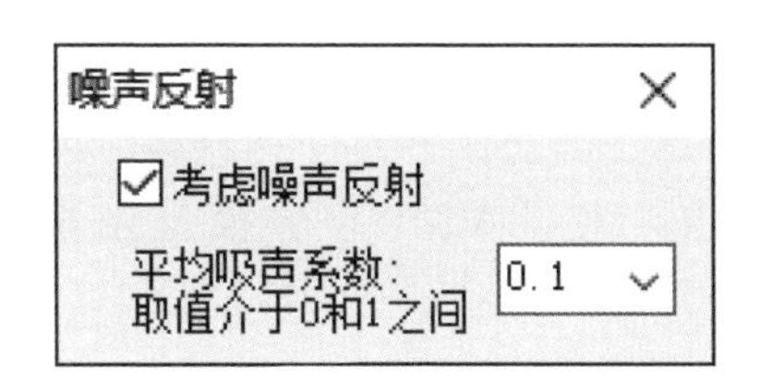

图 5.88 噪声反射设置对话框

5.4.3.5 离散点

屏幕菜单命令：

【室外总图】→【离散点】(LSD)

离散点在 SEDU 中可以体现两种作用：

(1) 预测图中某点的噪声值。该离散点是一个受声点。

(2) 在扩建项目中，在周边背景环境产生噪声的情况下，设置该点的背景噪声以提供该点对计算区域噪声值的影响。此时，该离散点既是一个受声点，还可以作为一个声源点输入背景噪声值。

在图中点取一点作为离散点，然后在对话框中输入名称、高度等参数即可。噪声计算完成后，双击离散点可显示该离散点处声压值数据（见图 5.89）。

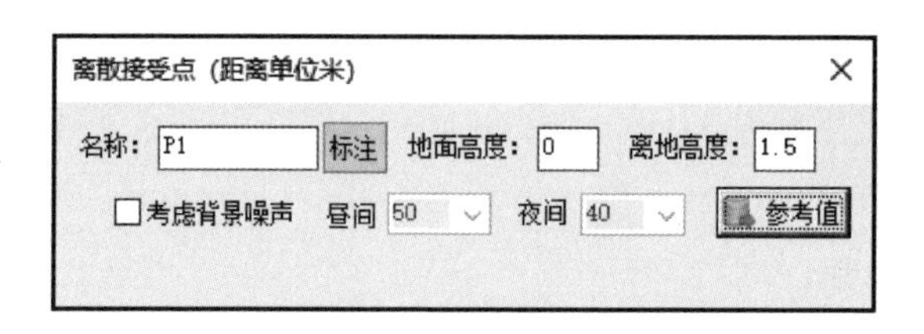

图 5.89　离散点对话框

5.4.3.6　背景噪声

屏幕菜单命令：

【室外总图】→【背景噪声】(BJZS)

“背景噪声”功能需要结合离散点一起使用。若已知场地内自身背景噪声，想对比其他声源对场地噪声的影响，可在设置离散点时，勾选“考虑背景噪声”，并设置背景噪声值。

噪声计算前，点击“背景噪声”，界面显示离散点设置情况［见图 5.90 (a)］。

噪声计算结束后，点击“背景噪声”，界面显示离散点处噪声结果［见图 5.90 (b)］。叠加值代表背景噪声与图中其他声源共同作用下的噪声值。

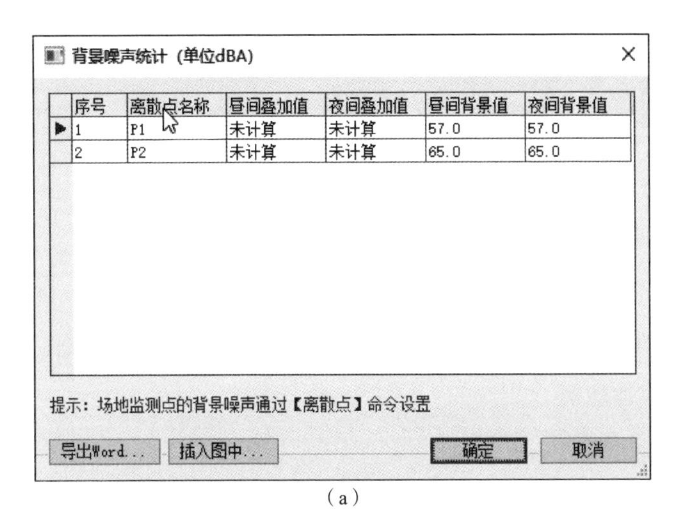

(a)

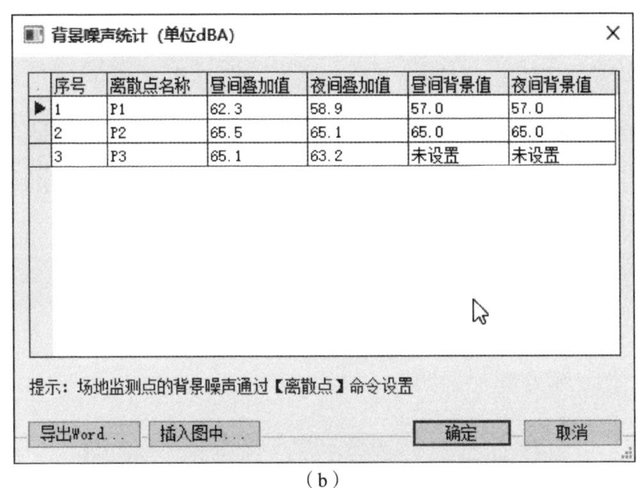

(b)

图 5.90 背景噪声界面

5.4.3.7 垂向网格

屏幕菜单命令：

【室外总图】→【垂向网格】(CXWG)

在噪声预测中，有时需要预测某一场地内的噪声分布情况，使用“垂向网格”功能，可根据需求在特定区域形成一个垂面。垂面网格间距可自定义（见图 5.91），便于设计者对某一垂向剖面噪声情况进行分析。

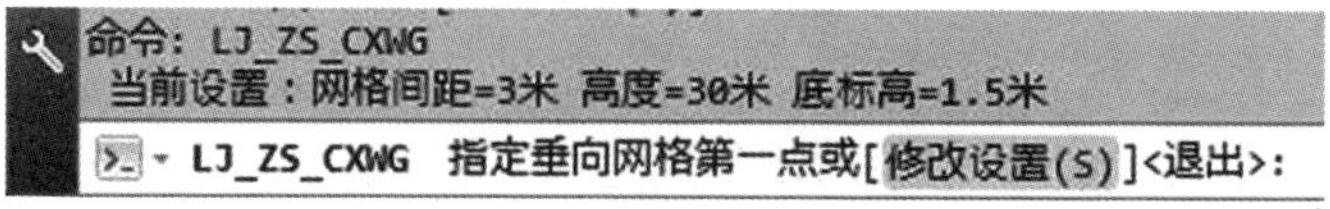

命令：LJ_ZS_CXWG
当前设置：网格间距=3米 高度=30米 底标高=1.5米
LJ_ZS_CXWG 指定垂向网格第一点或[修改设置(S)]<退出>:

图 5.91 垂向网格

点击“垂向网格”命令，在 DWG 图中绘制垂向网格位置，垂向网格尺寸默认设置为网格间距 3 m、高度 30 m、底标高 1.5 m，可根据命令行提示对默认值进行修改，以便得出满足设计需求的网格面数据。

5.4.3.8 声功能区

屏幕菜单命令：

【室外噪声】→【声功能区】(SGNQ)

建设项目所处的声环境功能区是确定声环境影响评价标准的因素之一。《声环境质量标准》(GB 3096—2008) 中根据区域的使用功能特点和环境质量要求，将声环境功能区分为五种。每种声环境功能区的噪声等效声级限值不同，所以在进行室外噪声计算时，要对不同区域进行声环境功能区划分，使其与该区域类型的噪声要求进行对比。

操作步骤：

第 1 步，点击“声功能区”，在“声功能区”对话框中输入名称，根据实际要求选定区域类型（见图 5.92）。

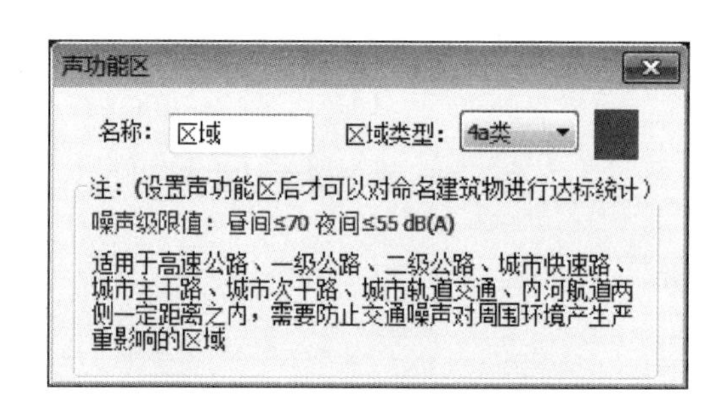

图 5.92 “声功能区”设置对话框

第 2 步，绘制声功能区范围，可直接在图中绘制一个区域，亦可点选图中已有闭合线段生成声功能区。

当基于《绿色建筑评价标准》(GB/T 50378—2019)进行噪声模拟时，无须绘制声功能区。此功能适用于《绿色建筑评价标准》(GB/T 50378—2014)以及对声功能区有要求的标准。

5.4.4 室外噪声

5.4.4.1 设置管理

1. **计算设置**

屏幕菜单命令：

【室外噪声】→【计算设置】(JSSZ)

“噪声计算全局设置”用于设置噪声计算条件和参数(见图 5.93)，用户可根据项目情况调整网格间距、反射次数。一般情况下，此界面的参数取默认值即可。

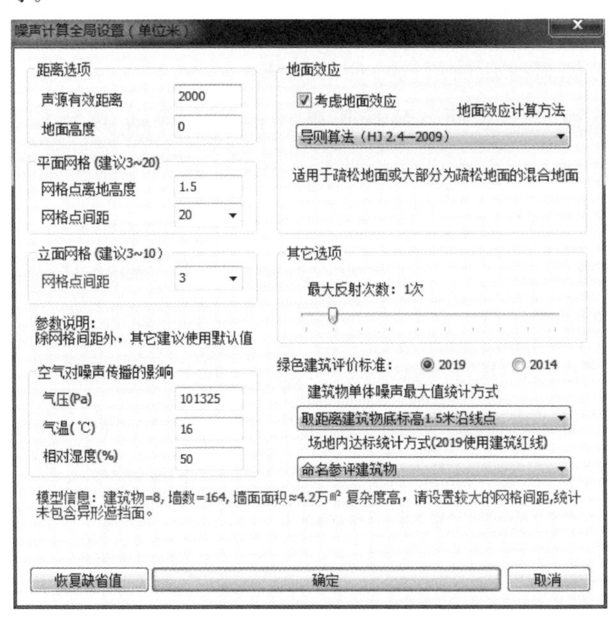

图 5.93 “噪声计算全局设置”对话框

（1）距离选项。

1）声源有效距离即声源最大的作用范围，声源距离影响到的受声点最大距离（m），超过这个距离的声源，噪声计算将不再考虑。

2）地面高度即地面标高，建议取整个分析区域最低点值，不宜使用负值。

提示：建筑物底标高不应低于地面高度。

（2）网格设置。

1）平面网格。

a. 网格点间距：用于设置水平网格大小。间距越小，计算时间越长。

b. 网格点离地面高度：保持默认即可。

2）立面网格。

网格点间距：用于设置建筑立面网格尺寸的大小。

（3）空气对噪声传播的影响。声音的传播需要介质，空气作为噪声传播的介质，对噪声的传播产生影响。年平均气压、年平均温度、年平均相对湿度都是对项目所在地空气环境的描述。

（4）地面效应。根据《环境影响评价技术导则 声环境》（HJ 2.4—2009）中对地面效应衰减部分的要求，SEDU 提供了两种地面吸收的计算方法：

1）导则算法（HJ 2.4—2009）：疏松地面或大部分为疏松地面的混合地面采用导则算法即可。

2）国标算法（GB/T 17247.2—1998）：使用国标算法时，要根据地面情况设置地面因子（取值为 0～1）。《声学 户外声传播的衰减 第 2 部分：一般计算方法》（GB/T 17247.2—1998）中将地面分为三类，不同地面的地面因子对应不同取值（见图 5.94 和表 5.1）。

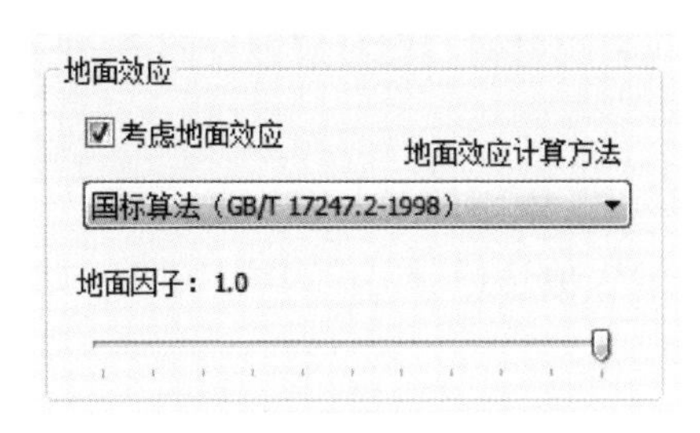

图 5.94 国标算法界面

表 5.1 不同地面类型描述

地面类型	地面描述	地面因子
坚实地面	铺筑过的路面、水、冰、混凝土及其他低疏松的地面，例如夯实的地面	0
疏松地面	被草、树或其他植物覆盖的地面，以及其他适合于植物生长的地面，例如农田	1
混合地面	上述两种地面的组合地面	疏松地面所占的比例

提示：疏松地面或大部分为疏松地面的混合地面优先采用导则算法，其他情况参照《声学 户外声传播的衰减 第 2 部分：一般计算方法》(GB/T 17247.2—1998) 的要求按国标算法计算。

(5) 反射次数。当存在多个反射面时，可设置计算反射贡献的最大反射次数，取值从 0～9，一般默认为 1 次。

(6) 达标统计方式。噪声结果达标统计方式分为两种（见图 5.95）：

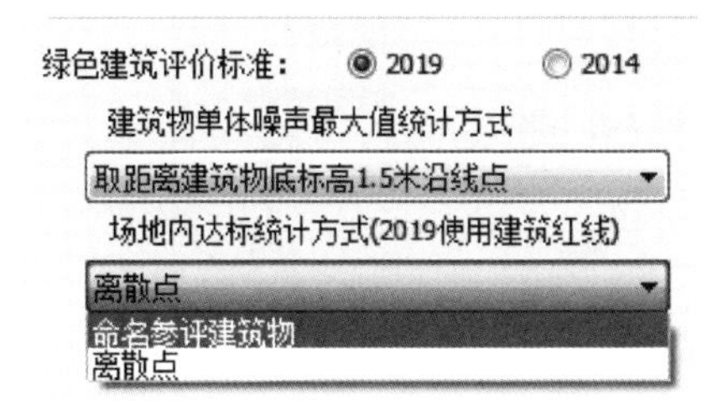

图 5.95 声功能区达标方式选择

1）根据参评建筑达标情况判断：所有参评建筑全部达标才认定为项目达标。

2）根据离散点最大值达标情况判断：此方式以场地为目标，统计离散点最大值，判定其最大值达标情况作为项目达标的依据。

2. **显示设置**

屏幕菜单命令：

【室外噪声】→【显示设置】（XSSZ）

"显示设置"功能控制了噪声计算结果的显示内容和效果（见图5.96），在计算前后均可使用。

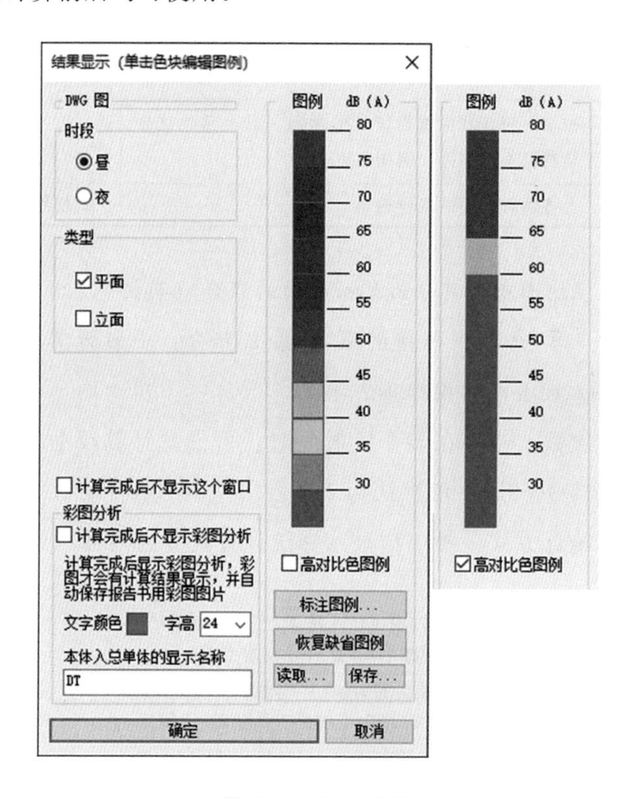

图 5.96　显示设置

（1）可以控制 DWG 图显示效果，如平面、立面网格点数据的显示。

（2）可以控制噪声彩图的显示效果，本体入总单体名称默认为"DT"，设计者可自行调整名称和字体大小。

(3) 可以自定义图例，点击图例中的色块即可修改。高对比色图例中的三种颜色与2类、3类声功能区限制相关，直接体现噪声结果达标情况。

5.4.4.2 噪声计算

1. 室外噪声计算

屏幕菜单命令：

【室外噪声】→【噪声计算】(ZSJS)

通过“噪声计算”命令得出计算区域内的昼夜噪声值，并在结果图中显示建筑昼夜噪声最大值。

选择“噪声计算”，根据命令行提示选出参与噪声计算的区域（见图5.97)。计算区域确定后，可在室外噪声计算对话框中检查模型信息、计算参数，进行多核计算。

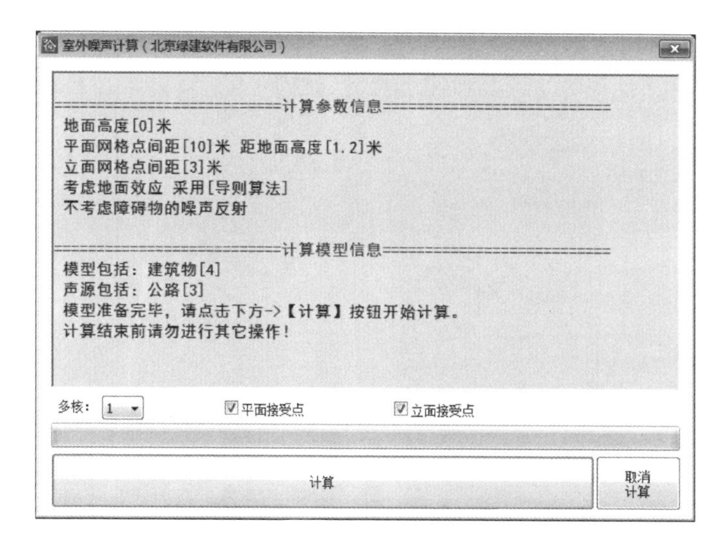

图5.97 室外噪声计算界面

计算区域内显示噪声计算结果，区域外的可见建筑物参与计算，但不显示计算结果。总图框范围内的模型参与计算。

室外噪声计算结果如图5.98所示。

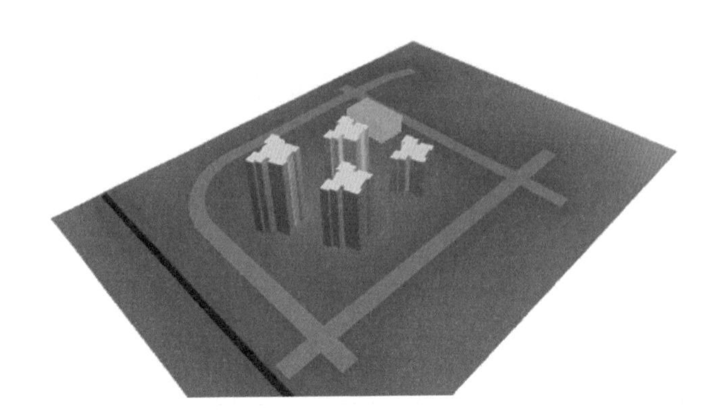

图 5.98　室外噪声计算彩图

关闭分析彩图后，DWG 图上呈现出平面网格数据，如图 5.99 所示。

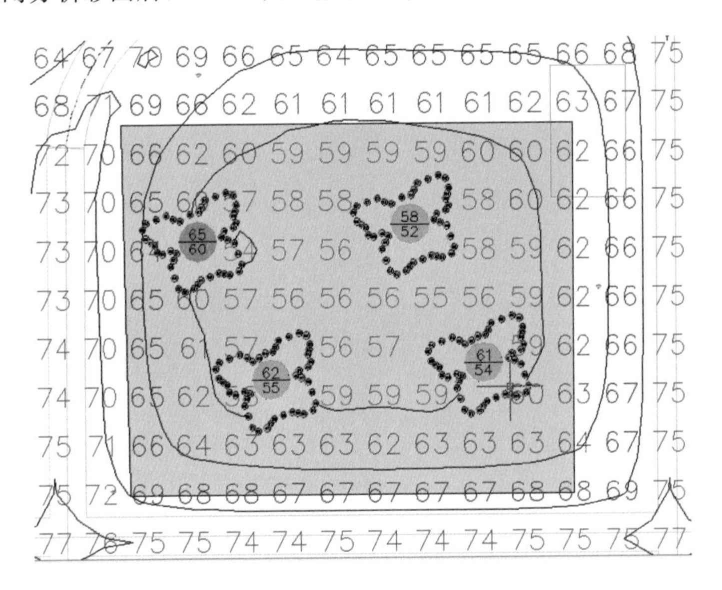

图 5.99　室外噪声计算平面网格数据

在 DWG 分析结果图中可以看到平面网格节点数据及等值线。建筑物中央的圆圈内显示了该建筑轮廓线上计算的昼夜噪声极值，上部数值为昼间噪声最大值，下部数值为夜间噪声最大值。

SEDU 支持异形模型的噪声计算，对于扭转、挑空的建筑，可进行噪声计算并同时呈现完美的噪声彩图（见图 5.100）；对于复杂的异形模型，SEDU 支持其在总图中参与噪声计算。此外，SEDU 对建筑的细节进行更为全面的考虑，例如体现屋顶形状对噪声的影响。

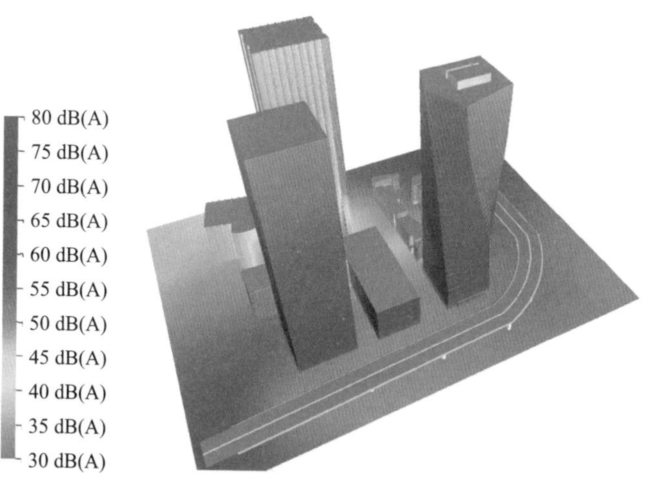

图 5.100　异形建筑室外噪声计算彩图

提示： 当单体为复杂异型模型时，暂不支持接力计算。

2. **报告输出**

屏幕菜单命令：

【室外噪声】→【噪声报告】（ZSBG）

“噪声报告”命令将会导出用户所需的“室外噪声分析报告”，报告中清晰地给出项目概况、评价标准、模拟方法、结果分析以及绿建标准要求的评价内容。

5.4.4.3 辅助功能

1. **绘制图例**

屏幕菜单命令：

【室外噪声】→【绘制图例】（HZTL）

利用“绘制图例”功能可在 DWG 图上一键生成图例，便于结果查看与分析。

点击“绘制图例”功能，根据命令行提示选择输出声功能区或声压值图例，选定图中适当位置即可绘制出相应图例（见图 5.101）。

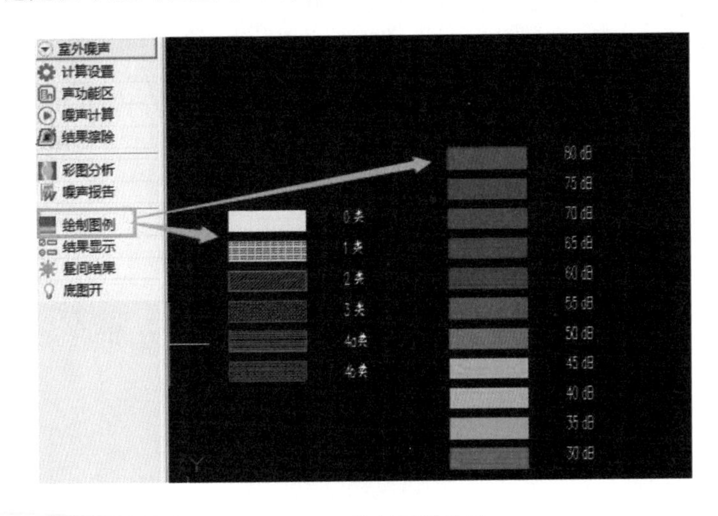

图 5.101　绘制图例效果

2. **彩图分析**

屏幕菜单命令：

【室外噪声】→【彩图分析】(CTFX)

噪声计算完毕软件会自动弹出噪声彩图，彩图关闭后若想再次查看，可点击“彩图分析”命令再次打开。

5.4.5　室内隔声

5.4.5.1　设置管理

1. **文件组织**

SEDU 要求将一个项目即一幢建筑物的图纸文件统一置于一个文件夹下，因此，要特别注意，请勿把不同工程的文件放在一个文件夹下。除设计者的 DWG 文件，软件本身还要产生一些辅助文件，包括工程设置 wss 文件，请不要删除工程文件夹下的文件。备份的时候需要把这个文件和 DWG 文件一起备份。

2. **标准选择**

屏幕菜单命令：

【设置】→【标准选择】(BZXZ)

“标准选择”功能用于选择室内隔声计算判定标准以及标准要求内容查看。

3. **隔声公式**

屏幕菜单命令：

【室内隔声】→【隔声公式】(GSGS)

在进行墙板隔声量计算时，有大量经验公式可作为依据。“隔声公式”功能为用户提供了公式选择的自由，SEDU 提供了常见的 10 种计算公式，同时提供自定义功能（见图 5.102)，设计者可根据自身需求进行公式设定。在进行隔声量计算时，SEDU 会使用设定好的公式进行计算。

4. **边界条件设置**

边界条件设置是室外噪声源对建筑整体的影响设置，通常将最不利的

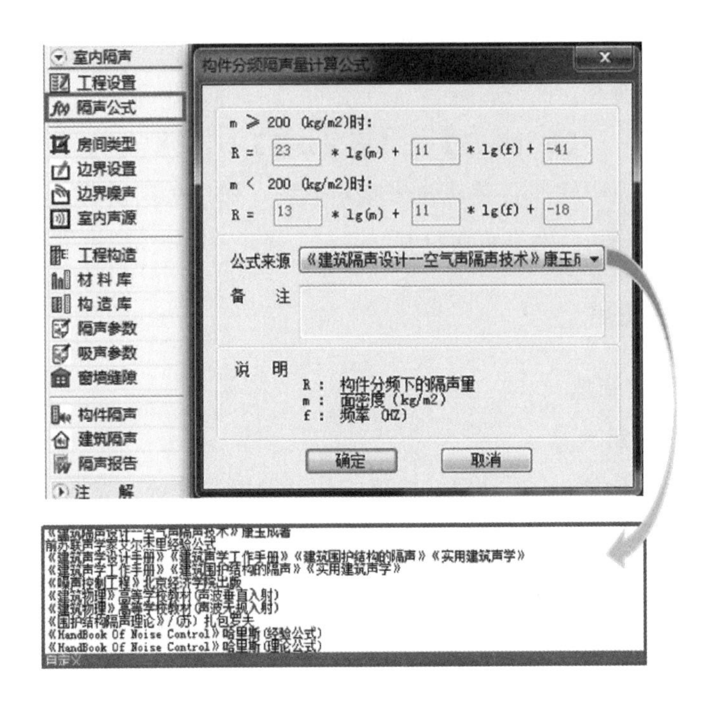

图 5.102　隔声公式对话框

噪声级均匀地赋予所有外围护结构。当计算要求较高时，需要对该围护结构受到的室外噪声进行局部设置。

（1）门窗设置。通过属性表对门窗进行单独设置（见图 5.103）。

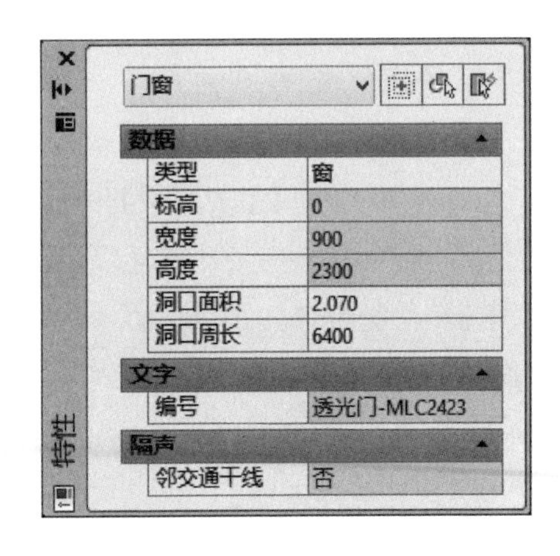

图 5.103　门窗设置

1）外窗。需要设置其是否与交通干线相邻，与交通干线相邻的窗隔声量评价限值与普通外窗要求不同。

2）门。

a. 未封闭阳台的门：其局部设置的效果与外窗等同。

b. 封闭阳台的门：标准中此类门为普通门，其隔声量限值低于外门窗。

（2）外墙设置。外墙边界的边界条件设置需重点关注边界噪声的情况。

5. **边界噪声**

屏幕菜单命令：

【室内隔声】→【边界噪声】（BJZS）

边界噪声的设置可分为整体设置、局部设置、自动提取室外噪声数据三种。

完成了室外噪声模拟的项目可自动提取室外噪声数据，点击“边界噪声”后选择“查询”即可浏览每个房间、每个外墙对应的边界噪声。

室外噪声计算时可用本体入总和单体链接两种方式，在提取边界噪声时分别对应以下两种方法（见图 5.104）。

（1）使用本体入总：室外噪声模拟得到的噪声值可直接点击“边界噪声”命令，边界噪声值可被自动提取到边界参与隔声计算。

（2）使用单体链接功能：室外噪声计算完成后，打开单体图，软件自动完成边界噪声提取。若一个单体模型在总图中对应多处位置，可根据窗口提示选择相应建筑的边界值。

提示：只有在进行室外噪声计算之后，才能使用此功能。

未进行室外噪声模拟的项目，可点击“边界噪声”通过“全局默认值”“局部设置”对外墙的边界噪声进行设置（见图 5.105）。

“全局默认值”：全部外墙均采用此默认值作为边界噪声进行室内噪声级计算。

图 5.104　边界噪声对话框

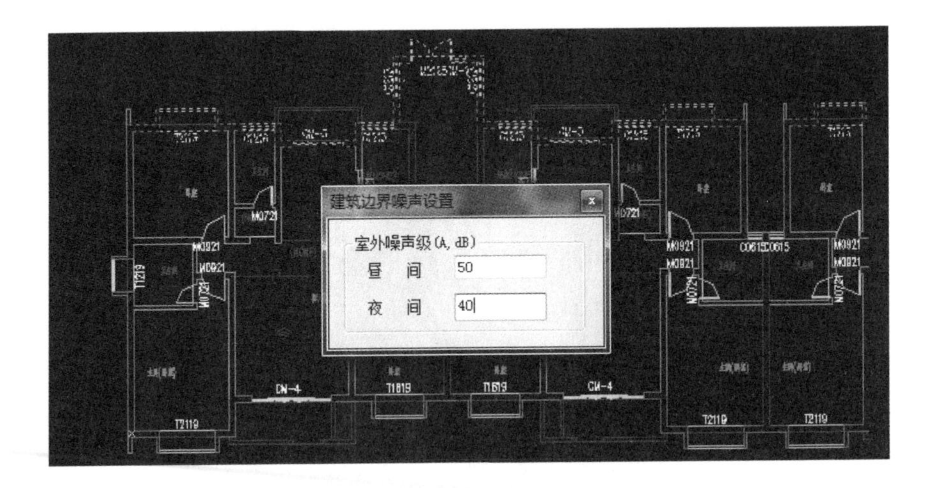

图 5.105　外墙噪声设置

"局部设置"：临近交通干线一侧的外墙、受室外噪声影响显著的外墙可进行局部设置。

6. **房间类型**

屏幕菜单命令：

【室内隔声】→【房间类型】（FJLX）

《民用建筑隔声设计规范》（GB 50118—2010）对六类民用建筑的隔声要求做出规定，不同建筑中涉及的房间类型也不同，因此 SEDU 通过"房间类型"命令设置各个房间的类型。

房间类型的设置分为图选赋给和按名赋给（见图 5.106），SEDU 可以根据标准中提供的房间类型对房间进行自行选择设置，或者根据名称进行统一设定。

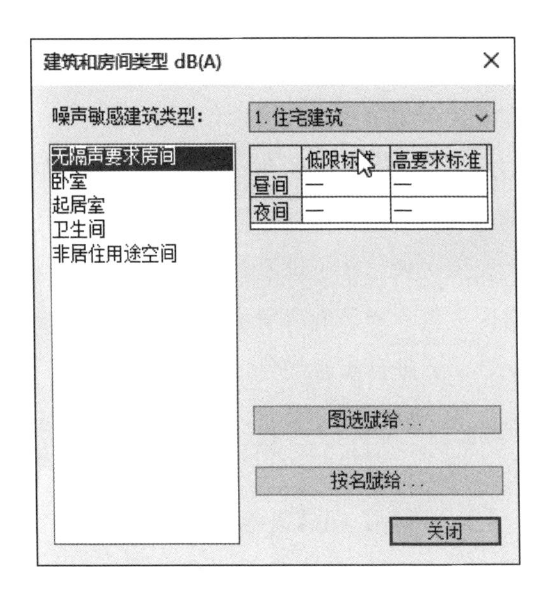

图 5.106　房间类型设置对话框

按名称赋给房间类型，可实现以下功能（见图 5.107）：

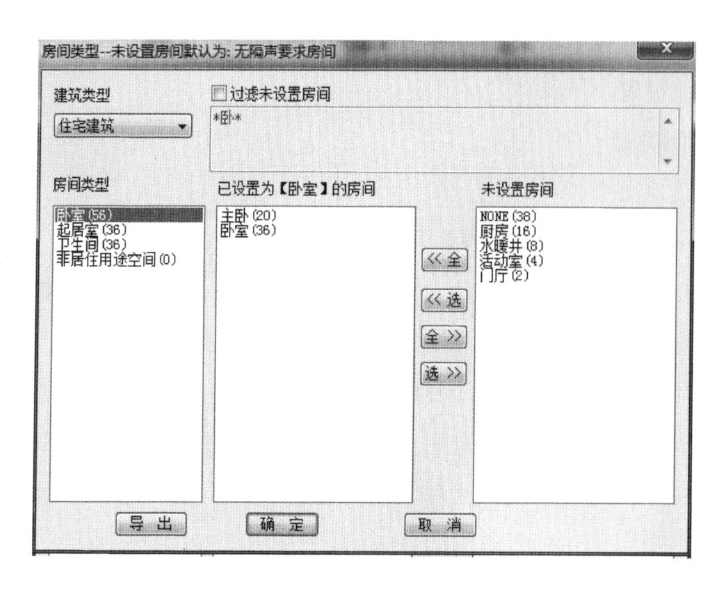

图 5.107　房间类型按名称赋给设置界面

(1) 支持跨建筑类型的房间类型设置，在建筑类型处进行切换。

(2) 点选某一房间类型，可以看到已设置和未设置的房间情况，根据房间名称快速筛选设置，将未设置的房间一一对应到相应房间类型中，可借助过滤功能利用关键字快速从未设置房间中选出相关房间。

(3) 若某一房间放置到错误的房间类型中，可在已设置列表中选中放置到未设置房间列表中，进行重新划分。

7. 室内声源

屏幕菜单命令：

【室内隔声】→【室内声源】(SNSY)

房间内部可能存在噪声较大的机器、设备等，如空调机房、电梯井等，此类房间对相邻房间会产生较大的噪声影响，在进行隔声计算时需要设置室内噪声源（见图 5.108），计算室内噪声级时会将其对隔壁房间的影响考虑进去。

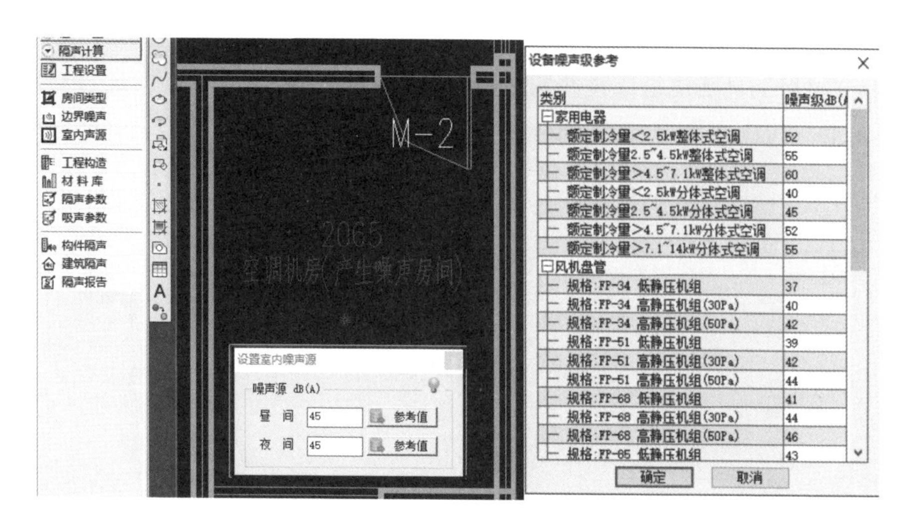

图 5.108　室内噪声源设置

8. 工程构造

屏幕菜单命令：

【室内隔声】→【工程构造】(GCGZ)

构造是指建筑围护结构的构成方法，一个构造由单层或若干层一定厚度的材料按一定顺序叠加而成，组成构造的基本元素是建筑材料。墙体、楼板和屋顶围护构造的面密度对空气声隔声性能有较大影响，对应面密度在构造库中选择，而其他的隔声性能参数则在隔声设置中进行选择；门和窗的面密度对隔声性能影响较小，其隔声性能参数也在隔声设置中进行。

当进行一项隔声性能工程设计时，软件采用“工程构造”功能为每个围护结构赋给构造，“工程构造”可识别节能软件中创建的构造，也可以即时手动创建。

工程构造用一个表格形式的对话框管理本工程用到的全部构造。每个类别下至少要有一种构造。如果一个类别下有多种构造，则位居第一位者作为默认值赋给模型中对应的围护结构，位居第二位及其后的构造需采用“局部设置”赋给围护结构。

工程构造分为五个页面，即“外围护结构”“内围护结构”“门”“窗”

“材料”（见图5.109）。前四页列出的构造附给了当前建筑物对应的围护结构，“材料”页则是组成这些构造所需的材料构造的编号，由系统自动统一编制。对话框下边的表格中显示当前选中构造的材料组成，材料的顺序是从上到下或从外到内。

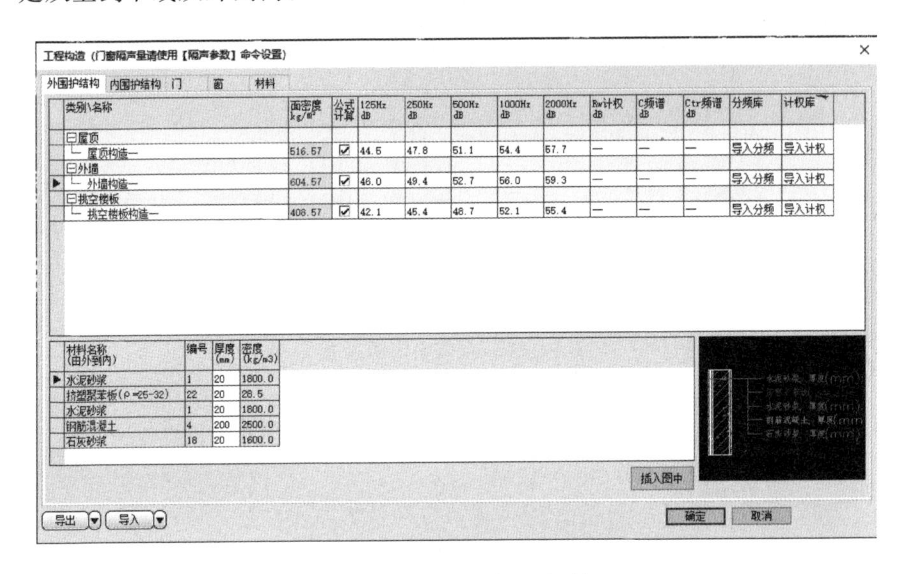

图5.109　工程构造库对话框

“工程构造”功能可实现构造的设置以及隔声量的设置。

（1）构造的设置。

1）新建构造/复制构造。在已有构造行上单击鼠标右键，右键菜单中选择“新建构造”创建空行，然后在新增加的空行内点击“类别/名称”栏，其末尾会出现一个按钮，点击该按钮可以进入系统构造库中选择构造。

“复制构造”用于拷贝上一行内容，然后进行编辑。

2）编辑构造。

a. 更改名称：直接在“类别/名称”栏中修改。

b. 改变厚度：直接修改表格中的厚度值，或手工键入修正后的数值。允许材料厚度为0。

3）删除构造。只有本类围护结构下的构造有两个以上时才允许“删除构造”，也就是说每类围护结构下至少要有一个构造不能为空。鼠标点击选中构造行，再单击鼠标右键，在弹出的右键菜单中选择“删除构造”，或者按“DELETE”键。

提示：请确认删去的是无用的构造，否则，被赋予了该构造的围护结构将无法被正确计算。

（2）墙板隔声量设置。在工程构造中可以选用自定义功能对墙体的隔声量进行设定，例如面密度较小、隔声性能好的轻质墙体，利用面密度无法体现其良好的隔声性能，此时就可参照隔声数据库中的构造隔声性能（见图 5.110）。SEDU 为用户提供了常见墙体的隔声量数据。

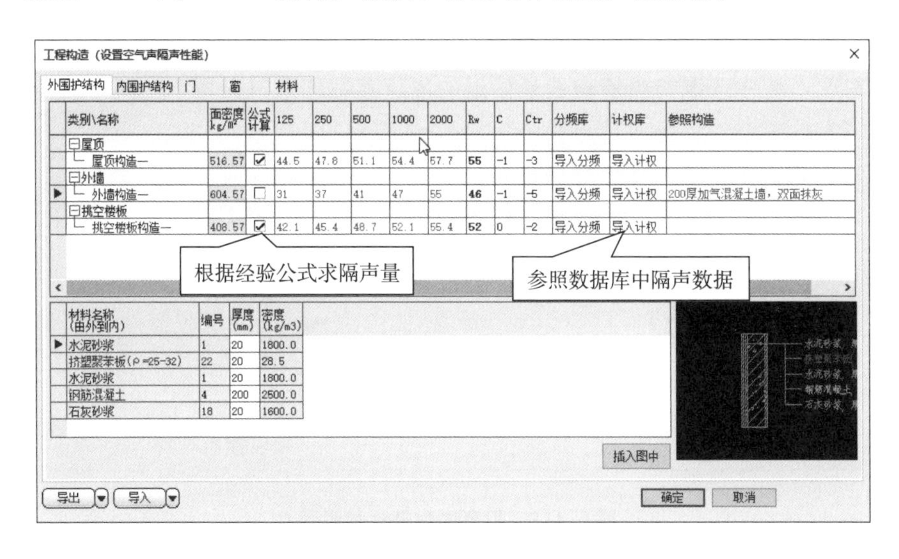

图 5.110 墙板隔声量计算设置

1）公式法。在工程构造中可利用面密度带入经验公式求得构件隔声性能，面密度越大，构件隔声性能越好。SEDU 种默认使用公式法计算隔声量。在“工程构造”界面中，“公式计算”一栏默认为勾选状态。

2）参照其他构造隔声量。对于面密度较小、隔声性能好的轻质墙体，不适合用公式法计算隔声性能，可以参照相近构造的隔声数据进行类比。

在界面中取消“公式计算”勾选状态，点击“导入分频”或“导入计权”，在数据库中选择合适构造即可。此时该构件将不再利用面密度参与隔声计算，这使得计算结果更符合实际情况。

提示： 优先选择分频数据库，计权数据无法进行组合墙的计算，在进行室内噪声计算时可能出现结果不准的问题。

SEDU 参照构造数据库根据构造类型进行分类，便于查找相近构造。同时软件将记忆上次所选的构造位置，在进行后续调整时，上一次所选的构造处高亮显示，以便进行对比。

（3）门窗隔声量设置。由于门窗隔声特性复杂，不适宜参照匀质墙体进行公式计算各频率下隔声量，可参考相关声学资料中相近构造的门窗的空气声隔声量进行计算。点击选择“导入”，则弹出门窗对应的隔声性能材料库，从中选取与当前构造最接近的隔声参数即可（见图 5.111）。

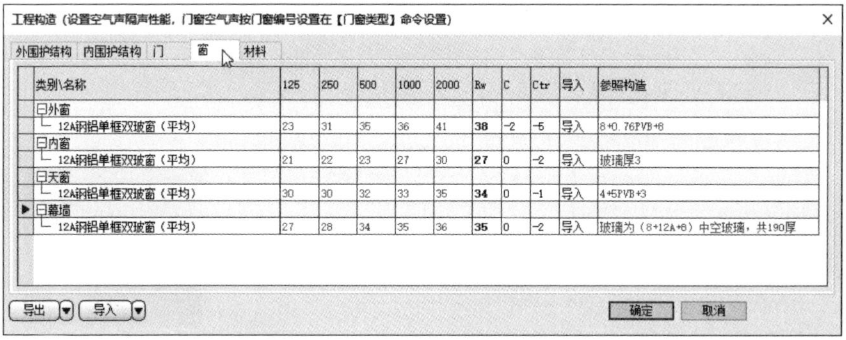

工程构造（设置空气声隔声性能，门窗空气声按门窗编号设置在【门窗类型】命令设置）

外围护结构 内围护结构 门 窗 材料

类别\名称	125	250	500	1000	2000	Rw	C	Ctr	导入	参照构造
日外窗										
└ 12A钢铝单框双玻窗（平均）	23	31	35	36	41	**38**	−2	−5	导入	8+0.76PVB+6
日内窗										
└ 12A钢铝单框双玻窗（平均）	21	22	23	27	30	**27**	0	−2	导入	玻璃厚3
日天窗										
└ 12A钢铝单框双玻窗（平均）	30	30	32	33	35	**34**	0	−1	导入	4+5PVB+3
日幕墙										
└ 12A钢铝单框双玻窗（平均）	27	28	34	35	36	**35**	0	−2	导入	玻璃为（8+12A+6）中空玻璃，共190厚

导出 导入 确定 取消

图 5.111 门窗隔声量计算设置

（4）SEDU 数据库。SEDU 提供了丰富的声学参数数据库，包含空气声、撞击声、吸声系数等（见图 5.112）。数据来源于专业声学书籍、国家和地方图集数据、检测数据。

SEDU 数据库具有以下特点：

1）数据库根据构造类型进行分类，方便用户按照类别查找。

2）数据库支持搜索功能。在数据库底部搜索框输入关键字，即可检索出匹配的构件信息。

3）确认选定数据后，软件将记忆隔声和吸声数据库中已选定的构造数据行，下一次打开数据库时，将高亮显示对应数据，以便后期进行调整对比。

4）数据库支持悬停查看详细信息。

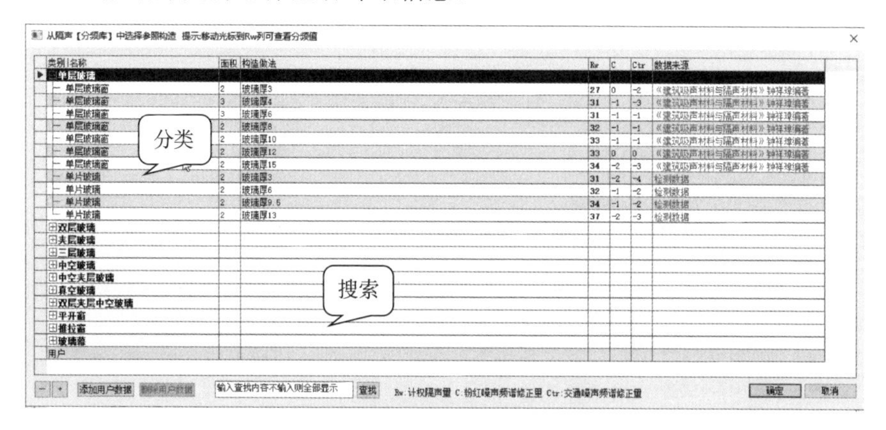

图 5.112　数据库

9. 门窗类型

屏幕菜单命令：

【室内隔声】→【门窗类型】（MCLX）

根据门窗编号确定门窗构造。当存在多种构造时，可利用 Ctrl 或 Shift 键进行批量设置。选定构造后，将显示此构造的隔声性能，以及参照构造的做法（见图 5.113）。

提示：此界面显示的隔声数据仅供浏览展示，不能修改。

10. 撞击声

屏幕菜单命令：

【室内隔声】→【撞击声】（ZJS）

撞击声是两物体相互撞击产生的噪声，通过固体来传播，如楼板上行走的脚步声。楼板撞击声声压级无法通过经验公式计算求得，一般采用实验室检测数据作为参照。设计者可从数据库中（见图 5.114）选择与实际构造相近的做法，以此为依据进行撞击声达标判定。

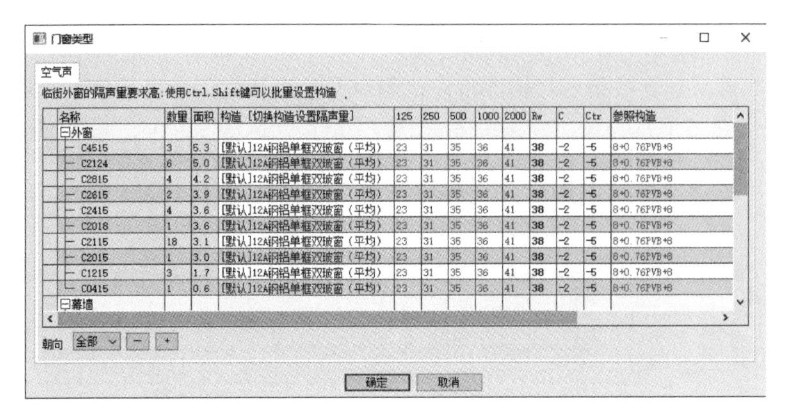

图 5.113　门窗类型设置

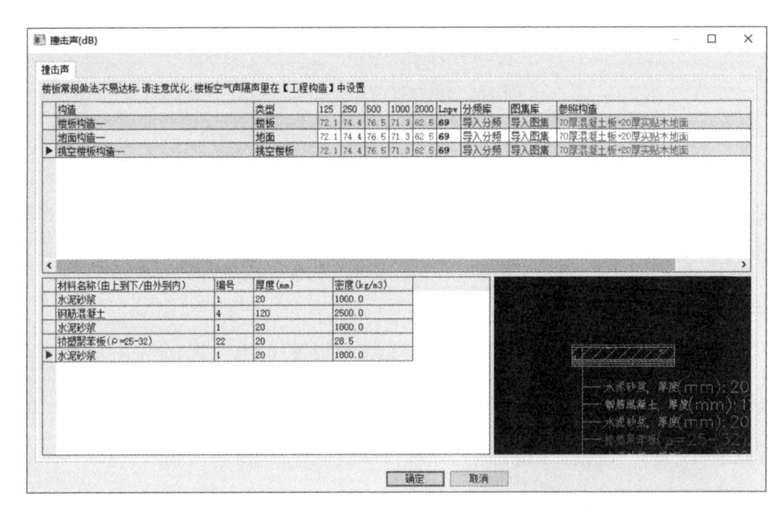

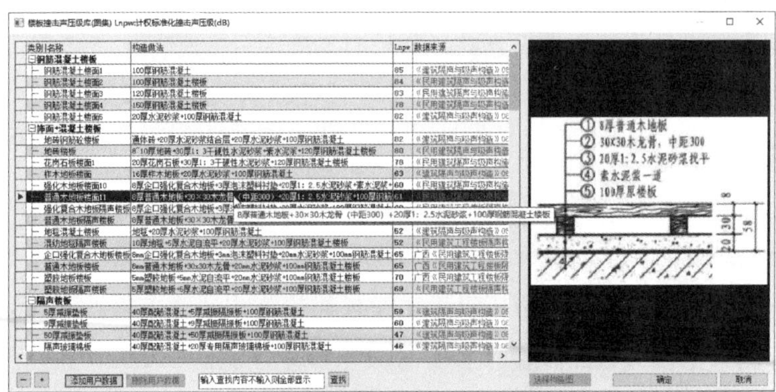

图 5.114　撞击声界面、数据库

11. 吸声参数

屏幕菜单命令：

【室内隔声】→【吸声系数】(XSXS)

“吸声系数”命令用于墙板门窗的吸声系数的设置。室内噪声级计算受到房间的吸声量影响，需要对房间内所有构件的吸声系数进行设置（见图 5.115）。此界面支持批量设置，如在外窗一行中导入数据，即可设置全部外窗的吸声参数，也可以利用 Ctrl 或 Shift 键进行灵活选用。

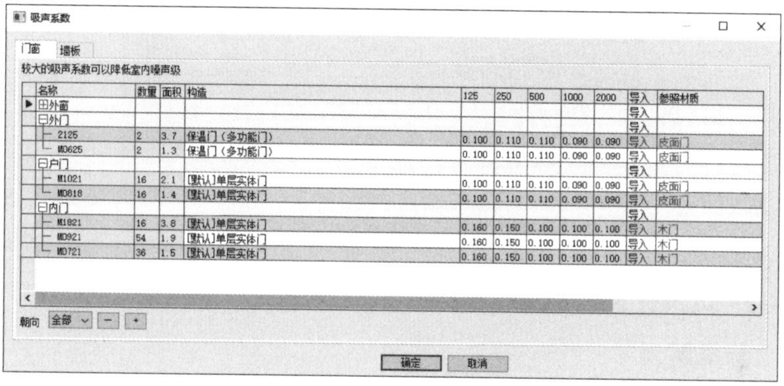

图 5.115 吸声系数

12. 窗墙缝隙

屏幕菜单命令：

【室内隔声】→【窗墙缝隙】(CQFX)

通常门、窗与墙之间在安装过程中都会留下缝隙，而一般的缝隙填充材料对降低隔声几乎没有实际的效果，所以该缝隙对组合墙的隔声性能影响较大。

SEDU 在计算室内噪声级时，考虑门窗与墙体之间的缝隙对组合墙隔声效果的削弱（见图 5.116）。一般的门、窗与墙之间的缝隙为 0.5 cm（装配式）和 1 cm（非装配式），软件默认缝隙为 10 mm，支持手动修改。

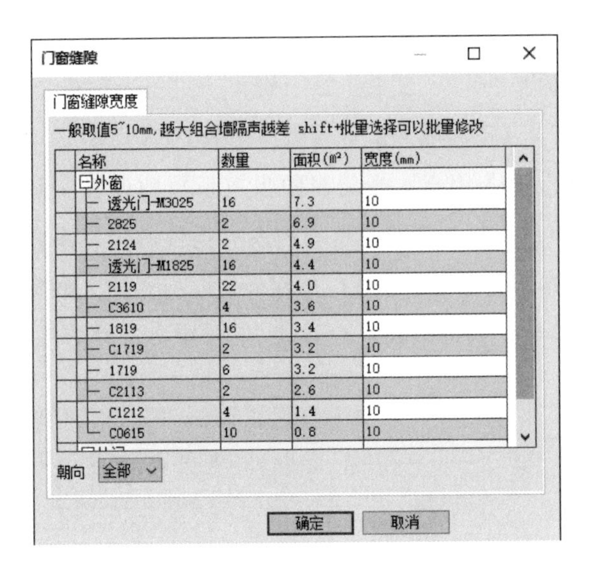

图 5.116　窗墙缝隙设置界面

5.4.5.2　隔声计算

1. **标准解读**

《绿色建筑评价标准》(GB/T 50378—2019) 中关于建筑声环境主要考察构件隔声性能、室内噪声级。外墙、隔墙、门窗的隔声性能指空气声隔声性能，楼板隔声性能包括空气声隔声性能和撞击声隔声性能；房间内需要评价其允许的室内噪声级值。SEDU 以房间为单位，计算并提供该房间的室内噪声级、各围护结构的隔声性能（见表 5.2）。

表 5.2　隔声性能评价

评价对象	评价内容	结果表达
楼板	空气声隔声性能	计权隔声量＋频谱修正量
	撞击声隔声性能	计权规范化撞击声压级
外墙、隔墙、门窗	空气声隔声性能	计权隔声量＋频谱修正量

《绿色建筑评价标准》(GB/T 50378—2019) 在 3.2.8 中对二星级、三星级绿色建筑（住宅建筑）的隔声性能提出了要求，二星级以上住宅建筑需满足室外与卧室之间、分户墙或分户楼板两侧卧室之间的空气声隔声性

能，以及卧室楼板的撞击声隔声性能的相关要求（见表5.3）。

表5.3 隔声性能要求

隔声性能	构 件	二星级要求	三星级要求
空气声隔声性能	室外与卧室之间	$D_{nT,w}+C_{tr}\geqslant 35$ dB	$D_{nT,w}+C_{tr}\geqslant 40$ dB
	分户墙（楼板）两侧卧室之间	$D_{nT,w}+C\geqslant 47.5$ dB	$D_{nT,w}+C\geqslant 50$ dB
撞击声隔声性能	卧室楼板	$L'_{nT,w}\leqslant 70$ dB	$L'_{nT,w}\leqslant 65$ dB

其条文说明以及《绿色建筑评价标准技术细则（2019）》中指出预评价时室外和卧室之间的隔声性能通过外窗和外墙的隔声性能，按组合隔声量的理论进行预测。

2. **围护结构隔声性能**

屏幕菜单命令：

【室内隔声】→【构件隔声】(GJGS)

通过“构件隔声”命令可获取各种构件的空气声隔声性能、楼板的撞击声隔声性能（见图5.117）。

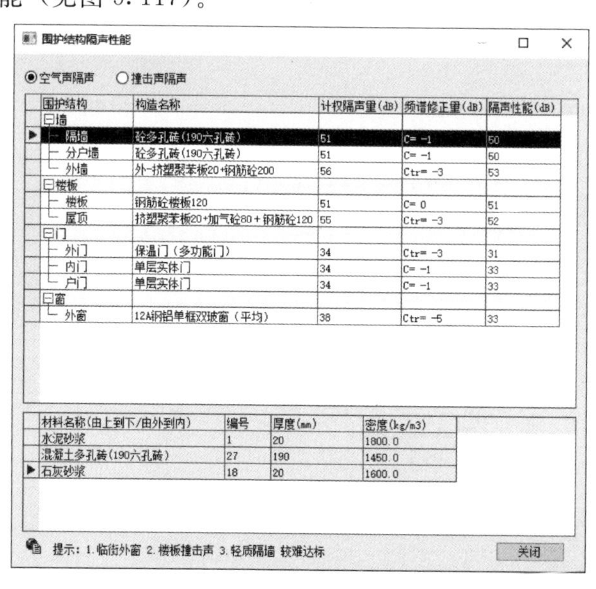

图5.117 围护结构隔声性能

3. **建筑隔声性能**

屏幕菜单命令：

【室内隔声】→【隔声计算】(GSJS)

全部参数设置完成后，点击“建筑隔声”进行建筑隔声性能计算。结果界面可显示达标得分情况、室内噪声级、空气声隔声性能、撞击声隔声性能、星级评价情况（见图 5.118）。

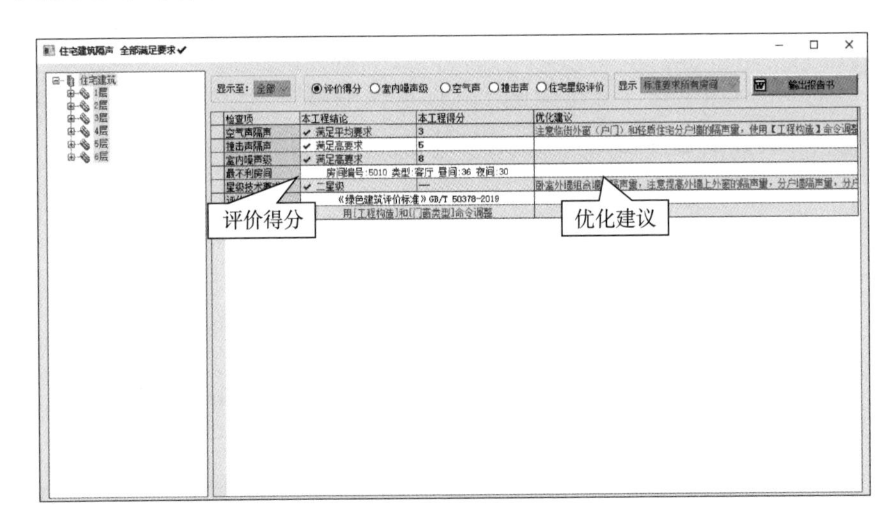

图 5.118 建筑隔声计算结果显示

（1）评价得分界面将对本项目达标得分情况进行总结，并给出优化建议。

（2）室内噪声级界面显示每个房间的噪声级，可查看每个房间的计算详情。

（3）空气声、撞击声界面显示每个构件的声学性能和达标情况。

（4）结果以“不满足”“满足低限要求”“满足平均要求”“满足高要求”以不同颜色显示，便于区分；支持下拉筛选出满足不同要求等级的结果。

（5）住宅建筑将体现星级技术要求项，对室外与卧室之间、分户墙或分户楼板两侧卧室之间的空气声隔声性能，以及卧室楼板的撞击声隔声性能进行统计判断。

4. **报告输出**

屏幕菜单命令：

【室内隔声】→【隔声报告】（GSBG）

“隔声报告”命令将会导出用户所需的计算书，计算书中清晰地给出建筑信息、依据标准、计算流程以及绿建标准要求的评价内容。

室内噪声级报告书是以最不利房间为基础进行分析，最不利房间可通过程序计算后确认，也可以用户自行指定。点击后（见图 5.119），即可在 DWG 图中选择房间。

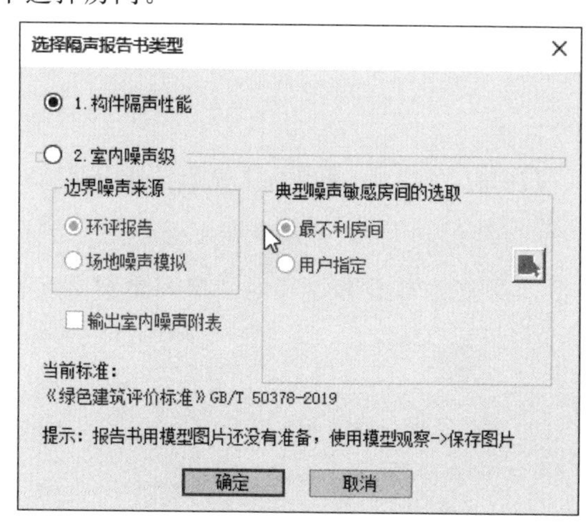

图 5.119 隔声报告设置界面

5.4.6 辅助功能

5.4.6.1 注释工具

1. **文字编辑**

屏幕菜单命令：

【注解工具】→【文字编辑】(WZBJ)

“文字编辑”命令用于编辑文字等所有图面上的字符，包括文字、尺寸数值、表格内文字、门窗编号和楼层框左下角的数值等。选择待编辑的文字后弹出一个编辑框，直接在上面输入新内容，编辑完毕后回车或鼠标点击图面空白处则编辑生效。

在 SEDU 中编辑文字还可以采用“在位编辑”，它是一种方法而不是一个命令，“在位编辑”是在文字原位上直接对文字进行修改，过程直观，效果即时所见，而“文字编辑”的优势是在清晰的编辑框上进行，框内的编辑文字固定不变。

“在位编辑”的步骤是首先选中一个对象，然后单击这个对象的文字，系统自动显示光标的插入符号，直接输入文字即可。多选文字采用鼠标＋Shift 键。“在位编辑”的时候可以用鼠标缩放视图，这样可以一边看图一边输入。

2. **单行文字**

屏幕菜单命令：

【注解工具】→【单行文字】(DHWZ)

“单行文字”命令能够单行输入文字和字符，输入到图面的文字独立存在，特点是灵活，修改编辑不影响其他文字。单行文字输入对话框如图 5.120 所示。

图 5.120 单行文字对话框

3. 数据表格

SEDU 中会用到一些表格，如建筑数据表、窗墙比表和门窗表等，这些表格的外观可以设置特性和在位编辑内容，也可以与 Excel 交换数据。

(1) 表格的构成。

1) 表格的功能区域由标题、表头和内容三部分组成（见图 5.121)。

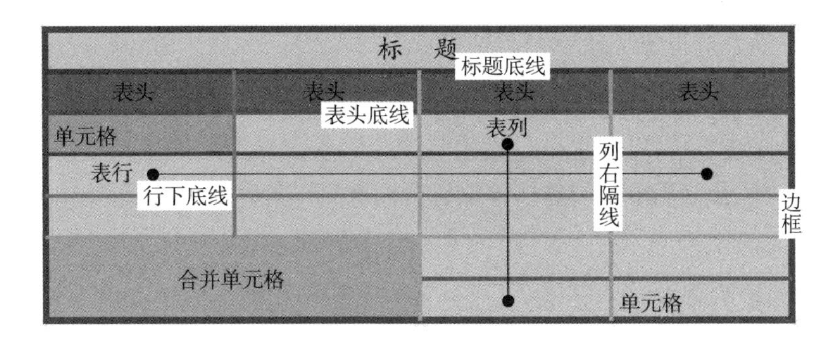

图 5.121 表格的构成

2) 表格的层次结构由高到低的级次为：①表格；②标题、表头、表行和表列，单元格和合并格。

3) 外观表现包括文字、表格线、边框和背景。

(2) 表格的特性设定。

1) 全局设定：表格设定。控制表格的标题、表头、外框、表行和表列以及全体单元格的全局样式。

2) 表行：表行属性。控制选中的某一行或多个表行的局部样式。

3）表列：表列属性。控制选中的某一列或多个表列的局部样式。

4）单元：单元编辑。控制选中的某一个或多个单元格的局部样式。

（3）表格的标题、表头和单元的字符编辑方法。

1）标题和表头的内容采用“在位编辑”的输入方式。

2）单元格的内容采用“在位编辑”或右键的“单元编辑”输入方式。

（4）与Office交换数据。考虑到设计者常常使用微软强大的办公软件Office统计工程数据，SEDU提供了与Excel和Word之间交换表格文件的接口，可以把SEDU的表格输出到Excel或Word中进一步编辑处理，然后再更新回来；还可以在Excel或Word中建立数据表格，然后以TH表格对象的方式插入到CAD中。

1）导出表格。本命令将把图中的表格输出到Excel或Word中。执行命令后在分支命令上选择导出到Excel或Word，系统将自动开启一个Excel或Word进程，并把所选定的表格内容输入到Excel或Word中。

2）导入表格。本命令将把当前Excel或Word中选中的表格区域内容更新到指定的表格中或导入并新建表格，注意不包括标题，只能导入表格内容。如果想更新图中的表格要注意行列数目匹配。

4. 尺寸标注

屏幕菜单命令：

【注解工具】→【尺寸标注】（CCBZ）

“尺寸标注”命令是一个通用的灵活尺寸标注工具，对选取的一串给定点沿指定方向和选定的位置标注尺寸（见图5.122）。尺寸的编辑菜单在尺寸对象的右键菜单中。

命令交互如下：

起点或［参考点（R）］＜退出＞：点取第一个标注点作为起始点。

第二点＜退出＞：点取第二个标注点。

请点取尺寸线位置或［更正尺寸方向（D）］＜退出＞：这时动态拖动尺寸线，点取尺寸线就位点。

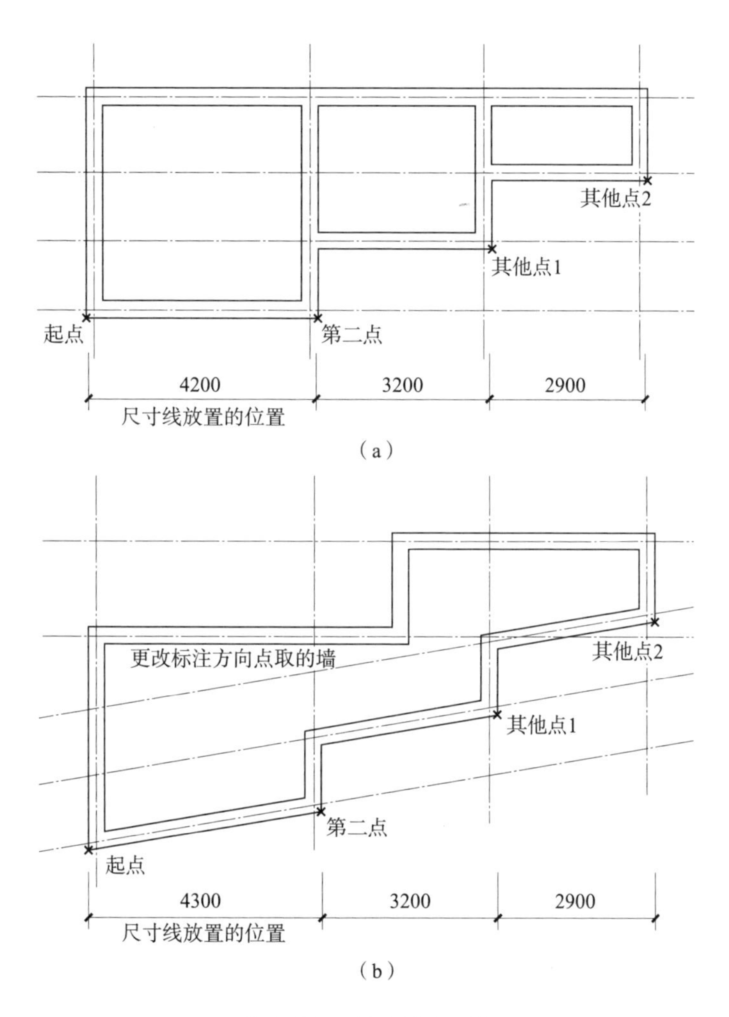

图 5.122　尺寸标注实例

或者键入 D 通过选取一条线或墙来确定尺寸线方向。

请输入其他标注点或［撤消上一标注点（U)］<结束>：逐点给出标注点，并可以回退。

请输入其他标注点或［撤消上一标注点（U)］<结束>：反复取点，回车结束。

5. **指北针**

屏幕菜单命令：

【注解工具】→【指北针】(ZBZ)

“指北针”命令在图中标出指北针符号。指北针由两部分组成，指北符号和文字“北”，两者一次标注出，但属于两个不同对象，“北”为文字对象。典型的标注样式如图 5.123 所示。

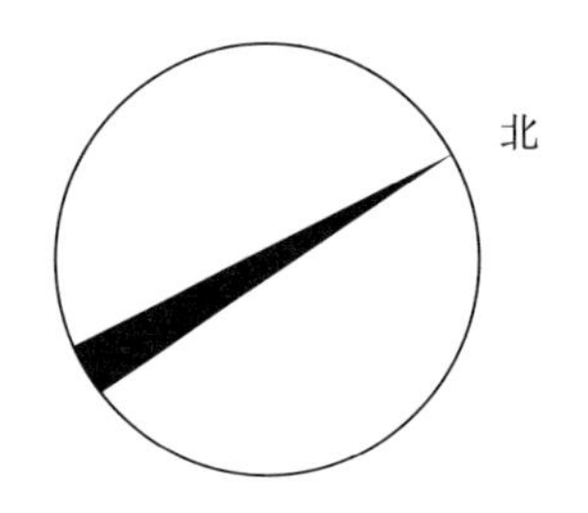

图 5.123　指北针标注实例

工程设置“其他”页中的“北向角度”可以选择指北针指定北向的角度。

6. **箭头引注**

屏幕菜单命令：

【注解工具】→【箭头引注】(JTYZ)

“箭头引注”命令在图中标注尾部带有文字说明的箭头引注符号。其对话框如图 5.124 所示。

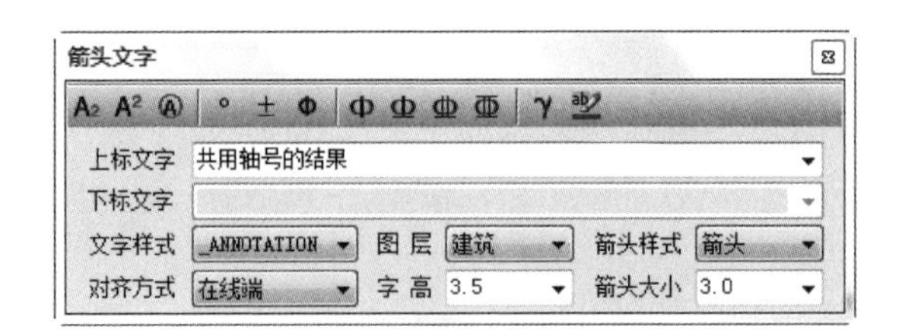

图 5.124　箭头引注符号的对话框

5.4.6.2 图层工具

屏幕菜单命令：

【2D条件图】→【图层转换】(TCZH)

为了方便操作，软件提供了通过图形对象隔离和关闭图层的功能，在条件图的前期处理和转换过程中使用，将大大提高工作效率。

“图层转换”和“图层管理”提供对图层的管理手段，系统提供中英文两种标准图层，同时附加天正的标准图层。用户可以在图层管理中修改上述三种图层的名称和颜色，以及对当前图档的图层在三种图层之间进行即时转换（见图5.125）。

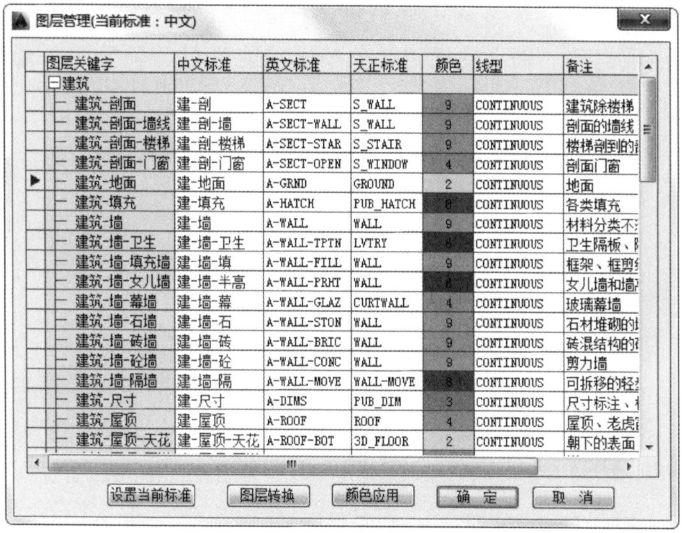

图层管理(当前标准：中文)

图层关键字	中文标准	英文标准	天正标准	颜色	线型	备注
建筑						
建筑-剖面	建-剖	A-SECT	S_WALL	9	CONTINUOUS	建筑除楼梯
建筑-剖面-墙线	建-剖-墙	A-SECT-WALL	S_WALL	9	CONTINUOUS	剖面的墙线
建筑-剖面-楼梯	建-剖-楼梯	A-SECT-STAR	S_STAIR	9	CONTINUOUS	楼梯剖到的
建筑-剖面-门窗	建-剖-门窗	A-SECT-OPEN	S_WINDOW	4	CONTINUOUS	剖面门窗
建筑-地面	建-地面	A-GRND	GROUND	2	CONTINUOUS	地面
建筑-填充	建-填充	A-HATCH	PUB_HATCH	8	CONTINUOUS	各类填充
建筑-墙	建-墙	A-WALL	WALL	9	CONTINUOUS	材料分类不
建筑-墙-卫生	建-墙-卫生	A-WALL-TPTN	LVTRY	8	CONTINUOUS	卫生隔板、
建筑-墙-填充墙	建-墙-填	A-WALL-FILL	WALL	9	CONTINUOUS	框架、框剪
建筑-墙-女儿墙	建-墙-半高	A-WALL-PRHT	WALL	8	CONTINUOUS	女儿墙和墙
建筑-墙-幕墙	建-墙-幕	A-WALL-GLAZ	CURTWALL	4	CONTINUOUS	玻璃幕墙
建筑-墙-石墙	建-墙-石	A-WALL-STON	WALL	9	CONTINUOUS	石材堆砌的
建筑-墙-砖墙	建-墙-砖	A-WALL-BRIC	WALL	9	CONTINUOUS	砖混结构的
建筑-墙-砼墙	建-墙-砼	A-WALL-CONC	WALL	9	CONTINUOUS	剪力墙
建筑-墙-隔墙	建-墙-隔	A-WALL-MOVE	WALL-MOVE	8	CONTINUOUS	可拆移的轻
建筑-尺寸	建-尺寸	A-DIMS	PUB_DIM	3	CONTINUOUS	尺寸标注、
建筑-屋顶	建-屋顶	A-ROOF	ROOF	4	CONTINUOUS	屋顶、老虎
建筑-屋顶-天花	建-屋顶-天花	A-ROOF-BOT	3D_FLOOR	2	CONTINUOUS	朝下的表面

设置当前标准　图层转换　颜色应用　确　定　取　消

图5.125 图层管理对话框

图层管理有以下功能：

(1) 设置图层的颜色（外部文件）。

(2) 把颜色应用于当前图。

(3) 对当前图的图层标准进行转换（层名转换）。

提示：当前图档采用的图层标准名称为红色；图层的设置只影响修改后生成的新图形，已经存在的图形不受影响，除非点取“颜色应用”；中文标准和英文标准之间可以来回转换，而和天正标准之间的转换，不一定能完全转回来，因为前两个标准划分得更细，和天正层名不是一一对应的关系。

5.4.6.3 浏览选择

1. 对象查询

屏幕菜单命令：

【选择浏览】→【对象查询】(DXCX)

利用光标在各个对象上面的移动，动态查询显示其信息，并可以即时点击对象进入对象编辑状态。

本命令与 CAD 的 List 命令相似，但比 List 更加方便实用。调用命令后，光标靠近对象屏幕就会出现数据文本窗口，显示该对象的有关数据，此时如果点取对象，则自动调用对象编辑功能进行编辑修改，修改完毕继续进行对象查询（见图 5.126）。

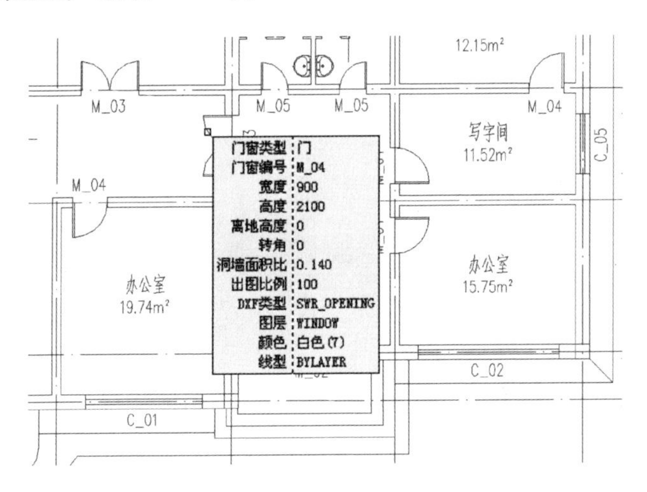

图 5.126 对门的对象查询实例

对于 TH 对象将有详细的数据；而对于 CAD 的标准对象，只列出对象类型和通用的图层、颜色、线型等信息。

2. 对象浏览

屏幕菜单命令：

【选择浏览】→【对象浏览】(DXLL)

“对象浏览”功能对给定的对象类型逐个浏览，注意事先打开对象特性表（Ctrl+1），以便即时修改参数。该命令通常用来浏览门窗并随时修改其尺寸。

3. **过滤选择**

屏幕菜单命令：

【选择浏览】→【过滤选择】(GLXZ)

“过滤选择”命令提供过滤选择对象功能。首先选择过滤参考的图元对象，再选择其他符合参考对象过滤条件的图形，在复杂的图形中筛选同类对象建立需要批量操作的选择集（见图5.127）。

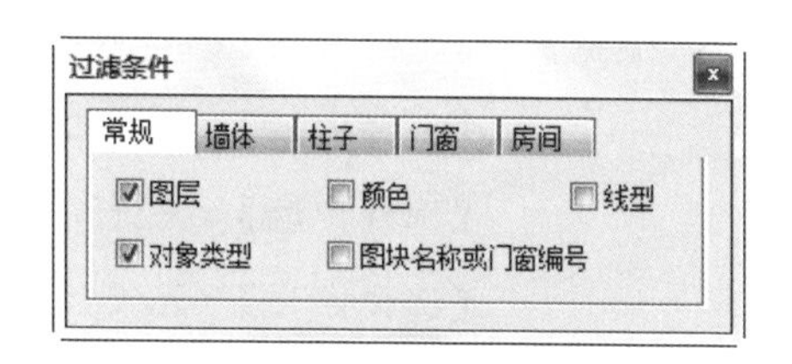

图5.127 过滤选择对话框

(1) 图层：过滤选择条件为图层名，若过滤参考图元的图层为A，则选取对象时只有A层的对象才能被选中。

(2) 颜色：过滤选择条件为图元对象的颜色，目的是选择颜色相同的对象。

(3) 线型：过滤选择条件为图元对象的线型，例如删去虚线。

(4) 对象类型：过滤选择条件为图元对象的类型，例如选择所有的PLINE。

(5) 图块名称、门窗编号：过滤选择条件为图块名称或门窗编号，在快速选择同名图块或编号相同的门窗时使用。

过滤条件可以同时选择多个，即采用多重过滤条件选择；也可以连续多次使用“过滤选择”，多次选择的结果自动叠加。

命令交互如下：

在对话框中选择过滤条件，命令行提示：

请选择一参考对象<退出>：选取需修改的参考图元

提示：空选即为全选，中断用Esc!

选择图元：选取需要所有图元，系统自动过滤。直接回车则选择全部该类图元。

命令结束后，同类对象处于选择状态，可以继续运行其他编辑命令，对选中的物体进行批量编辑。

4. **对象选择**

屏幕菜单命令：

【选择浏览】→【选择外墙】（XZWQ）
【选择内墙】（XZNQ）
【选择户墙】（XZHQ）
【选择窗户】（XZCH）
【选择外门】（XZWM）
【选择房间】（XZFJ）

本组命令可以快速过滤选择不同围护结构和房间，然后在CAD的特性表中进行批量编辑和参数设置。通常要在执行完“搜索房间”和“搜索户型”后，围护结构已经自动正确分类，再采用本组命令批量选择。每项选择都有特定的过滤条件可供选择，以便在同类对象中筛选出想要的对象。

6　建筑声学设计实例分析

本书的前 5 章系统地介绍了建筑声环境的基础知识、原理与模拟方法。本章将结合五种不同的建筑类型，即商业建筑、居住建筑、教育建筑、医疗建筑和展览建筑，举例说明建筑声环境的分析及评估中的要点。

读者需要注意的是，进行绿色建筑评价时，在满足《绿色建筑评价标准》（GB/T 50378—2019）的基础上，还应参考当地建设主管部门的相关规定。本章中的实例均以《绿色建筑评价标准》（GB/T 50378—2019）给出相应评价结果。

6.1　商业建筑——以石家庄市荣盛中心为例

石家庄市荣盛中心商业综合体（见图 6.1）位于石家庄长安区二环内体育大街、和平路交口西北角的中心城区。它由一个现代化商业购物中心、一条具有鲜明特色的室外商业步行街、一栋五星级高档酒店和一栋 5A 级写字楼组成，其总建筑面积 228287.34 m^2，其中地上建筑面积 170316.21 m^2，地下建筑面积 57971.13 m^2。

对于商业综合体建筑而言，在声环境设计时应考虑场地环境及不同使用者的实际需求。校核场地声环境是否满足《声环境质量标准》（GB 3096—2008）中的相关规定。根据场地实际情况对建筑周边噪声源进行设置，如表 6.1 所示。其中昼间设计车速设定为 60 km/h，夜间设计车速设定为 40 km/h。为了方便计算，车辆数目根据实际观察每小时的小型

图 6.1　荣盛中心和平东路人视图

表 6.1　公路噪声源

路段名称	路面材料	时段	设计车速/(km/h)	车辆数目/(辆/h)		
				小型车	中型车	大型车
公路 1	沥青混凝土	昼间	60	100	30	30
		夜间	40	50	20	20
公路 2	沥青混凝土	昼间	60	100	30	30
		夜间	40	50	20	20

车、中型车和大型车的数量取整数。需要注意的是，在进行场地声环境分析时，应该考虑到未来交通的发展，并对可能增加的车流量做出相应的评估。经过模拟得出场地 1.2 m 高度的昼间和夜间声压级分布情况，如图 6.2、图 6.3 所示。

由图 6.2 和图 6.3 的结果可知，该项目满足《绿色建筑评价标准》(GB/T 50378—2019) 8.2.6 条：场地内的环境噪声小于现行《声环境质量标准》(GB 3096—2008) 中 2 类声环境功能区（商业金融、集市贸易为主要功能，或者居住、商业、工业混杂，需要维护住宅安静的区域）昼间环境噪声 60 dB（A）、夜间 50 dB（A）的限值，因此评价分值为 10 分（见表 6.2）。

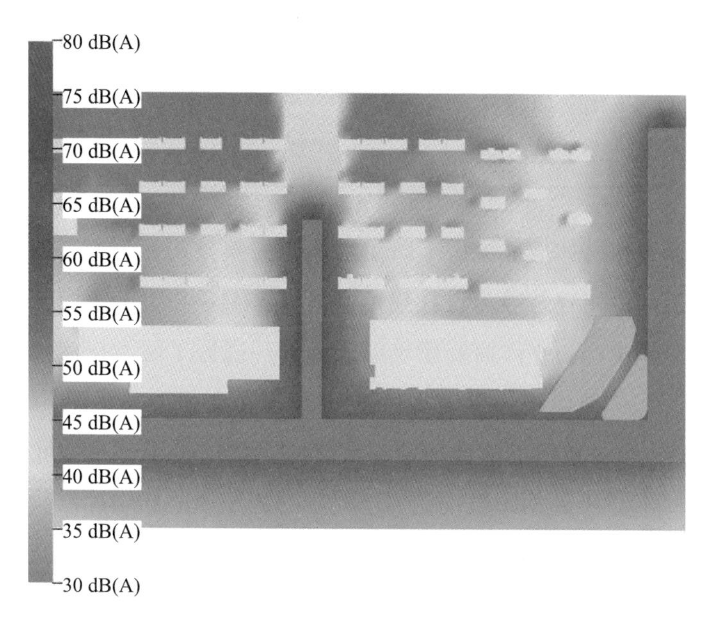

图 6.2　场地 1.2 m 高度声压级分布图（昼间）

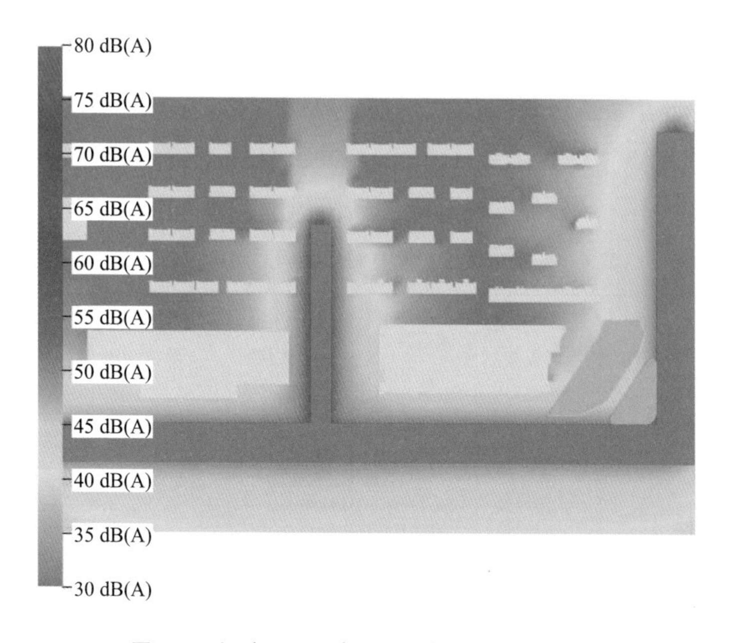

图 6.3　场地 1.2 m 高度声压级分布图（夜间）

表 6.2　声功能区达标统计

声环境功能区	类型	包含建筑	噪声最大值/dB（A）		噪声限值/dB（A）		达标情况
			昼间	夜间	昼间	夜间	
商业	2 类	A 塔、B 塔、C 塔	51	45	60	50	达标

由于商业综合体应该考虑不同使用房间的差异，并分析隔墙的隔声性能是否满足《民用建筑隔声设计规范》（GB 50118—2010）的要求。因此，本案例以荣盛中心的主体商业建筑部分为例，进行了两类房间隔墙的隔声性能分析。第一种情况为噪声敏感房间与餐厅之间隔墙的隔声性能分析（见表 6.3）；第二种情况为商场内部靠道路一侧的员工休息室允许声级分析（见表 6.4）。上述两种情况的隔墙均根据施工图中的实际结构和构造选定，噪声敏感房间与餐厅之间按计算隔声量＋交通噪声频谱修正量得出空气声隔声量。员工休息室标准参照住宅建筑卧室，仅计算昼间允许噪声级。如表 6.3 所示，各敏感房间与餐厅之间的空气声隔声性能均在 50 dB 以上，满足《民用建筑隔声设计规范》（GB 50118—2010）中高要求限值，根据《绿色建筑评价标准》（GB/T 50378—2019）5.2.7，达到高限标准，得 8 分。如表 6.4 所示，员工休息室噪声级在 30～33 dB（A），符合《民用建筑隔声设计规范》（GB 50118—2010）中高要求住宅昼间允许噪声级≤40 dB（A）的标准，达到高限标准，得 8 分。

表 6.3　噪声敏感房间与餐厅之间的隔声性能分析

类别	包含房间	计权标准化声压级差/dB	频谱修正量/dB	空气声隔声性能/dB	限值/dB	结　论
噪声敏感房间与餐厅之间	3012&3008	55	−2.9	52	低限：≥45， 高要求：≥50	满足高要求
	3008&3002	56	−3.5	53	低限：≥45， 高要求：≥50	满足高要求
	3012&3002	57	−4.1	53	低限：≥45， 高要求：≥50	满足高要求

续表

类别	包含房间	计权标准化声压级差/dB	频谱修正量/dB	空气声隔声性能/dB	限值/dB	结论
噪声敏感房间与餐厅之间	3008&3012	56	−2.7	53	低限：≥45，高要求：≥50	满足高要求
	3015&3012	59	−2.5	57	低限：≥45，高要求：≥50	满足高要求
	3012&3015	61	−3.4	58	低限：≥45，高要求：≥50	满足高要求
	3002&3008	64	−3.7	60	低限：≥45，高要求：≥50	满足高要求
	3002&3012	66	−4.0	62	低限：≥45，高要求：≥50	满足高要求
	3012&3011	70	−3.3	67	低限：≥45，高要求：≥50	满足高要求
	3011&3012	70	−2.8	67	低限：≥45，高要求：≥50	满足高要求

表 6.4 员工休息室允许噪声级分析

包含房间	室外传到室内噪声级/dB（A）	室内噪声级/dB（A）	结论
	昼间	昼间	
3006	32.2	33	满足高要求
3017	30.4	30	满足高要求
3019	29.5	30	满足高要求
3067	30.6	30	满足高要求
3009	30.2	30	满足高要求

6.2 居住建筑——以湖南省湘潭市富力城高层住宅区为例

湖南富力城（见图 6.4）由高层和低层两类住宅组成，位于湖南省湘潭市九华示范区内。地块东面为宽 48 m 的沿江北路，南面为高尔夫球场地，西面为宽 60 m 的湘江路，北面为宽 50 m 的九昭东路。场地内无建筑物，开发建设基础基本良好。本次绿色建筑评价的结构体系为现浇钢筋混凝土剪力墙结构。

图 6.4 湖南湘潭富力城高层住宅区

校核场地声环境是否满足《声环境质量标准》（GB 3096—2008）中对居住区的相关规定。噪声源的设置方法同 6.1 节，本节不再赘述。在对本案例周边的噪声分布情况进行模拟后，得到参评建筑附近区域 1.2 m 高度处昼间和夜间声压级，如图 6.5 所示。该图中横线上方为昼间环境噪声级，下方为夜间环境噪声级。

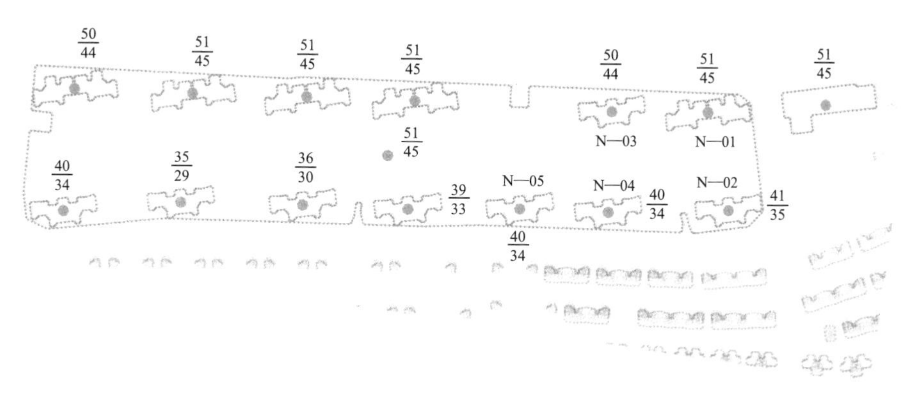

图 6.5　参评建筑区域 1.2 m 高度处昼间和夜间声压级平面分布图

本书仅以划定范围内 5 栋住宅建筑为例，对区域内的环境声级进行评价。这 5 栋建筑在图 6.5 中分别标示为 N—01～N—05。表 6.5 中给出了 5 栋住宅建筑应该符合的声环境功能区、各建筑 1.2 m 高度昼间和夜间的噪声级最大值以及功能区要求噪声限值。根据《声环境质量标准》(GB 3096—2008) 的规定，住宅建筑声环境功能分区为 1 类声功能区 (居民住宅、医疗卫生、文化教育、科研设计、行政办公为主要功能，需要保持安静的区域)，要求环境噪声限值为昼间 55 dB (A)、夜间 45 dB (A)。通过模拟得出的 5 栋建筑的昼间和夜间噪声级最大值均达标。需要注意的是，在标定区域内环境声级时，应取最不利的情况，即其中一个建筑的昼间声级和夜间声级最高值 (见表 6.6)，作为区域声级标准。从表 6.6 中可以看出，本区域满足《绿色建筑评价标准》(GB/T 50378—2019) 的规定，评价分值为 8 分。

表 6.5　参评建筑达标统计

建筑名称	声环境功能区	1.2 m 高度沿线噪声级最大值/dB (A)		噪声限值/dB (A)		达标情况
		昼间	夜间	昼间	夜间	
N—01	1 类	51	45	55	45	达标
N—02	1 类	41	35	55	45	达标
N—03	1 类	50	44	55	45	达标
N—04	1 类	40	34	55	45	达标
N—05	1 类	40	34	55	45	达标

表 6.6 声环境功能区达标统计

名称	类型	包含建筑	噪声最大值/dB (A)		噪声限值/dB (A)		达标情况
			昼间	夜间	昼间	夜间	
区域	1类	N—01、N—02、N—03、N—04、N—05	51	45	55	45	达标

6.3 教育建筑——以江苏省南京市中和小学为例

中和小学（见图 6.6）位于江苏省南京市建邺区中和路与平良大街交会处西南角，用地面积 35266.2 m^2，总建筑面积 30358.76 m^2。项目中的建筑主体由教学楼、风雨操场和报告厅组成。教学楼教室部分地上 4 层（无地下室），为框架结构，房屋高度 15.6 m；风雨操场地上 3 层（地下 1 层），框架结构，房屋高度 14.80 m；报告厅地上一层，框架结构，房屋高度 7.8 m。地下室平时主要使用功能为机动车库、消防水池及设备用房。

图 6.6 中和小学效果图

在学校建筑中，室内允许噪声级旨在提出教学用房和辅助用房室内噪声的最大值，以保障学校教学活动中学生的注意力不受来自外界和内部噪声的影响，提高教学用房内的声音清晰度。学校建筑设计中应尽量使产生噪声的房间与其他教学用房布置在不同的教学楼中，或在同一教学楼的不同区域。若受条件限制，少量产生噪声的房间确需与教学用房相邻，则应将相邻墙体和楼板的空气声隔声量提高至 50 dB（A）。根据《声环境质量标准》（GB 3096—2008）的规定，住宅建筑声环境功能分区为 1 类声功能区（居民住宅、医疗卫生、文化教育、科研设计、行政办公为主要功能，需要保持安静的区域），要求环境噪声限值为昼间 55 dB（A）、夜间 45 dB（A）。

本案例在设计时分两组情况分析几个典型空间，即教师办公室、会议室和封闭走廊位置对允许噪声级的影响。如果封闭走廊在靠近道路一侧，即教师办公室和会议室外侧，封闭走廊内噪声级为 45 dB（A），教师办公室内噪声级为 35 dB（A），会议室内噪声级为 35 dB（A）（见表 6.7）。如果教师办公室和会议室在靠近道路一侧而封闭走廊在里侧，教师办公室内噪声级为 45 dB（A），会议室内噪声级为 45 dB（A），封闭走廊内噪声级为 35 dB（A），如表 6.8 所示。在《民用建筑隔声设计标准》（GB 50118—2010）中，学校建筑中辅助用房的允许噪声级如表 6.9 所示。这两组情况均符合《民用建筑隔声设计标准》（GB 50118—2010）中各房间允许噪声级的标准。但是从使用功能的角度，第一种方案中会议室和教师办公室的允许声级更低，更有利于教师的使用需求，因此从建筑声学的角度建议选择第一种方案。此外，封闭走廊内顶棚的吸声可有效降低噪声沿走廊的传播，提高教学用房之间的隔声性能，因此，若条件允许，教室走廊顶棚宜配置吸声性能较高的吸声材料。在实际工程中，建议建筑师进行多方案的对比推敲，在满足标准的情况下，还可以对建筑环境做进一步优化。

表 6.7　当封闭走廊在靠近道路一侧时，参评房间的室内噪声级

包含房间	室外传到室内噪声级/dB（A）	室内噪声级/dB（A）	结　论
	昼　间	昼　间	
会议室	35.2	35	达标
教师办公室 1	34.7	35	达标
教师办公室 2	34.5	35	达标
教师办公室 3	34.6	35	达标
封闭走廊	45.2	45	达标

表 6.8　当封闭走廊在里侧时，参评房间的室内噪声级

包含房间	室外传到室内噪声级/dB（A）	室内噪声级/dB（A）	结　论
	昼　间	昼　间	
会议室	44.6	45	达标
教师办公室 1	44.5	45	达标
教师办公室 2	44.7	45	达标
教师办公室 3	44.9	45	达标
封闭走廊	35.2	35	达标

表 6.9　学校建筑辅助用房内的允许噪声级

房间名称	允许噪声级/dB（A）
教师办公室、休息室、会议室	≤45
健身房	≤50
教学楼中封闭的走廊、楼梯间	≤50

6.4　医疗建筑——以邹平市妇幼保健院为例

邹平市妇幼保健院（见图 6.7）位于山东省滨州邹平市，东至醴泉七路，南临鹤伴二路，西至醴泉六路，北靠鹤伴一路，用地面积 33333.36 m^2，总建筑面积 26415.9 m^2，建筑基底面积 4660.45 m^2，地上 9 层，地下 1 层，

停车位48个，病床数200张。建筑层数9层、建筑高度37.25 m。建筑结构形式为框剪结构，使用年限为50年，抗震设防类别为乙类。该工程为一类高层公共建筑，耐火等级为一级。该项目地下有一层，平时均为车库及设备用房，战时可用作掩蔽所。一层主要为大厅、收费处、门诊、配液中心、儿童游泳抚触、接种疫苗、放射科及消毒供应等；二层为孕产保健、妇科门诊手术室、计划生育专科、功能科等；三层为检验科、儿保科、手术室、ICU及家属等候区；四层为产科及NICU；五层至九层是主楼标准层，为各科室病房。每一层为一个护理单元，含单人间、双人间、三人间、套间。

图6.7　邹平市妇幼保健院鸟瞰图

在隔声量计算中，表6.10列举了外墙、病房与普通房间之间的隔墙，病房之间的隔墙，病房与普通房间之间的楼板、病房之间的楼板以及门、外窗等多个构件。其中计权隔声量是由125～2000 Hz倍频程的声级计算得出。计算发现该项目的门窗、楼板等构件均满足要求，但是由于部分构件仅满足低限要求，因此不加分；需要对外墙、门进行隔声处理，达到低限标准限值和高要求标准限值的平均值后，可根据《绿色建筑评价标准》(GB/T 50378—2019) 5.2.7，得3分。表6.11列举了病房、医护人员休息室、重症监护室、诊室、手术室的室内声级，满足昼间不高于 40 dB（A）、夜间不高于 35 dB（A）的高标准要求，因此，可根据《绿色建筑评价标准》（GB/T 50378—2019）第 5.2.6 条，得 8 分。

表 6.10　构件隔声性能

<table>
<tr><th colspan="2">构　件</th><th colspan="5">分频隔声量与
不利偏差/dB（A）</th><th colspan="2">单值评价量＋频谱修正量/dB</th><th rowspan="3">隔声性能/dB(A)</th><th rowspan="3">标准限值/
dB（A）</th><th rowspan="3">结论</th></tr>
<tr><th rowspan="2">名　称</th><th rowspan="2">构造编号</th><th colspan="5">倍频程中心频率/Hz</th><th rowspan="2">计权隔声量</th><th rowspan="2">频谱修正量</th></tr>
<tr><th>125</th><th>250</th><th>500</th><th>1000</th><th>2000</th></tr>
<tr><td rowspan="2">外　墙</td><td rowspan="2">2</td><td>35.1</td><td>38.4</td><td>41.7</td><td>45.0</td><td>48.3</td><td rowspan="2">48</td><td rowspan="2">−2.5</td><td rowspan="2">45</td><td rowspan="2">低限：≥45，
高要求：≥50</td><td rowspan="2">满足低限要求</td></tr>
<tr><td>0.0</td><td>0.0</td><td>3.3</td><td>3.0</td><td>0.7</td></tr>
<tr><td rowspan="2">病房与普通房间之间的隔墙</td><td rowspan="2">3</td><td>40.4</td><td>43.7</td><td>47.0</td><td>50.3</td><td>53.6</td><td rowspan="2">51</td><td rowspan="2">−1.1</td><td rowspan="2">50</td><td rowspan="2">低限：＞45，
高要求：＞50</td><td rowspan="2">满足平均要求</td></tr>
<tr><td>0.0</td><td>0.3</td><td>4.0</td><td>3.7</td><td>1.4</td></tr>
<tr><td rowspan="2">病房之间的隔墙</td><td rowspan="2">3</td><td>40.4</td><td>43.7</td><td>47.0</td><td>50.3</td><td>53.6</td><td rowspan="2">51</td><td rowspan="2">−1.1</td><td rowspan="2">50</td><td rowspan="2">低限：＞45，
高要求：＞50</td><td rowspan="2">满足平均要求</td></tr>
<tr><td>0.0</td><td>0.3</td><td>4.0</td><td>3.7</td><td>1.4</td></tr>
<tr><td rowspan="4">病房与普通房间之间的楼板</td><td rowspan="2">4</td><td>41.1</td><td>44.4</td><td>47.7</td><td>51.0</td><td>54.3</td><td rowspan="2">51</td><td rowspan="2">−0.4</td><td rowspan="2">51</td><td rowspan="2">低限：＞45，
高要求：＞50</td><td rowspan="2">满足高要求</td></tr>
<tr><td>0.0</td><td>0.0</td><td>3.3</td><td>3.0</td><td>0.7</td></tr>
<tr><td rowspan="2">1</td><td>44.0</td><td>47.4</td><td>50.7</td><td>54.0</td><td>57.3</td><td rowspan="2">54</td><td rowspan="2">−0.4</td><td rowspan="2">54</td><td rowspan="2">低限：＞45，
高要求：＞50</td><td rowspan="2">满足高要求</td></tr>
<tr><td>0.0</td><td>0.0</td><td>3.3</td><td>3.0</td><td>0.7</td></tr>
<tr><td rowspan="2">病房之间的楼板</td><td rowspan="2">4</td><td>41.1</td><td>44.4</td><td>47.7</td><td>51.0</td><td>54.3</td><td rowspan="2">51</td><td rowspan="2">−0.4</td><td rowspan="2">51</td><td rowspan="2">低限：＞45，
高要求：＞50</td><td rowspan="2">满足高要求</td></tr>
<tr><td>0.0</td><td>0.0</td><td>3.3</td><td>3.0</td><td>0.7</td></tr>
<tr><td rowspan="4">门</td><td rowspan="2">12</td><td>22.0</td><td>21.0</td><td>28.0</td><td>36.0</td><td>30.0</td><td rowspan="2">30</td><td rowspan="2">−0.4</td><td rowspan="2">30</td><td rowspan="2">低限：≥20</td><td rowspan="2">满足低限要求</td></tr>
<tr><td>0.0</td><td>2.0</td><td>2.0</td><td>0.0</td><td>4.0</td></tr>
<tr><td rowspan="2">12，11</td><td>35.0</td><td>39.0</td><td>36.0</td><td>46.0</td><td>49.0</td><td rowspan="2">44</td><td rowspan="2">−1.8</td><td rowspan="2">42</td><td rowspan="2">低限：≥20</td><td rowspan="2">满足低限要求</td></tr>
<tr><td>0.0</td><td>0.0</td><td>8.0</td><td>1.0</td><td>0.0</td></tr>
<tr><td rowspan="2">其他外窗</td><td rowspan="2">7，8，9，10</td><td>22.0</td><td>21.0</td><td>28.0</td><td>36.0</td><td>30.0</td><td rowspan="2">30</td><td rowspan="2">−2.3</td><td rowspan="2">28</td><td rowspan="2">低限：≥25，
高要求：≥30</td><td rowspan="2">满足平均要求</td></tr>
<tr><td>0.0</td><td>2.0</td><td>2.0</td><td>0.0</td><td>4.0</td></tr>
</table>

表 6.11 病房声压级情况

包含房间	室外传到室内噪声级/dB（A）		室内噪声级/dB（A）		结 论
	昼 间	夜 间	昼 间	夜 间	
病 房	30.4	20.4	30	20	满足高要求
医护人员休息室	30.3	20.3	30	20	满足高要求
诊 室	30.0	20.0	30	20	满足高要求
手术室	29.8	19.8	30	20	满足高要求
重症监护室	28.0	18.0	28	18	满足高要求

6.5 展览建筑——甘肃科技馆

甘肃科技馆新建场馆（见图 6.8）地处兰州市安宁区，T591 号规划路北侧、S568 号规划路西侧的用地内。该用地北侧为科技公园。该工程建设

图 6.8 甘肃科技馆效果图

总用地建筑面积为 48190.5 m^2，其中可建设用地为 37710.6 m^2。总建筑面积 50075 m^2，容积率为 1.065，建筑密度约为 25.0%，建筑绿地率 30.1%。其建设区位良好，交通便捷，是集科学性、知识性、趣味性、参与性为一体的多功能、综合性、现代化的大型科技活动场馆。

由于其周边环境复杂，外界噪声明显，建立了室外声环境模型分析平面图（见图 6.9），得到场地周围昼、夜声压级分布情况（见图 6.10、图 6.11）。结果表明，甘肃科技馆室外环境噪声级昼间为 62 dB（A）、夜间为 53 dB（A）。根据《绿色建筑评价标准》（GB/T 50378—2019）6.2.6，环境噪声值大于 2 类声环境功能区标准限值，且小于或等于 3 类声环境功能区标准限值，得 5 分。

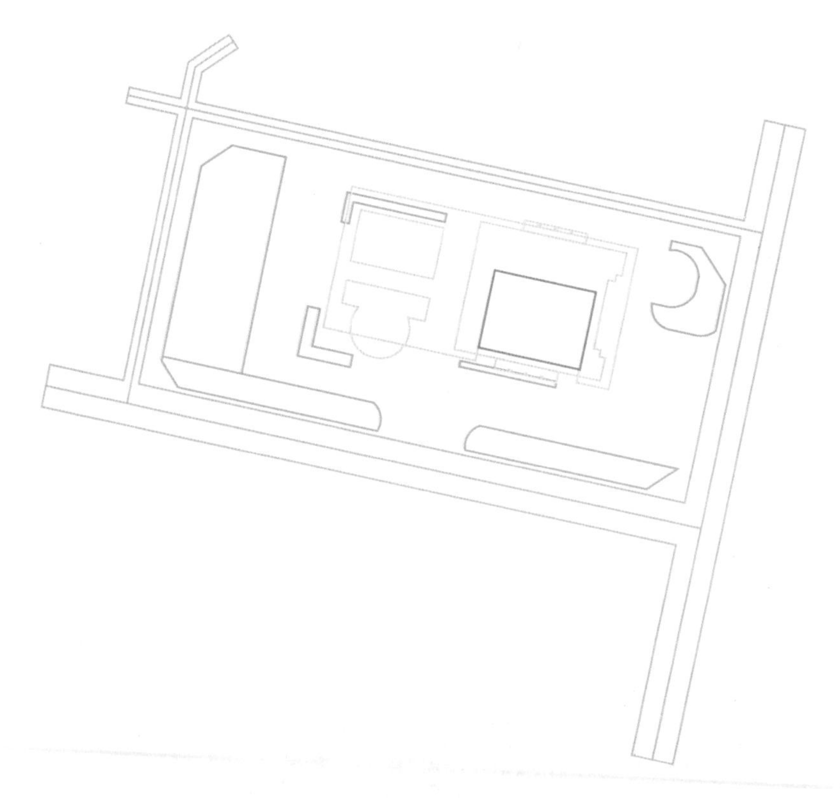

图 6.9　建设项目室外声环境分析模型平面图

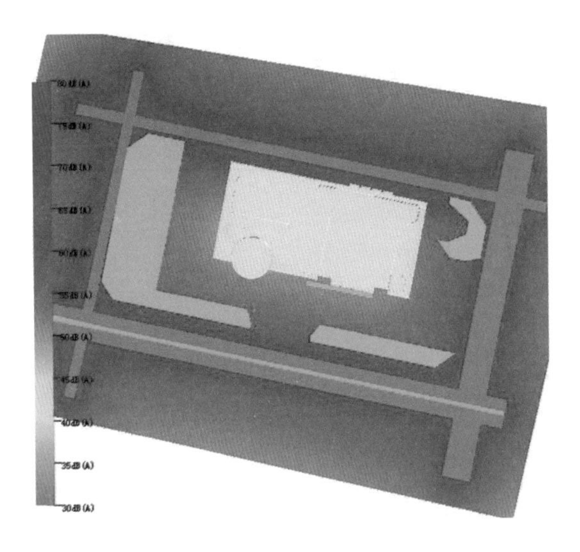

图 6.10 场地 1.2 m 高度处声压级分布图（昼间）

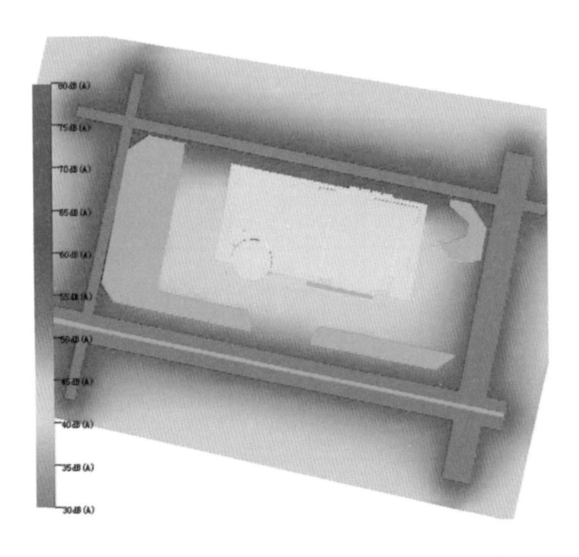

图 6.11 场地 1.2 m 高度处声压级分布图（夜间）

根据设定墙体构件等参数，对建筑内的主要会议室的外墙以及办公室外墙等构件进行隔声性能分析（见表 6.12），此建筑的构件隔声性能符合标准。但是会议室外墙和办公室外墙的隔声没有达到平均要求。综合评价，噪声级达到《民用建筑隔声设计标准》（GB 50118—2010）中的低限标准限值和高要求标准限值的平均值，得 4 分。

表 6.12　构件隔声性能

构件		分频隔声量与不利偏差/dB (A)					单值评价量＋频谱修正量/dB		隔声性能/dB(A)	标准限值/dB (A)	结论
名称	构造编号	倍频程中心频率/Hz					计权隔声量	频谱修正量			
		125	250	500	1000	2000					
会议室外墙	2	32.1	35.4	38.7	42.0	45.3	49.5	−1.5	48	低限：≥45，高要求：≥50	满足平均要求
		0.0	0.0	3.3	3.0	0.7					
会议室与普通房间之间隔墙	3	40.4	43.7	47.0	50.3	53.6	51	−1.1	50	低限：>45，高要求：>50	满足平均要求
		0.0	0.3	4.0	3.7	1.4					
办公室外墙	2	32.1	35.4	38.7	42.0	45.3	49.5	−1.5	48	低限：≥45，高要求：≥50	满足平均要求
		0.0	0.0	3.3	3.0	0.7					
办公室与普通房间之间隔墙	3	40.4	43.7	47.0	50.3	53.6	51	−1.1	50	低限：>45，高要求：>50	满足平均要求
		0.0	0.3	4.0	3.7	1.4					
办公室与普通房间之间楼板	4	41.1	44.5	47.8	51.1	54.4	51	−0.3	51	低限：>45，高要求：>50	满足高要求
		0.0	0.0	3.2	2.9	0.6					
会议室与普通房间之间楼板	4	41.1	44.5	47.8	51.1	54.4	51	−0.3	51	低限：>45，高要求：>50	满足高要求
		0.0	0.0	3.2	2.9	0.6					
办公室与产生噪声房间之间楼板	4	41.1	44.5	47.8	51.1	54.4	51	−2.5	49	低限：>45，高要求：>50	满足平均要求
		0.0	0.0	3.2	2.9	0.6					
会议室的门	12	22.0	34.0	36.0	39.0	42.0	39	−1.3	38	低限：≥20，高要求：≥25	满足高要求
		1.0	0.0	3.0	3.0	1.0					
办公室的门	12	22.0	34.0	36.0	39.0	42.0	39	−1.3	38	低限：≥20，高要求：≥25	满足高要求
		1.0	0.0	3.0	3.0	1.0					
其他外窗	8，9，7，10	22.0	21.0	28.0	36.0	30.0	30	−2.3	28	低限：≥25，高要求：≥30	满足平均要求
		0.0	2.0	2.0	0.0	4.0					

参考文献

[1] 彭健新，吴硕贤，赵越喆. 建筑声学设计软件 ODEON 及其在工程上的应用 [J]. 电声技术，2002 (5)：14-17.

[2] 彭庆，傅荣. 计算机声场模拟软件 ODEON 及其应用 [J]. 中国新技术新产品，2010 (6)：44-44.

[3] 国家环境保护总局. 关于德国 Cadna/A 环境噪声模拟软件系统鉴定意见 [R]. 北京：国家环保总局，2007.

[4] 刘培杰，孙海涛，王红卫. 噪声模拟软件 Cadna/A 在交通噪声预测评价中的应用 [J]. 电声技术，2008，32 (7)：64-67.

[5] http：//www. ease-china. com/products. asp.

[6] 柳孝图. 建筑物理 [M]. 3 版. 北京：中国建筑工业出版社，2010.

[7] 康健. 声景：现状及前景 [J]. 新建筑，2014 (5)：4-7.

[8] 刘加平. 建筑物理 [M]. 4 版. 北京：中国建筑工业出版社，2009.

[9] 吴硕贤. 建筑声学设计原理 [M]. 2 版. 北京：中国建筑工业出版社，2019.

[10] 安藤四一. 建筑声学：声源、声场与听众之融合 [M]. 吴硕贤，赵越喆，译. 天津：天津大学出版社，2006.

[11] MURRAY SCHAFER R. The Soundscape：our sonic environment and the turning of the world [M]. Rocester，Vermont：Desting Books，1994.

[12] MENG Q，WU Y. Indoor sound environment and acoustic perception [M]. Beijing：Intellectual Property Publishing House，2020.

[13] MARSHALL LONG. Architectural Acoustics [M]. Elsevier Academic Press，2006.

[14] 吕厚均，俞文光. 中国四大回音古建筑声学技艺研究与传承 [M]. 合肥：安徽科技出版社，2017.

[15] 康健，金虹. 地下空间声环境 [M]. 北京：科学出版社，2014.

[16] 孟子厚，戴璐. 混响的感知与设计 [M]. 北京：中国建筑工业出版社，2018.

[17] 中华人民共和国环境保护部. 声环境质量标准：GB 3096—2008 [S]. 北京：中国环境科学出版社，2008.

[18] 中华人民共和国环境保护部. 工业企业厂界环境噪声排放标准：GB 12348—2008 [S]. 北京：中国环境科学出版社，2008.

[19] 中华人民共和国环境保护部. 环境影响评价技术导则 声环境：HJ 2.4—2009 [S]. 北京：中国环境科学出版社，2009.

[20] 中华人民共和国国家质量监督检验检疫总局，中国国家标准化管理委员会. 声学 环境噪声的描述、测量与评价第 2 部分：环境噪声级测定：GB/T 3222.2—2009 [S]. 北京：中国标准出版社，2009.

[21] 中华人民共和国住房和城乡建设部. 住宅设计规范：GB 50096—2011 [S]. 北京：中国计划出版社，2012.
[22] 城乡建设环境保护部. 民用建筑隔声设计规范：GB 50118—2010 [S]. 北京：中国计划出版社，2011.
[23] 中华人民共和国建设部，中华人民共和国国家质量监督检验检疫总局. 建筑隔声评价标准：GB/T 50121—2005 [S]. 北京：中国标准出版社，2005
[24] 中华人民共和国国家质量监督检验检疫总局，中国国家标准化管理委员会. 电声学 声级计 第1部分：规范：GB/T 3785.1—2010 [S]. 北京：中国标准出版社，2011.
[25] 中华人民共和国国家质量监督检验检疫总局，中国国家标准化管理委员会. 电声学 声级计 第2部分：型式评价试验：GB/T 3785.2—2010 [S]. 北京：中国标准出版社，2011.
[26] 中华人民共和国工业和信息化部. 电声学 测量电容传声器通用规范：SJ/T 10724—2013 [S]. 2013.
[27] International Electrotechnical Commission. Electroacoustics—Sound level meters—Part 1：Specifications：IEC 61672—1：2013 [S]. Geneva，2013.
[28] Acoustics—Description，Measurement and Assessment of Environmental Noise—Part 1：Basic Quantities and Assessment Procedures：ISO 1996 - 1 - 2003 [S].
[29] Acoustics—Description and Measurement of Environmental Noise—Part 2：Acquisition of Data Pertinent to Land Use：ISO 1996 - 2 AMD 1 - 1998 [S].
[30] Acoustics—Application of New Measurement Methods in Building and Room Acoustics：ISO18233：2006 [S].
[31] ISO，Technical Committee ISO/TC 43. Acoustics—Determination of Sound Insulation in Buildings and of Building Elements—Part 2：Airborne Measurement Principles：ISO/CD10140 - 2 [EB/OL]. [1991].
[32] ISO，Technical Committee ISO/TC 43. Acoustics—Measurement of Sound Insulation in Buildings and of Building Elements—Part 13：Guidelines：ISO/TR140 - 13 [EB/OL]. [1997].
[33] 马大猷. 噪声与振动控制工程手册 [M]. 北京：机械工业出版社，2002.
[34] 马大猷，沈嵃. 声学手册 [M]. 修订版. 北京：科学出版社，2004.
[35] 杜功焕，朱哲民，龚秀芬. 声学基础 [M]. 南京：南京大学出版社，2001.
[36] 孙广荣，吴启学. 环境声学基础 [M]. 南京：南京大学出版社，1995.
[37] 吴硕贤，张三明，葛坚. 建筑声学设计原理 [M]. 北京：中国建筑工业出版社，2019.
[38] MORSE P M，INGARD K U，SHANKLAND R S. Theoretical Acoustics [M]. New York：McGraw - Hill，1968.
[39] CREMER L，MULLER H. 室内声学设计原理及其应用 [M]. 王季卿，沈嵃，

吕如榆，译. 上海：同济大学出版社，1995.

[40] 詹姆斯. 建筑声学设计指南 [M]. 李晋荃，等，译. 北京：中国建筑工业出版社，2004.

[41] YANG J Y, MIN H Q. The Centre of City: Acoustic Environment and Spatial Morphology [M]. Singapore: Springer, 2019.

[42] 王季卿. 提升住宅的声环境品质 [J]. 建筑学报，1997 (9)：16-20，65.

[43] 秦佑国. 城市住宅声环境的要求、问题和改善 [J]. 噪声与振动控制，1996 (6)：2-5.

[44] HODGSON M. On the Prediction of Sound Fields in Large Empty Rooms [J]. Journal of the Acoustical Society of America, 1998, 84 (1): 253-261.

[45] JOVICIC S. Recommendations for Determination of Sound Level in Industrial Halls (in German) [J]. Work, Occupational Health and Social Affairs, 1979.

[46] LINDQVIST E A. Sound Attenuation in Large Factory Spaces [J]. Acta Acustica United with Acustica, 1982, 50 (5): 313-328.

[47] KURZE U J. Scattering of Sound in Industrial Spaces [J]. Journal of Sound and Vibration, 1985, 98 (3): 349-364.

[48] KULOWSKI A. Error Investigation for the Ray Tracing Technique [J]. Applied Acoustics, 1982, 15 (4): 263-274.

[49] BORISH J. Extension of the Image Model to Arbitrary Polyhedra [J]. Journal of the Acoustical Society of America, 1998, 75 (6): 1827-1836.

[50] KIRSZENSTEIN J. An Image Source Computer Model for Room Acoustics: Analysis and Electroacoustic Simulation [J]. Applied Acoustics, 1984, 17 (4): 275-290.

[51] HAMMAD R N S. Simulation of Noise Distribution in Rectangular Rooms by Means of Computer Modelling Techniques [J]. Applied Acoustics, 1988, 24 (3): 211-228.

[52] ONDET A M, BARBRY J L. Modeling of Sound Propagation in Fitted Workshops Using Ray Tracing [J]. Journal of the Acoustical Society of America, 1998, 85 (2): 787-796.

[53] HODGSON M. Case History: Factory Noise Prediction Using Ray Tracing - Experimental Validation and the Effectiveness of Noise Control Measures [J]. Noise Control Engineering Journal, 1989, 33 (3): 97-104.

[54] ALDI H A, OLDHAM D J. Determination of the Scattering Parameters of Fittings in Industrial Buildings for Use in Computer Based Factory Noise Prediction Models: Part 1 - Theoretical Background [J]. Building Acoustics, 1995, 2 (2): 461-482.

[55] WINDLE R M. An Independent Comparison and Validation of Noise Prediction Techniques Inside Factories [C] // Proceedings of the Institute of Acoustics , 1994, 16: 423 - 432.

[56] DANCE S, ROBERTS J P, SHIELD B. Computer Prediction of Sound Distribution in Enclosed Spaces Using an Interference Pressure Model [J]. Applied Acoustics, 1995, 44 (1): 53 - 65.

[57] DANCE S, SHIELD B. Noise Control Modeling in Non - Diffuse Enclosed Spaces Using an Image - Source Model [C] // Proceedings of the Institute of Acoustics, 1994, 16: 515 - 524.

[58] KURZE U J. Noise Reduction by Barriers. Journal of the Acoustical Society of America, 1994, 55: 504 - 518.

[59] DANCE S M, ROBERTS J P, SHIELD B M. Computer Prediction of Insertion Loss Due to a Single Barrier in a Non - Diffuse Empty Enclosed Space [J]. Building Acoustics, 1994, 1 (2): 125 - 136.

[60] DANCE S M, SHIELD B M. The Complete Image - Source Method for the Prediction of Sound Distribution in Non - Diffuse Enclosed Spaces [J]. Journal of Sound and Vibration, 1997, 201 (4): 473 - 489.

[61] NAYLOR G M. ODEON - Another Hybrid Room Acoustical Model [J]. Applied Acoustics, 1993, 38 (2 - 4): 131 - 143.

[62] FARINA A. RAMSETE - a New Pyramid Tracer for Medium and Large Scale Acoustic Problems [C] //Proceedings of the Euro - Noise' 95, Lyon, France, March 21 - 23, 1995, 1: 55.

[63] LAM Y W. A Comparison of Three Diffuse Reflection Modeling Methods Used in Room Acoustics Computer Models [J]. Journal of the Acoustical Society of America, 1998, 100 (4): 2181 - 2192.

[64] BERANEK L L, BLAZIER W E, FIGWER J J. Preferred Noise Criterion (PNC) Curves and Their Application to Rooms [J]. Journal of the Acoustical Society of America, 1971, 50 (5): 1223.

[65] BERANEK L L. Balanced Noise - Criterion (NCB) Curves [J]. Journal of the Acoustical Society of America, 1998, 86 (2): 650.

[66] JEAN P, DEFRANCE J, GABILLET Y. The Importance of Source Type on the Assessment of Noise Barriers [J]. Journal of Sound and Vibration, 1999, 226 (2): 201 - 216.

[67] WANG C, BRADLEY J B. Prediction of the Speech Intelligibility Index Behind a Single Screen in an Open - Plan Office [J]. Applied Acoustics, 2002, 63 (8):

867 - 883.

[68] CRAIK R J M. Sound Transmission Through Buildings: Using Statistical Energy Analysis [M]. England: Gower Publishing Limited, 1998.

[69] MIN H Q, XU K. Coherent Image Source Modeling of Sound Fields in Long Spaces with a Sound - Absorbing Ceiling [J]. Applied Sciences, 2021, 11 (15): 6743.

[70] MIN H Q, CHEN W S, QIU X J. Single Frequency Sound Propagation in Flat Waveguides with Locally Reactive Impedance Boundaries [J]. Journal of the Acoustical Society of America, 2011, 130 (2): 772 - 782.

[71] LI K M, LU K K. Propagation of Sound in Long Enclosures [J]. Journal of the Acoustical Society of America, 2004, 116 (5): 2759 - 2770.

[72] DANCE S M, ROBERTS J P, SHIELD B M. Computer Prediction of Sound Distribution in Enclosed Spaces Using an Interference Pressure Model [J]. Applied Acoustics, 1995, 44 (1): 53 - 65.

[73] DANCE S M, SHILED B M. The Complete Image - Source Method for the Prediction of Sound Distribution in Non - Diffuse Enclosed Spaces [J]. Journal of Sound and Vibration, 1997, 201 (4): 473 - 489.

[74] ONDET A M, BARBRY J L. Modeling of Sound Propagation in Fitted Workshops Using Ray Tracing [J]. Journal of the Acoustical Society of America, 1998, 85 (2): 787 - 796.

[75] DANCE S M, ROBERTS J P, SHIELD B M. Computer Prediction of Insertion Loss Due to a Single Barrier in a Non - Diffuse Empty Enclosed Space [J]. Journal of Building Acoustics, 1995, 1: 125 - 136.

[76] FARINA A. RAMSETE - a New Pyramid Tracer for Medium and Large Scale Acoustic Problems [C] //Proceedings of the Euro - Noise' 95, Lyon, France, March 21 - 23, 1995, 1: 55.

[77] KULOWSKI A. Algorithmic Representation of the Ray Tracing Technique [J]. Applied Acoustics, 1985, 18 (6): 449 - 469.

[78] NAYLOR G M. ODEON - Another Hybrid Room Acoustical Model [J]. Applied Acoustics, 1993, 38 (2 - 4): 131 - 143.

[79] MIN H Q, QIU X J. Multiple Acoustic Diffraction Around Rigid Parallel Wide Barriers [J]. Journal of the Acoustical Society of America, 2009, 126 (1): 179 - 186.

[80] WANG C, BRADLEY J S. A Mathematical Model for a Single Screen Barrier in Open - Plan Offices [J]. Applied Acoustics, 2002, 63 (8): 849 - 866.

[81] 中华人民共和国住房和城乡建设部. 建筑环境通用规范：GB 55016—2021 [S]. 北京：中国建筑工业出版社，2022.

附录 A

室外噪声分析报告书示例

项目名称：××房建项目

建设单位：××公司

设计单位：××设计研究院

××××年××月××日

A.1　项目概况

××房建项目 3 号地块总建筑面积 87331.77 m^2，其中地上建筑面积 60794.89 m^2，地下建筑面积 26536.88 m^2。4 号地块 42725.23 m^2，其中地上建筑面积 29206.26 m^2，地下建筑面积 13518.97 m^2。本次评价范围：2 个地块，共布置了 8 个单体建筑，1～3 号、8～12 号楼为科研办公用房。3 号地块容积率为 1.64，4 号地块容积率为 1.20；3 号地块建筑密度为 36.47%，4 号地块建筑密度为 28.43%；3 号地块绿地率为 25.30%，4 号地块绿地率为 33.21%。建筑均为多层公共建筑（见附图 A.1）。

本项目根据××市要求及项目具体情况，绿色建筑目标定位为××市绿色建筑设计认证二星级。按照《绿色建筑评价标准》（GB/T 50378—2019），对公共建筑进行评价。

附图 A.1　项目效果图

A.2 评价标准

A.2.1 评价依据

(1)《绿色建筑评价标准》(GB/T 50378—2019)。

(2)《绿色建筑评价技术细则》。

(3)《声环境质量标准》(GB 3096—2008)。

(4)《环境影响评价技术导则声环境》(HJ 2.4—2009)。

(5)《声环境功能区划分技术规范》(GB/T 15190—2014)。

(6)《民用建筑绿色性能计算标准》(JGJ/T 449—2018)。

(7) 建筑设计图纸相关文件。

A.2.2 标准要求

(1)《绿色建筑评价标准》(GB/T 50378—2019)。

8.2.6 场地内的环境噪声优于现行国家标准《声环境质量标准》GB 3096 的要求，评价总分值为 10 分，并按下列规则评分：

1 环境噪声值大于 2 类声环境功能区标准限值，且小于或等于 3 类声环境功能区标准限值，得 5 分。

2 环境噪声值小于或等于 2 类声环境功能区标准限值，得 10 分。

(2)《声环境质量标准》(GB 3096—2008) 中规定了五类声环境功能区的环境噪声限值，如附表 A.1 所示。

附表 A.1 环境噪声限值 单位：dB (A)

声环境功能区类别	时段		适用范围
	昼间	夜间	
0 类	50	40	指康复疗养区等特别需要安静的区域
1 类	55	45	指以居民住宅、医疗卫生、文化教育、科研设计、行政办公为主要功能，需要保持安静的区域

续表

<table>
<tr><th rowspan="2" colspan="2">声环境
功能区类别</th><th colspan="2">时 段</th><th rowspan="2">适用范围</th></tr>
<tr><th>昼 间</th><th>夜 间</th></tr>
<tr><td colspan="2">2类</td><td>60</td><td>50</td><td>指以商业金融、集市贸易为主要功能，或者居住、商业、工业混杂，需要维护住宅安静的区域</td></tr>
<tr><td colspan="2">3类</td><td>65</td><td>55</td><td>指以工业生产、仓储物流为主要功能，需要防止工业噪声对周围环境产生严重影响的区域</td></tr>
<tr><td rowspan="2">4类</td><td>4a类</td><td>70</td><td>55</td><td>适用于高速公路、一级公路、二级公路、城市快速路、城市主干路、城市次干路、城市轨道交通（地面段）、内河航道两侧一定距离之内，需要防止交通噪声对周围环境产生严重影响的区域</td></tr>
<tr><td>4b类</td><td>70</td><td>60</td><td>适用于铁路干线两侧一定距离之内，需要防止交通噪声对周围环境产生严重影响的区域</td></tr>
</table>

注：根据《中华人民共和国环境噪声污染防治法》，“昼间”是指6：00至22：00之间的时段；“夜间”是指22：00至次日6：00之间的时段。

A.3 模拟方法

A.3.1 模拟软件

本报告采用建筑声环境分析软件SEDU进行模拟计算分析。SEDU是一款可用于噪声计算、评估和预测的软件，计算原理源于国际标准化组织规定的《户外声传播的衰减的计算方法》(ISO 9613—2：1996)、国内公布的《声学 户外声传播的衰减 第2部分：一般计算方法》(GB/T 17247.2—1998)、《环境影响评价技术导则》(HJ 2.4—2009)和《公路建设项目环境影响评价规范》(JTG B03—2006)。软件计算严格按照国家相关标准要求编制，室内外可接力计算，室外计算结果可作为噪声边界条件接力进行后续建筑室内隔声性能的计算。

考虑到本项目建成后周边噪声环境情况的复杂性，本报告需要使用软件分别模拟计算昼间和夜间噪声值，包括项目场地的平面噪声分布、噪声敏感建筑的沿建筑物底轮廓线 1.5 m 高度处和噪声敏感建筑立面噪声分布，并依据《声环境功能区划分技术规范》(GB/T 15190—2014)，判断场地内环境噪声模拟结果是否满足《声环境质量标准》(GB 3096—2008) 和《绿色建筑评价标准》(GB/T 50378—2019) 的相关规定。

A.3.2 分析模型

本报告根据建筑设计图纸等相关资料建立室外声环境模拟分析模型，主要包括参评目标建筑、周边建筑、声屏障、道路（包括轨道交通）和绿化带等对象。

本项目噪声分析模型如附图 A.2 所示。

附图 A.2 建设项目室外声环境分析模型平面图

A.3.3 计算条件

1. **网格设置**

平面网格间距：20 m×20 m。

平面网格离地高度：1.5 m。

立面网格间距：5 m×5 m。

2. **地面效应**

地面高度：0 m。

计算考虑地面效应。地面效应计算方法：导则算法。

3. **噪声反射**

障碍物考虑的最大反射次数：1。

4. **空气吸收**

气压为 101325 Pa，气温为 16 ℃，湿度为 50%。

5. **达标统计**

(1) 建筑物噪声最大值统计方式：取距离建筑物底标高 1.5 m 沿线点。

(2) 场地环境噪声达标统计方式：场地内命名参评建筑物全部达标。

A.3.4 参数设置

建筑室外场地噪声目前主要的噪声源为交通噪声，根据项目实际情况还可能考虑周边环境中工业噪声源等。本项目参与计算的噪声源如附表 A.2 所示，需要指出，噪声源表中的车速、车流量等数据由客户按照项目实际情况设定。

附表 A.2　公路噪声源

路段名称	路面材料	时　段	设计车速/(km/h)	小型车		中型车		大型车	
				车流量辆/h	7.5 m 处 A 声级/dB (A)	车流量辆/h	7.5 m 处 A 声级/dB (A)	车流量辆/h	7.5 m 处 A 声级/dB (A)
一号路	沥青混凝土	昼　间	60	80	72	10	71	0	78
		夜　间	60	50	72	5	71	0	78
三号路	沥青混凝土	昼　间	60	50	72	10	71	0	78
		夜　间	60	20	72	5	71	0	78
二号路	沥青混凝土	昼　间	60	50	72	10	71	0	78
		夜　间	60	20	72	5	71	0	78
五横线	沥青混凝土	昼　间	60	80	72	15	71	0	78
		夜　间	60	50	72	10	71	0	78
御复路	沥青混凝土	昼　间	60	100	72	20	71	0	78
		夜　间	60	60	72	10	71	0	78
西湖路	沥青混凝土	昼　间	60	60	72	10	71	0	78
		夜　间	60	40	72	5	71	0	78
规划路	沥青混凝土	昼　间	60	50	72	10	71	0	78
		夜　间	60	20	72	5	71	0	78

A.4　模拟结果及分析

经过软件模拟计算，预测出昼间和夜间两种工况下的场地噪声分布情况，包括场地噪声平面分布彩图、参评建筑沿建筑底轮廓线 1.5 m 高度处噪声分布、参评建筑立面噪声级分布等彩色分析图和数据分析图。

A.4.1　场地噪声分布

场地噪声分布图如附图 A.3 和附图 A.4 所示。

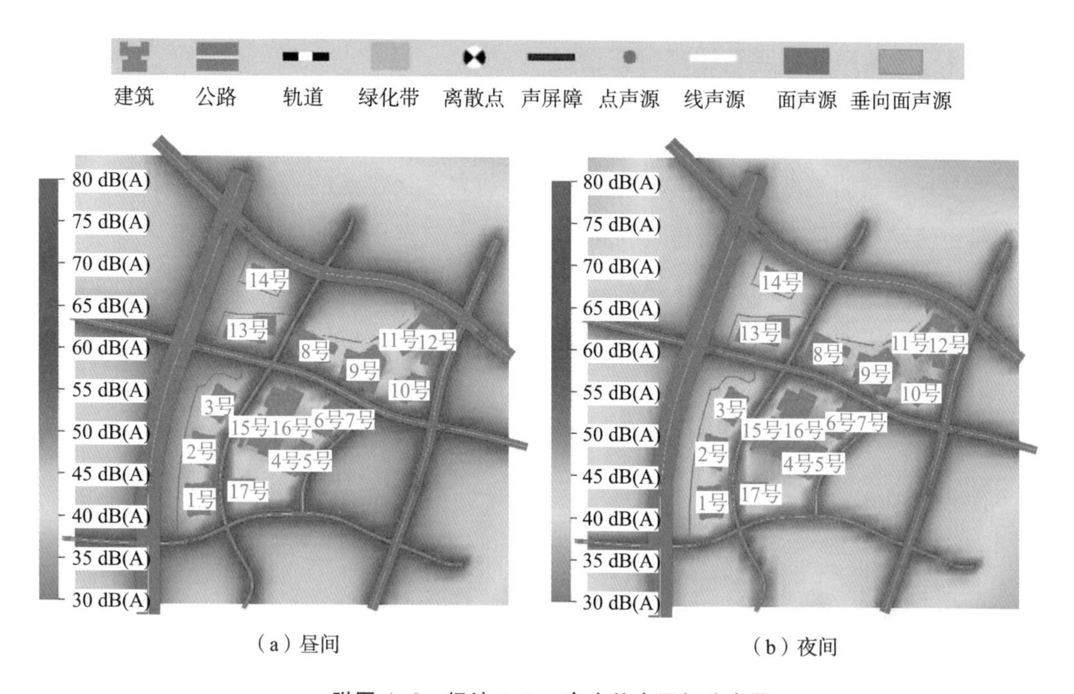

（a）昼间　　（b）夜间

附图 A.3　场地 1.5 m 高度处声压级分布图

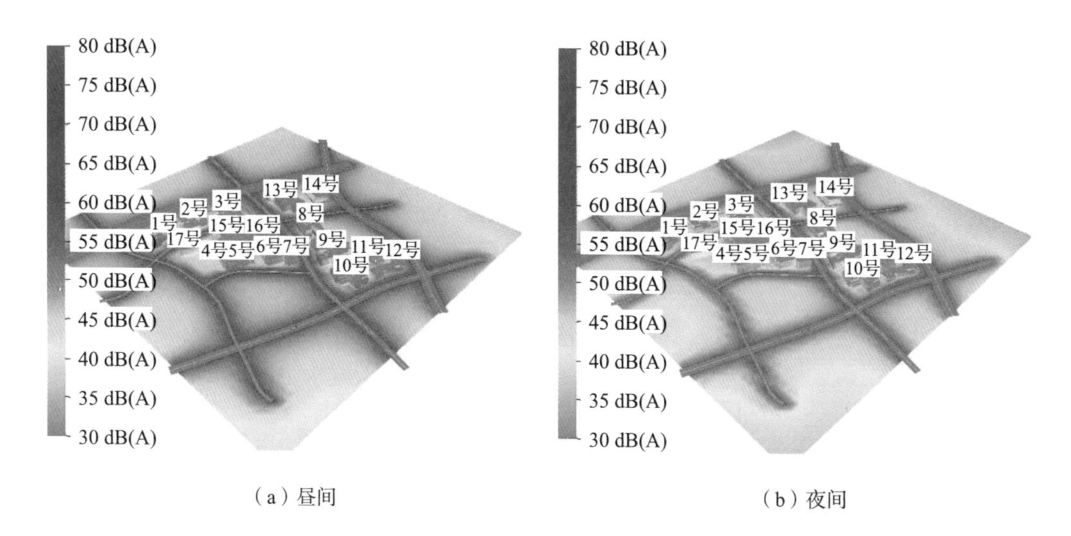

（a）昼间　　（b）夜间

附图 A.4　场地噪声分布俯瞰图

A. 4. 2　噪声敏感建筑噪声分布情况

参评建筑昼间和夜间沿底轮廓线 1.5 m 分析高度处噪声分布情况，每栋参评建筑俯视图圆圈内上下两个数字分别表示该建筑的昼间和夜间最大噪声值，红色填充代表该建筑昼间或夜间噪声值至少有一项超过 3 类声功能区限值，绿色填充代表该建筑昼间或夜间噪声值均小于或等于 3 类声功能区噪声限值，青色填充代表该建筑昼间或夜间噪声值均小于或等于 2 类声功能区噪声限值。

本项目室外昼间和夜间噪声分析及达标情况如附图 A. 5 所示。

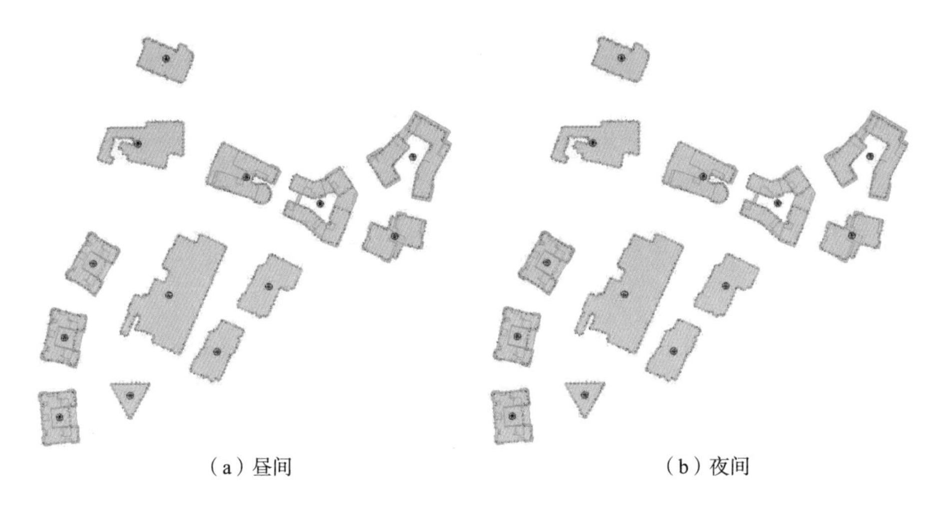

(a) 昼间　　(b) 夜间

附图 A. 5　参评建筑附近区域 1. 5 m 高度处声压级平面分布图

参评建筑昼间和夜间沿立面噪声分布情况，在每个计算立面上用圆圈标识出该面噪声最大值。昼间和夜间计算情况分别如附图 A. 6 所示。

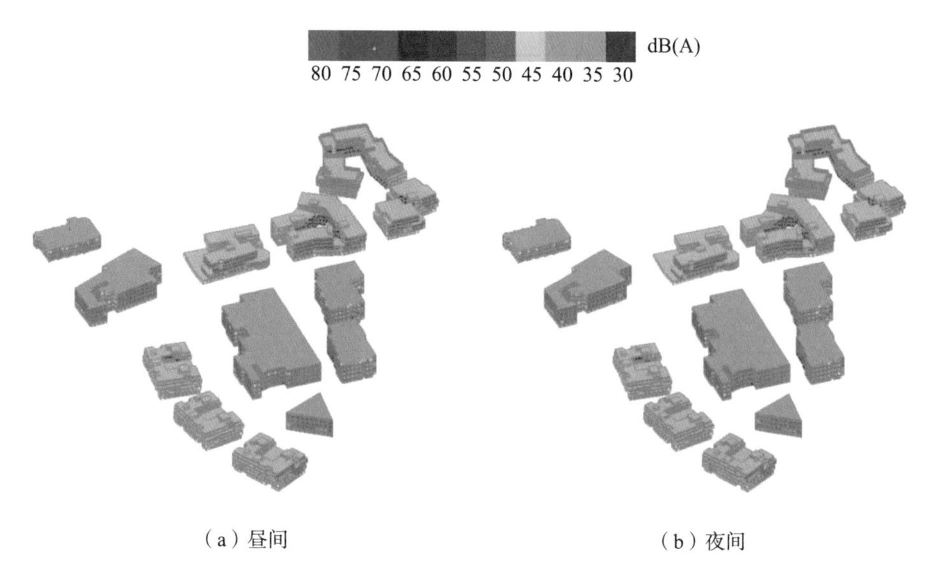

（a）昼间　　（b）夜间

附图 A.6 参评建筑附近区域声压级鸟瞰分布图

综合上述分析，对场地内部每栋噪声敏感建筑达标情况分别进行了判定统计，本项目内部全部参评建筑达标情况汇总如附表 A.3 所示。

附表 A.3 参评建筑达标统计

建筑名称	时 段	1.5 m 高度噪声最大值/dB（A）	2 类噪声限值/dB（A）	3 类噪声限值/dB（A）	得分情况
1 号	昼 间	46	60	65	10
	夜 间	43	50	55	
2 号	昼 间	46	60	65	10
	夜 间	43	50	55	
3 号	昼 间	45	60	65	10
	夜 间	43	50	55	
4 号、5 号	昼 间	54	60	65	10
	夜 间	50	50	55	
6 号、7 号	昼 间	53	60	65	10
	夜 间	50	50	55	

续表

建筑名称	时　段	1.5 m 高度噪声最大值/dB（A）	2 类噪声限值/dB（A）	3 类噪声限值/dB（A）	得分情况
8 号	昼　间	48	60	65	10
	夜　间	45	50	55	
9 号	昼　间	48	60	65	10
	夜　间	45	50	55	
10 号	昼　间	50	60	65	10
	夜　间	48	50	55	
11 号、12 号	昼　间	50	60	65	10
	夜　间	49	50	55	
13 号	昼　间	48	60	65	10
	夜　间	46	50	55	
14 号	昼　间	51	60	65	10
	夜　间	48	50	55	
15 号、16 号	昼　间	47	60	65	10
	夜　间	44	50	55	
17 号	昼　间	44	60	65	10
	夜　间	40	50	55	

A.5　结论

环境噪声综合得分如附表 A.4 所示。

附表 A.4　环境噪声综合得分

时　段	噪声最大值/dB（A）	2 类噪声限值/dB（A）	3 类噪声限值/dB（A）	得分情况
昼　间	54	60	65	10
夜　间	50	50	55	

《绿色建筑评价标准》（GB/T 50378—2019）8.2.6 的要求：场地内环

境噪声符合现行国家标准《声环境质量标准》（GB 3096—2008）的有关规定，评价分值为 10 分。

综上所述，经过软件模拟和结果统计分析，最终判定本项目满足《绿色建筑评价标准》（GB/T 50378—2019）8.2.6，得 10 分。

附录 B

建筑构件隔声性能报告书示例

项目名称：××房建项目

建设单位：××公司

设计单位：××设计研究院

××××年××月××日

B.1　项目概况

××房建项目3号地块总建筑面积87331.77 m^2，其中地上建筑面积60794.89 m^2，地下建筑面积26536.88 m^2。4号地块42725.23 m^2，其中地上建筑面积29206.26 m^2，地下建筑面积13518.97 m^2。本次评价范围：2个地块共布置了8个单体建筑，1～3号、8～12号楼为科研办公用房。3号地块容积率为1.64，4号地块容积率为1.20；3号地块建筑密度为36.47％，4号地块建筑密度为28.43％；3号地块绿地率为25.30％，4号地块绿地率为33.21％。建筑均为多层公共建筑（见附图B.1）。

本项目根据××市要求及项目具体情况，绿色建筑目标定位为××市绿色建筑设计认证二星级。按照《绿色建筑评价标准》（GB/T 50378—2019）对公共建筑进行评价。

附图B.1　项目效果图

B.2 标准依据

(1)《绿色建筑评价标准》(GB/T 50378—2019)。

(2)《绿色建筑评价技术细则》。

(3)《民用建筑隔声设计规范》(GB 50118—2010)。

(4)《建筑隔声评价标准》(GB/T 50121—2005)。

(5)《建筑声学设计手册》。

(6)《建筑隔声设计——空气声隔声技术》。

(7)《声学手册》。

(8)《噪声与振动控制工程手册》。

(9)《建筑声学设计原理》。

(10)《建筑设计资料集(第2集)》(第二版)。

B.3 评价要求

《绿色建筑评价标准》(GB/T 50378—2019)5.1.4、5.2.7对建筑围护结构隔声性能提出了明确要求。

B.3.1 控制项要求

5.1.4 主要功能房间的室内噪声级和隔声性应符合下列规定:

1 室内噪声级应满足现行国家标准《民用建筑隔声设计规范》GB 50118中的低限要求。

2 外墙、隔墙、楼板和门窗的隔声性能应满足现行国家标准《民用建筑隔声设计规范》GB 50118中的低限要求。

B.3.2 评分项要求

5.2.7 主要功能房间的隔声性能良好,评价总分值为10分,并按下列规则分别评分并累计：

1　构件及相邻房间之间的空气声隔声性能达到现行国家标准《民用建筑隔声设计规范》GB 50118 中的低限标准限值和高要求标准限值的平均值，得 3 分；达到高要求标准限值，得 5 分。

2　楼板的撞击声隔声性能达到现行国家标准《民用建筑隔声设计规范》GB 50118 中的低限标准限值和高要求标准限值的平均值，得 3 分；达到高要求标准限值，得 5 分。

B. 4　隔声理论概述

声音通过围护结构的传播，按传播规律有两种途径。由此可将声音分为两类（见附图 B. 2）。

（1）空气声：声源经过空气向四周传播的噪声，如室外交通噪声。

（2）撞击声：两物体相互撞击产生的噪声，通过固体来传播，如楼板上行走的脚步声。

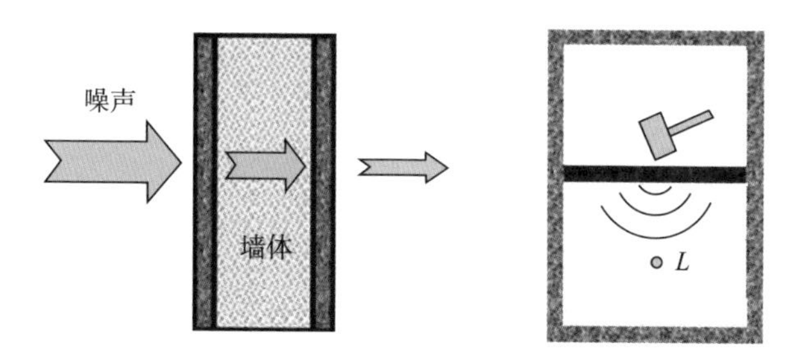

附图 B. 2　空气声和撞击声

通常将隔声分为两类，即空气声隔声和撞击声隔声。墙、板、门、窗和屏障等构件及其组成材料常称为建筑隔声材料，对于入射声波具有较强的反射，使透射声波大大减小，从而起到隔声作用。

B.4.1 空气声隔声

为了表示材料及构件的空气声隔声性能，常采用隔声量 R 这一指标来体现。

$$R=10\lg\frac{l}{\tau} \tag{B.1}$$

式中 τ——构件的透射系数，透射声能与入射声能之比。

构件的透射系数越大，则隔声量越小，隔声性能越差；反之，透射系数越小，则隔声量越大，隔声性能越好。对于高声阻、刚性、匀质密实的围护结构，通常越密实的材料对应结构的隔声性能越好。

B.4.1.1 质量定律

1. 理论公式

如果把墙看成是无劲度、无阻尼的柔顺质量且忽略墙的边界条件，则在声波垂直入射时，可从理论上得到墙的隔声量的计算式：

$$R_0=10\lg\left[1+\left(\frac{\pi mf}{\rho_0 c}\right)^2\right] \tag{B.2}$$

式中 m——墙单位面积的质量，或称面密度，$\mathrm{kg/m^2}$；

ρ_0——空气密度，$\mathrm{kg/m^3}$；

c——空气中的声速，一般取 344 m/s；

f——入射声波的频率，Hz。

一般情况下，$\pi mf>\rho_0 c$，即 $\pi mf/\rho_0 c>1$，式（B.2）便可简化为

$$R_0=20\lg\left(\frac{\pi mf}{\rho_0 c}\right)=20\lg m+20\lg f-43 \tag{B.3}$$

如果声波并非垂直入射，而是无规入射时，则墙的隔声量为

$$R=R_0-5=20\lg m+20\lg f-48 \tag{B.4}$$

上述公式证明，墙的单位面积质量越大，则隔声效果越好，这一规律称为“质量定律”，单位面积质量每增加一倍，隔声量可增加 6 dB。从上述公式还可以看出，入射声波的频率每增加一倍，隔声量也可以增加

6 dB。附图 B.3 表示了质量定律直线。

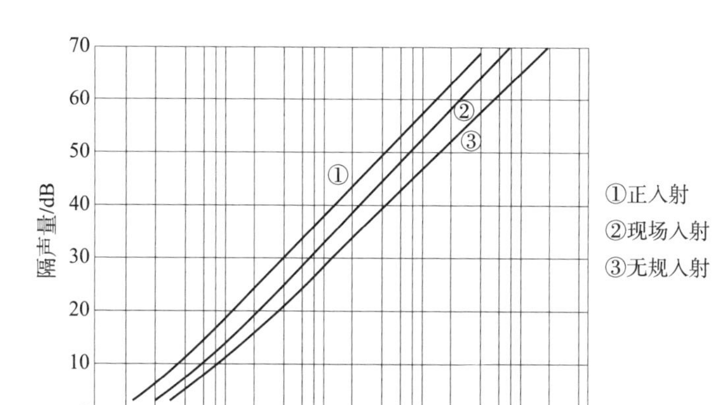

附图 B.3 由质量控制的柔性板的隔声量

由于上述公式是建立在理论上的许多假定条件下导出的，计算值普遍比实测大，并不符合现场实际情况，所以一般隔声设计中采用经验公式进行隔声量计算。

2. **经验公式**

所有经验公式隔声量计算值普遍小于理论公式计算值，并不同程度地接近现场实际情况，接近实测，所以经验公式比理论公式有实用价值。

经验公式都加进了实践的因素，即包括实验室测定、现场测定、主观评估、判断等研究成果，它比理论公式接近实际，已不再是完全符合质量定律中的假定条件。但这些经验公式的基本变量还是质量 m，质量大小控制隔声量，所以这类公式还是以质量定律为基本理论的隔声量经验计算式，是理论上的质量定律向实践的延伸。

B.4.1.2 单层匀质密实墙体的空气声隔声

单层匀质密实墙的隔声性能和入射声波的频率有关，并取决于墙本身的面密度、劲度、材料的内阻尼，以及墙的边界条件等因素。按照质量定律，一定面密度 m 的构件，其隔声量是随入射声波的频率的提高而提高。

但构件的隔声不是在全部声频范围内都按质量定律控制，还受共振和吻合效应的影响，从而分为三个频率控制区，如附图 B.4 所示。

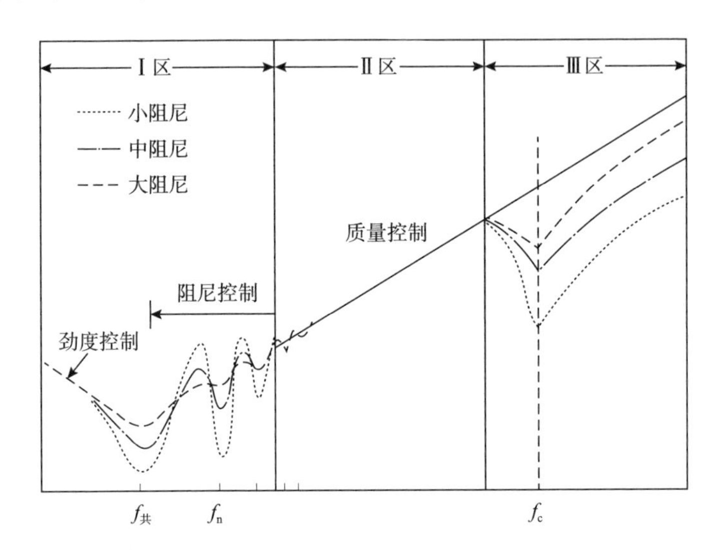

附图 B.4　单层匀质墙典型隔声频率特性曲线

由该图可知，在不同频率时（低频、中频、高频），会出现影响隔声性能的劲度、阻尼、质量控制现象。在很低的频率时，劲度主要起控制作用，随隔声量频率的降低而增大。随着频率的增高，质量效应增大，在某些频率处，可能出现劲度和质量效应相抵消而产生的构件共振现象。

B.4.1.3　多层复合板的隔声性能

现在的节能建筑一般采取多层复合墙板以达到节能保温的效果，这同时也可以增加墙体的隔声性能。多层复合板的隔声设计要点如下：

（1）多层复合板一般 3～5 层，在构造合理的条件下，相邻层间的材料尽量做成软硬结合形式。

（2）提高薄板的阻尼有助于改善隔声量。例如，在薄钢板上粘贴超过板厚 3 倍左右的沥青玻璃纤维或麻丝类材料，对消弱共振频率和吻合效应有显著作用。

（3）多孔材料本身的隔声能力差，但当这些材料和坚实材料组成多层复合板时，在它的表面抹一层不透气的粉刷层或粘一层轻薄的材料，则可提高它的隔声性能。例如，5 mm 厚的木丝板仅有 18 dB 左右的隔声量，单面粉刷后，隔声量提高到 24 dB 左右，双面粉刷后隔声量可提高到 30 dB 左右。几种隔声结构隔声性能的实测结果如附图 B.5 所示。

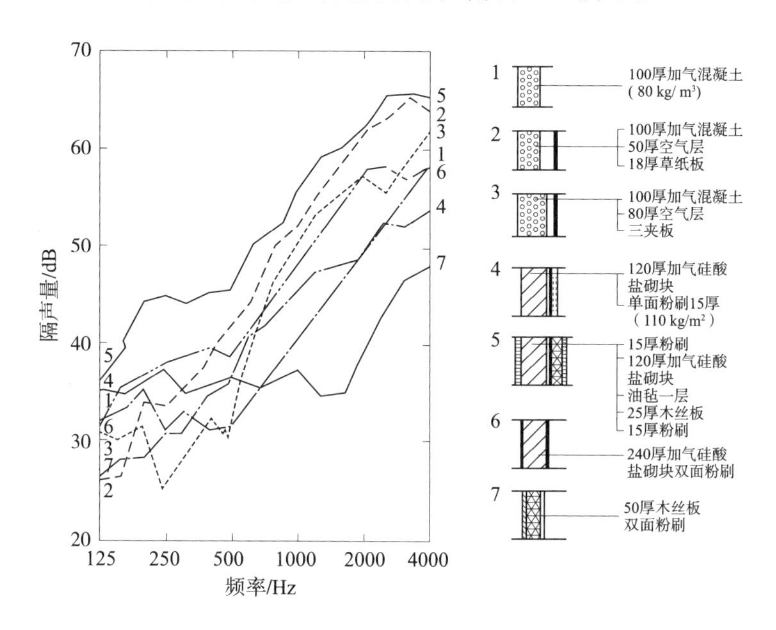

附图 B.5　几种隔声材料的隔声特性实例

B.4.2　撞击声隔声

楼板要承载各种荷载，按照结构强度的要求，自身必须有一定的厚度和重量。根据隔声的质量定律，楼板必然具有一定的隔绝空气声的能力，但是由于楼板与四周墙体为刚性连接，将使振动能量沿着建筑结构传播。

楼板撞击声的隔声性能可以采用规范化撞击声压级 L_n来评价，依据《声学 建筑和建筑构件隔 声测量 第 6 部分：楼板撞击声隔声的实验室测量》（GB/T 19889.6—2005）测量得到规范化撞击声压级，用式（B.5）表示：

$$L_n = L_i + 10\lg\frac{A}{A_0} \tag{B.5}$$

式中　L_n——规范化撞击声压级，dB；

L_i——接受室内平均撞击声压级，dB；

A——接受室内吸声量，m^2；

A_0——参考吸声量，m^2。

撞击声的隔声性能测量时，采用 GB/T 19889.6 中规定的标准撞击器撞击楼板，楼板下房间测得的声压级越低，则表示楼板撞击声隔声性能越好；反之，则表示楼板撞击声隔声性能越差。

B.5　构件空气声隔声性能计算过程

先计算构件在倍频程下的空气声有效隔声量，再通过公式法计算获取空气声隔声计权单值评价量，进而获得空气声频谱修正量，最终求得构件空气声隔声性能，如附图 B.6 所示。

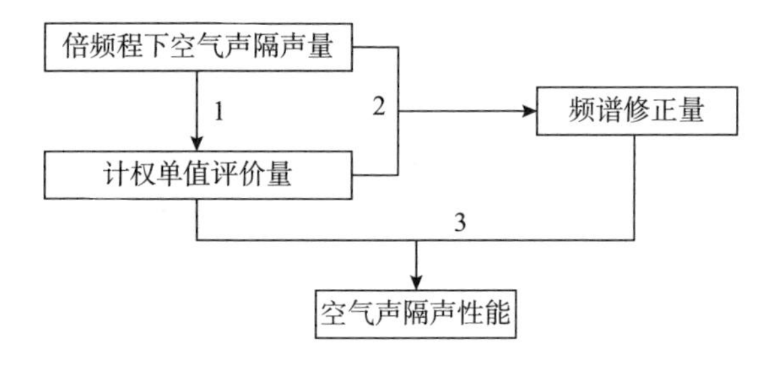

附图 B.6　构件空气声隔声性能计算过程

根据以上流程，并结合墙板与门窗不同的情况，分别对墙板和门窗进行空气声隔声性能的计算，并将每一步的计算结果和最终结果整理在 B.5.5 节中，而分步计算过程将会在后面小节中阐述。

B.5.1　计算条件

建筑声学相关标准中对建筑内外围护结构中各类门窗、墙体、楼板、屋顶及地面的隔声性能做出了明确要求。构件隔声性能与构造的材料和做法息息相关，例如，匀质墙体的工程材料和构造做法会影响其面密度，从而决定墙体的隔声性能。

本项目中建筑围护结构详细信息如附表 B. 1 所示。

附表 B. 1　建筑围护结构构造与材料清单

构　件	材　料	厚度/mm	密度/（kg/m^3）	面密度/（kg/m^2）	总面密度/（kg/m^2）
外　墙	水泥砂浆	7	1800	13	224
	蒸压加气混凝土砌块 626～725（外墙灰缝≤3mm）	250	700	175	
	水泥砂浆	20	1800	36	
隔　墙	水泥砂浆	20	1800	36	208
	加气混凝土 ALC 轻集料复合增强条板	200	700	140	
	石灰砂浆	20	1600	32	
屋　顶	细石混凝土	40	2300	92	514
	水泥砂浆	20	1800	36	
	挤塑聚苯乙烯泡沫板	60	35	2	
	水泥砂浆	20	1800	36	
	轻集料混凝土清捣	30	1600	48	
	钢筋混凝土	120	2500	300	
楼　板	水泥砂浆	20	1800	36	430
	钢筋混凝土	120	2500	300	
	难燃型挤塑聚苯板	50	30	2	
	细石混凝土	40	2300	92	
挑空楼板	水泥砂浆	20	1800	36	360
	钢筋混凝土	120	2500	300	
	岩棉板	50	110	6	
	水泥砂浆	10	1800	18	
地　面	水泥砂浆	20	1800	36	372
	钢筋混凝土	120	2500	300	
	水泥砂浆	20	1800	36	

SEDU 提供墙板和门窗在各频率下的隔声和吸声参数供选择，如附表 B. 2 所示。

附表 B. 2　建筑声学性能及数据来源

构件声学性能	数据来源
墙板空气声隔声量	《建筑隔声设计——空气声隔声技术》
楼板、地面撞击声隔声量	《建筑声学设计手册》
门窗和墙板吸声系数	《声学手册》、《噪声与振动控制工程手册》、《建筑声学设计原理》、《建筑设计资料集（第 2 集）》（第二版）

B. 5. 2　构件在倍频程下的空气声隔声量

B. 5. 2. 1　墙板各频程下空气声隔声量

本项目墙板的各频程下空气声隔声量可以通过质量定律计算，或者直接通过构造数据库中给出的构造隔声参数选取合适的空气声隔声量；门窗的空气声隔声量直接参考相关声学资料，可从门窗隔声参数库中选取。

符合质量定律构件的空气声隔声量按下列公式计算：

$$R = 23\lg m + 11\lg f + (-41) \quad (m \geqslant 200\ \mathrm{kg/m^2})$$

$$R = 13\lg m + 11\lg f + (-18) \quad (m < 200\ \mathrm{kg/m^2}) \qquad \text{(B. 6)}$$

式中　R——构件的空气声隔声量，dB；

m——构件的面密度，$\mathrm{kg/m^2}$；

f——入射声波的频率，Hz。

当采用构件质量定律计算时，将构件面密度代入上述构件空气声隔声量计算公式，即可得墙体各频率下空气声隔声量；当从构造数据库中自定义构造隔声量参数时，将直接给出该构件各频率下空气声隔声量信息。

B. 5. 2. 2　门窗各频程下空气声隔声量

由于门窗隔声特性复杂，不适宜参照匀质墙体利用公式计算各频率下隔声量，本项目参考相关声学资料中相近构造的门窗的空气声隔声量进行计算。

B.5.3　构件计权隔声量

B.5.3.1　墙板计权隔声量

获取在各频率下的隔声量之后，还需进一步求解其计权单值评价量，本项目依据《建筑隔声评价标准》（GB/T 50121—2005），采用公式法计算计权单值评价量，以下为计算过程（见附图 B.7）。

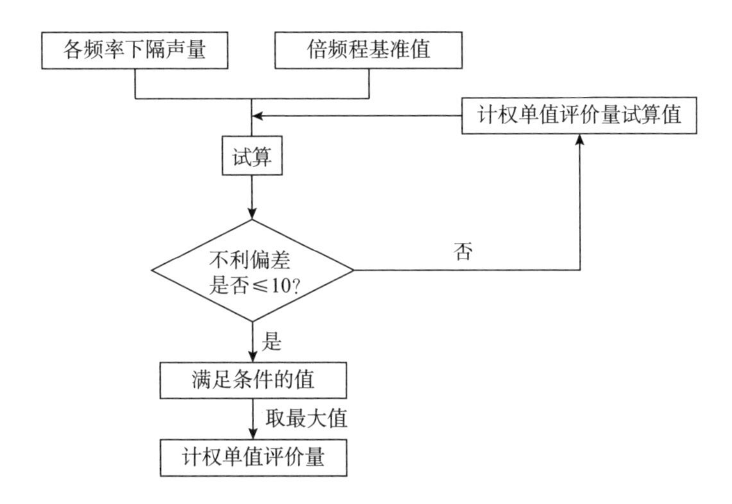

附图 B.7　空气声隔声计权单值评价量计算流程

现假设隔声量为 X，且 X_i 为倍频程的隔声量，即对应上述有效隔声量，将上述所得倍频程下空气声有效隔声量代入式（B.7）中，同时参考附表 B.3 各频带基准值，先给定一个计权单值评价量的初始值 X_w，按式（B.7）进行试算得出不利偏差 P_i，并判定 P_i 是否满足式（B.8）小于或等于 10.0 的要求，在满足要求的值中取最大值即为空气声隔声计权单值评价量。

附表 B.3　各频带基准值

频率/Hz	125	250	500	1000	2000
倍频程基准值 K_i/dB	−16	−7	0	3	4

不利偏差 P_i 的计算公式如下：

$$P_i=\begin{cases}X_W+K_i-X_i & X_W+K_i-X_i>0\\0 & X_W+K_i-X_i\leqslant 0\end{cases} \tag{B.7}$$

式中　X_W——空气声隔声计权单值评价量；

K_i——附表 B.3 中第 i 个频带的基准值；

X_i——第 i 个频带的隔声量，精确到 0.1 dB。

通过上述公式试算所得计权单值评价量 X_w 必须为满足下式的最大值，精确到 1 dB：

$$\sum_{i=1}^{5}P_i\leqslant 10.0 \tag{B.8}$$

式中　i——频带的序号，$i=1\sim5$，代表 125～2000 Hz 范围内的 5 个中心频率。

B.5.3.2　门窗计权隔声量

门窗的计权隔声量计算与墙板计权隔声量计算原理相同。

B.5.4　构件空气声隔声频谱修正量

在得到门或者窗的计权隔声量之后需要对频谱修正量进行计算，频谱修正量是空气声隔声单值评价量的修正值。

频谱修正量 C_j 按下式计算：

$$C_j=-10\lg\sum 10^{(L_{ij}-X_i)/10}-X_W \tag{B.9}$$

式中　j——频谱序号，$j=1$ 或 2，1 为计算 C 的频谱 1，2 为计算 C_{tr} 的频谱 2；

X_W——空气声隔声计权单值评价量；

i——100～3150 Hz 的 1/3 倍频程或 125～2000 Hz 的倍频程序号；

L_{ij}——第 j 号频谱的第 i 个频带的声压级；

X_i——第 i 个频带的隔声量，精确到 0.1 dB。

频谱修正量在计算时应精确到 0.1 dB，得出的结果应修约为整数。根据所用的频谱，其频谱修正量（见附表 B.4）：

（1）C用于频谱1（A计权粉红噪声）。

（2）C_{tr}用于频谱2（A计权交通噪声）。

附表B.4　计算频谱修正量的声压级频谱

频　率/Hz		125	250	500	1000	2000
声压级	计算粉红噪声C的频谱1	−21	−14	−8	−5	−4
L_{ij}/dB	计算交通噪声C_{tr}的频谱2	−14	−10	−7	−4	−6

根据《民用建筑隔声设计规范》（GB 50118—2010）中构件空气声隔声量频谱修正的要求，选择交通噪声频谱修正量或粉红噪声频谱修正量，将墙板或门窗在倍频程下有效隔声量、计权单值评价量以及表中各频率/频谱对应声压级代入式（B.9）中，即可得频谱修正量。

B.5.5　构件空气声隔声性能

构件的空气声隔声量由单值评价量和频谱修正量的结果体现，即将前述构件计权隔声量与频谱修正量进行加和之后获得，数据如附表B.5和附表B.6所示。

附表B.5　墙板空气声隔声性能计算详表

构　件	计算过程参数					
教学用房外墙	构造做法	水泥砂浆7 mm+蒸压加气混凝土砌块626～725（外墙灰缝≤3 mm）250 mm+水泥砂浆20 mm				
	面密度/(kg/m²)	224				
	隔声量来源					
	倍频程中心频率/Hz	125	250	500	1000	2000
	分频隔声量/dB	—	—	—	—	—
	不利偏差	—	—	—	—	—
	计权隔声量/dB	52				
	频谱修正量/dB	−2.0				
	隔声性能/dB	50				
	限值/dB	低限：≥45，高要求：≥50				
	结论	满足高要求				

续表

构　件	计算过程参数					
办公室（办公建筑）与普通房间之间隔墙	构造做法	水泥砂浆 20 mm＋加气混凝土 ALC 轻集料复合增强条板 200 mm＋石灰砂浆 20 mm				
	面密度/(kg/m²)	208				
	隔声量来源					
	倍频程中心频率/Hz	125	250	500	1000	2000
	分频隔声量/dB	—	—	—	—	—
	不利偏差	—	—	—	—	—
	计权隔声量/dB	51				
	频谱修正量/dB	－1.0				
	隔声性能/dB	50				
	限值/dB	低限：>45，高要求：>50				
	结论	满足平均要求				
会议室（办公建筑）外墙	构造做法	水泥砂浆 7 mm＋蒸压加气混凝土砌块 626～725（外墙灰缝≤3 mm）250 mm＋水泥砂浆 20 mm				
	面密度/(kg/m²)	224				
	隔声量来源					
	倍频程中心频率/Hz	125	250	500	1000	2000
	分频隔声量/dB	—	—	—	—	—
	不利偏差	—	—	—	—	—
	计权隔声量/dB	52				
	频谱修正量/dB	－2.0				
	隔声性能/dB	50				
	限值/dB	低限：≥45，高要求：≥50				
	结论	满足高要求				
办公室（办公建筑）外墙	构造做法	水泥砂浆 7 mm＋蒸压加气混凝土砌块 626～725（外墙灰缝≤3 mm）250 mm＋水泥砂浆 20 mm				
	面密度/(kg/m²)	224				
	隔声量来源					
	倍频程中心频率/Hz	125	250	500	1000	2000
	分频隔声量/dB	—	—	—	—	—
	不利偏差	—	—	—	—	—

续表

构　件	计算过程参数					
办公室（办公建筑）外墙	计权隔声量/dB	52				
	频谱修正量/dB	−2.0				
	隔声性能/dB	50				
	限值/dB	低限：≥45，高要求：≥50				
	结论	满足高要求				
会议室（办公建筑）与普通房间之间隔墙	构造做法	水泥砂浆 20 mm＋加气混凝土 ALC 轻集料复合增强条板 200 mm＋石灰砂浆 20 mm				
	面密度/(kg/m²)	208				
	隔声量来源					
	倍频程中心频率/Hz	125	250	500	1000	2000
	分频隔声量/dB	—	—	—	—	—
	不利偏差	—	—	—	—	—
	计权隔声量/dB	51				
	频谱修正量/dB	−1.0				
	隔声性能/dB	50				
	限值/dB	低限：>45，高要求：>50				
	结论	满足平均要求				
办公室（办公建筑）与普通房间之间楼板	构造做法	水泥砂浆 20 mm＋钢筋混凝土 120 mm＋难燃型挤塑聚苯板 50 mm＋细石混凝土 40 mm				
	面密度/(kg/m²)	430				
	隔声量来源					
	倍频程中心频率/Hz	125	250	500	1000	2000
	分频隔声量/dB	—	—	—	—	—
	不利偏差	—	—	—	—	—
	计权隔声量/dB	57				
	频谱修正量/dB	−2.0				
	隔声性能/dB	55				
	限值/dB	低限：>45，高要求：>50				
	结论	满足高要求				

续表

构　件	计算过程参数					
会议室（办公建筑）与普通房间之间楼板	构造做法	水泥砂浆 20 mm＋钢筋混凝土 120 mm＋难燃型挤塑聚苯板 50 mm＋细石混凝土 40 mm				
	面密度/(kg/m^2)	430				
	隔声量来源					
	倍频程中心频率/Hz	125	250	500	1000	2000
	分频隔声量/dB	—	—	—	—	—
	不利偏差	—	—	—	—	—
	计权隔声量/dB	57				
	频谱修正量/dB	－2.0				
	隔声性能/dB	55				
	限值/dB	低限：＞45，高要求：＞50				
	结论	满足高要求				

附表 B.6　门窗空气声隔声性能计算详表

构件	计算过程参数					
教学用房的门	构造名称	内门				
	隔声量来源					
	倍频程中心频率/Hz	125	250	500	1000	2000
	分频隔声量/dB	24.0	24.0	31.0	35.0	39.0
	不利偏差	0.0	3.0	3.0	2.0	0.0
	计权隔声量/dB	34				
	频谱修正量/dB	－1.0				
	隔声性能/dB	33				
	限值/dB	低限：≥20，高要求：≥25				
	结论	满足高要求				
办公室（办公建筑）的门 1	构造名称	内门				
	隔声量来源					
	倍频程中心频率/Hz	125	250	500	1000	2000
	分频隔声量/dB	24.0	24.0	31.0	35.0	39.0
	不利偏差	0.0	3.0	3.0	2.0	0.0

续表

构件	计算过程参数					
办公室（办公建筑）的门1	计权隔声量/dB	34				
	频谱修正量/dB	−1.0				
	隔声性能/dB	33				
	限值/dB	低限：≥20，高要求：≥25				
	结论	满足高要求				
办公室（办公建筑）的门2	构造名称	外门				
	隔声量来源					
	倍频程中心频率/Hz	125	250	500	1000	2000
	分频隔声量/dB	34.0	38.0	42.0	50.0	51.0
	不利偏差	0.0	2.0	5.0	0.0	0.0
	计权隔声量/dB	47				
	频谱修正量/dB	−1.0				
	隔声性能/dB	46				
	限值/dB	低限：≥20，高要求：≥25				
	结论	满足高要求				
会议室（办公建筑）的门	构造名称	内门				
	隔声量来源					
	倍频程中心频率/Hz	125	250	500	1000	2000
	分频隔声量/dB	24.0	24.0	31.0	35.0	39.0
	不利偏差	0.0	3.0	3.0	2.0	0.0
	计权隔声量/dB	34				
	频谱修正量/dB	−1.0				
	隔声性能/dB	33				
	限值/dB	低限：≥20，高要求：≥25				
	结论	满足高要求				
教学用房的其他外窗	构造名称	隔热金属框＋中空玻璃（6 mm透明＋12 mm空气＋6 mm透明），隔热铝合金型材（6较低透光Low−E＋12A＋6透明）				
	隔声量来源					
	倍频程中心频率/Hz	125	250	500	1000	2000
	分频隔声量/dB	32.0	38.0	40.0	45.0	50.0

续表

构　件	计算过程参数					
教学用房的其他外窗	不利偏差	0.0	0.0	5.0	3.0	0.0
	计权隔声量/dB	45				
	频谱修正量/dB	−4.0				
	隔声性能/dB	41				
	限值/dB	低限：≥25，高要求：≥30				
	结论	满足高要求				
会议室（办公建筑）外窗	构造名称	隔热铝合金型材（6较低透光 Low−E+12A+6透明）				
	隔声量来源					
	倍频程中心频率/Hz	125	250	500	1000	2000
	分频隔声量/dB	32.0	38.0	40.0	45.0	50.0
	不利偏差	0.0	0.0	5.0	3.0	0.0
	计权隔声量/dB	45				
	频谱修正量/dB	−4.0				
	隔声性能/dB	41				
	限值/dB	低限：≥25，高要求：≥30				
	结论	满足高要求				
办公室（办公建筑）外窗	构造名称	隔热铝合金型材（6较低透光 Low−E+12A+6透明）				
	隔声量来源					
	倍频程中心频率/Hz	125	250	500	1000	2000
	分频隔声量/dB	32.0	38.0	40.0	45.0	50.0
	不利偏差	0.0	0.0	5.0	3.0	0.0
	计权隔声量/dB	45				
	频谱修正量/dB	−4.0				
	隔声性能/dB	41				
	限值/dB	低限：≥25，高要求：≥30				
	结论	满足高要求				

B.6　楼板撞击声隔声性能

依据《民用建筑隔声设计规范》(GB 50118—2010) 的要求，构件的撞击声隔声性能通过计权规范化撞击声压级来评价。

本项目参考相关声学资料中倍频程下对应构造的楼板撞击声压级，计算楼板的计权规范化撞击声压级，作为楼板撞击声隔声性能，判断其是否满足标准要求（见附图 B.8)。

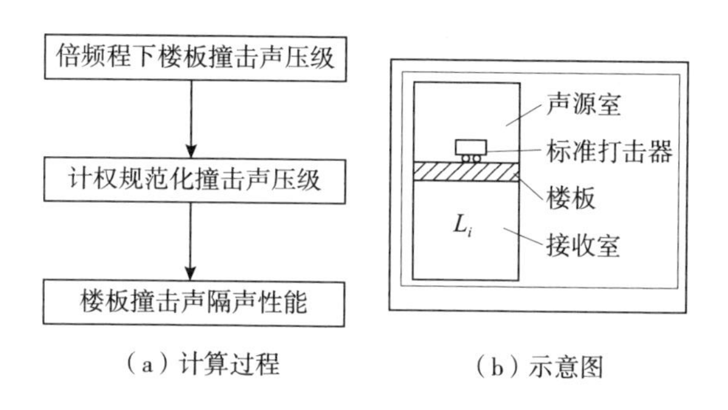

附图 B.8　楼板撞击声隔声性能计算过程及测量示意

在《建筑隔声评价标准》(GB/T 50121—2005) 中，为计算撞击声隔声的单值评价量提供了两种算法，即数值计算法和曲线比较法。本项目采用了数值计算法对撞击声隔声性能进行计算。

当声压级为 X 且 X_i 为倍频程的撞击声压级时，其对应计权单值评价量 X_W 必须为满足下式的最小值再减 5 dB，精确到 1 dB：

$$\sum_{i=1}^{5} P_i \leqslant 10.0 \tag{B.10}$$

其中

$$P_i = \begin{cases} X_i - K_i - X_W - 5 & X_i - K_i - X_W - 5 > 0 \\ 0 & X_i - K_i - X_W - 5 \leqslant 0 \end{cases} \tag{B.11}$$

式中　i——频带的序号，i=1～5，代表 125～2000 Hz 范围内的 5 个倍频程；

P_i——不利偏差；

X_W——撞击声隔声计权单值评价量；

K_i——第 i 个频带的基准值；

X_i——第 i 个频带的撞击声压级，精确到 0.1 dB（见附表 B.7）。

附表 B.7　撞击声隔声基准值

频率/Hz	125	250	500	1000	2000
倍频程基准值 K_i/dB	2	2	0	−3	−16

本项目楼板撞击声隔声性能如附表 B.8 所示。

附表 B.8　楼板撞击声隔声性能

构　件	规范化撞击声压级和不利偏差/dB					计权规范化撞击声压级/dB	标准限值/dB	结　论
	倍频程中心频率/Hz							
	125	250	500	1000	2000			
办公室（办公建筑）顶板	72.1	74.4	76.5	71.3	62.5	69	低限：<75，高要求：<65	满足平均要求
	0.0	0.0	2.5	0.3	4.5			
会议室（办公建筑）顶板	72.1	74.4	76.5	71.3	62.5	69	低限：<75，高要求：<65	满足平均要求
	0.0	0.0	2.5	0.3	4.5			

B.7　结论

根据上述计算可知，本项目围护结构隔声结果如附表 B.9 和附表 B.10 所示。

附表 B.9　构件空气声隔声性能结果统计

构　件	单值评价量+频谱修正量/dB	标准限值/dB	结　论
教学用房外墙	50	低限：≥45，高要求：≥50	满足高要求
办公室（办公建筑）与普通房间之间隔墙	50	低限：>45，高要求：>50	满足平均要求
会议室（办公建筑）外墙	50	低限：≥45，高要求：≥50	满足高要求

续表

构　件	单值评价量+频谱修正量/dB	标准限值/dB	结　论
办公室（办公建筑）外墙	50	低限：≥45，高要求：≥50	满足高要求
会议室（办公建筑）与普通房间之间隔墙	50	低限：>45，高要求：>50	满足平均要求
办公室（办公建筑）与普通房间之间楼板	55	低限：>45，高要求：>50	满足高要求
会议室（办公建筑）与普通房间之间楼板	55	低限：>45，高要求：>50	满足高要求
教学用房的门	33	低限：≥20，高要求：≥25	满足高要求
办公室（办公建筑）的门	33	低限：≥20，高要求：≥25	满足高要求
会议室（办公建筑）的门	33	低限：≥20，高要求：≥25	满足高要求
教学用房的其他外窗	41	低限：≥25，高要求：≥30	满足高要求
会议室（办公建筑）外窗	41	低限：≥25，高要求：≥30	满足高要求
办公室（办公建筑）外窗	41	低限：≥25，高要求：≥30	满足高要求

附表 B.10　楼板撞击声隔声性能统计

构　件	计权规范化撞击声压级/dB	标准限值/dB	结　论
办公室（办公建筑）顶板	69	低限：<75，高要求：<65	满足平均要求
会议室（办公建筑）顶板	69	低限：<75，高要求：<65	满足平均要求

综上，根据《绿色建筑评价标准》（GB/T 50378—2019）和《民用建筑隔声设计规范》（GB 50118—2010）评价要求，可得围护结构隔声评价结果及得分情况如附表B.11所示。

附表 B.11　围护结构隔声性能评价结果

检查项	评价依据	结　论	得　分
空气声隔声	控制项： 5.1.4　主要功能房间的外墙、隔墙、楼板和门窗的隔声性能应能满足现行国家标准《民用建筑隔声设计规范》GB 50118 中低限要求。	满　足	—
	评分项： 5.2.7　构件及相邻房间之间的空气声隔声性能达到现行国家标准《民用建筑隔声设计规范》GB 50118 中的低限标准限值和高要求标准限值的平均值，得 3 分；达到高要求标准限值，得 5 分。	满足平均要求	3
撞击声隔声	控制项： 5.1.4　主要功能房间的外墙、隔墙、楼板和门窗的隔声性能应能满足现行国家标准《民用建筑隔声设计规范》GB 50118 中低限要求。	满　足	—
	评分项： 5.2.7　楼板的撞击声隔声性能达到现行国家标准《民用建筑隔声设计规范》GB 50118 中的低限标准限值和高要求标准限值的平均值，得 3 分；达到高要求标准限值，得 5 分。	满足平均要求	3

附录 C

建筑室内噪声级报告书示例

项目名称：××房建项目

建设单位：××公司

设计单位：××设计研究院

×××年××月××日

C.1 项目概况

××房建项目 3 号地块总建筑面积 87331.77 m^2，其中地上建筑面积 60794.89 m^2，地下建筑面积 26536.88 m^2。4 号地块 42725.23 m^2，其中地上建筑面积 29206.26 m^2，地下建筑面积 13518.97 m^2。本次评价范围：2 个地块共布置了 8 个单体建筑，1～3 号、8～12 号楼为科研办公用房。3 号地块容积率为 1.64，4 号地块容积率为 1.20；3 号地块建筑密度为 36.47%，4 号地块建筑密度为 28.43%；3 号地块绿地率为 25.30%，4 号地块绿地率为 33.21%。建筑均为多层公共建筑（见附图 C.1）。

本项目根据××市要求及项目具体情况，绿色建筑目标定位为××市绿色建筑设计认证二星级。按照《绿色建筑评价标准》（GB/T 50378—2019），对公共建筑进行评价。

附图 C.1 项目效果图

C.2　标准依据

（1）《绿色建筑评价标准》（GB/T 50378—2019）。

（2）《绿色建筑评价技术细则》。

（3）《民用建筑隔声设计规范》（GB 50118—2010）。

（4）《建筑隔声评价标准》（GB/T 50121—2005）。

（5）《民用建筑绿色性能计算标准》（JGJ/T 449—2018）。

（6）《建筑声学设计手册》。

（7）《建筑隔声设计——空气声隔声技术》。

（8）《声学手册》。

（9）《噪声与振动控制工程手册》。

（10）《建筑声学设计原理》。

（11）《建筑设计资料集（第2集）》（第二版）。

（12）建筑设计图纸相关文件。

C.3　评价要求

《绿色建筑评价标准》（GB/T 50378—2019）5.1.4、5.2.6对主要功能房间提出了明确要求。

（1）控制项要求。

5.1.4　主要功能房间的室内噪声级和隔声性应符合下列规定：

1　室内噪声级应满足现行国家标准《民用建筑隔声设计规范》GB 50118中的低限要求。

（2）评分项要求。

5.2.6　采取措施优化主要功能房间的室内声环境，评价总分值为8分。噪声级达到现行国家标准《民用建筑隔声设计规范》GB 50118中的低限标准限值和高要求标准限值的平均值，得 4 分；达到高要求标准限值，得 8 分。

C.4 分析目的

本项目依据上述评价标准和评价要求对目标建筑进行室内噪声级的模拟计算，判断最终评价结果是否达到标准要求。首先计算出整栋建筑每个房间的室内噪声级，通过计算结果确定主要功能房间中噪声级最不利的房间，本项目所确定的最不利房间为 4003（多人办公室），最终评估该房间的达标情况。

C.5 计算原理

C.5.1 最不利房间确定

（1）计算出整栋建筑每个房间的室内噪声级。

（2）将上述结果从高到低分为“满足高要求标准”“满足平均要求”“满足低限要求”“不满足”4 个等级，然后筛选出满足最低等级的房间。

（3）再从满足最低等级的房间中，确定室内噪声级最大的房间，该房间被认定为主要功能房间中噪声级最不利的房间，并判定达标情况。

C.5.2 室内噪声级计算

1. 室内噪声的主要影响因素

室内噪声的主要影响因素包括周围环境噪声源、室内声源以及建筑物本身的隔声设计。

2. 室内噪声的组成

室内噪声包括室外环境噪声经过外围护结构传到室内的噪声、建筑内相邻房间设备经过内围护结构传到室内的噪声以及室内噪声源产生噪声（见附图C.2）。

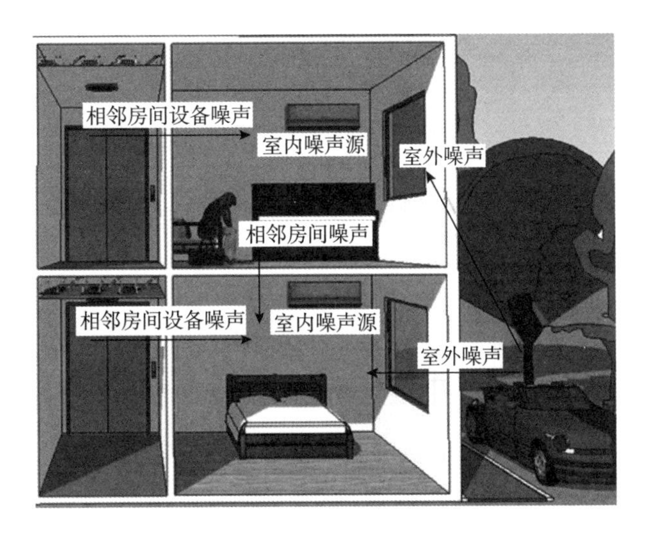

附图 C.2　室内噪声声源传播示意

3. 室内噪声的计算原理

按照上述室内噪声源的组成，分别计算各类声源通过内外围护结构传到室内的噪声（见附图C.3）。

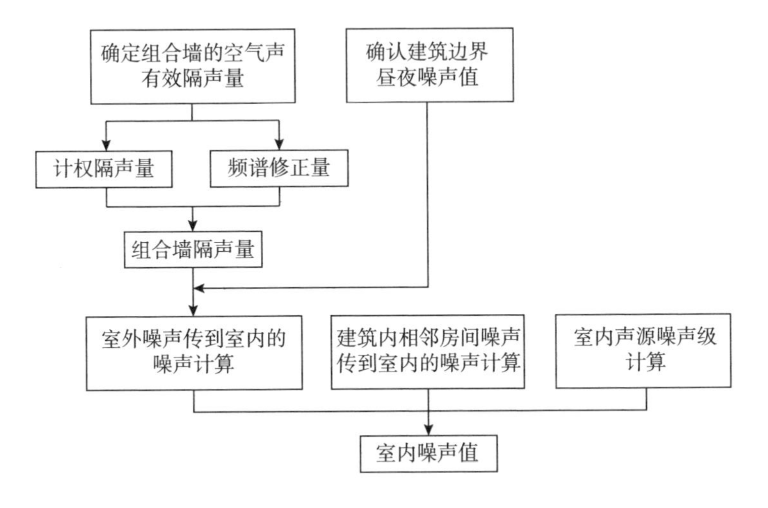

附图 C.3　室内噪声计算原理

（1）计算室外环境噪声经过外围护结构传到室内的噪声的具体过程如下：

1）先确认建筑边界昼夜噪声值。

2）通过对房间吸声量、单面组合墙隔声量等计算确定组合墙的空气声有效隔声量，得出构件的计权隔声量和频谱修正量。

3）得出边界噪声经过外围护结构传到目标房间的噪声声压级。

（2）建筑内相邻房间噪声传到室内的噪声计算。相邻房间室内声源通过内围护结构传递过来的噪声级，其计算过程类似于室外环境噪声传到室内的计算过程。

（3）室内声源噪声级计算：将目标房间内部所有噪声级叠加。

（4）将以上三部分噪声级进行叠加得到最终的室内噪声级。

C.6　计算条件

C.6.1　参评建筑分析

参评建筑与场地声环境平面如附图 C.4 所示。

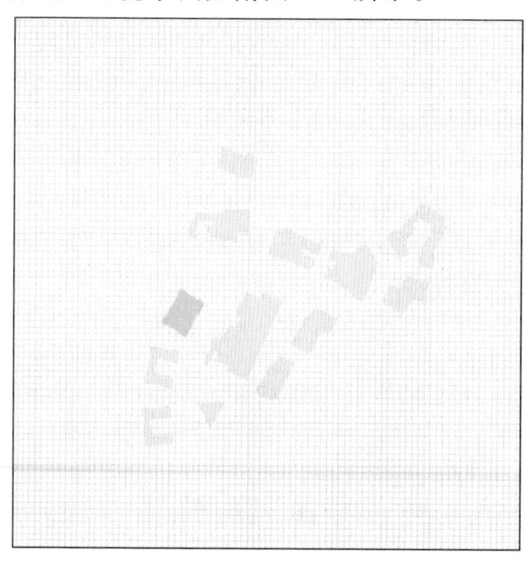

附图 C.4　参评建筑与场地声环境平面

C.6.2　环境噪声分析

通过室外场地噪声模拟可提取参评建筑边界噪声（见附图C.5），进一步可以获得最不利房间周边环境噪声值。

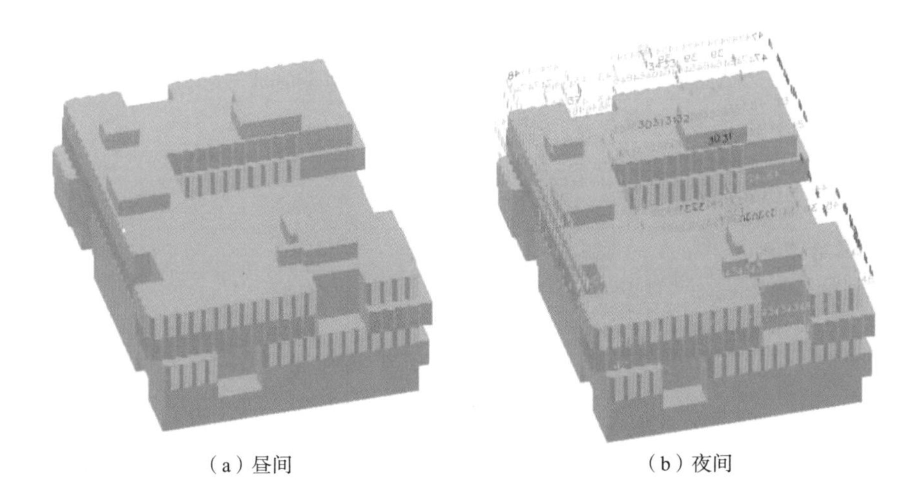

（a）昼间　　（b）夜间

附图C.5　参评建筑边界噪声

C.6.3　建筑围护结构隔声与吸声性能

建筑声学性能包括建筑内、外围护结构的门窗、墙体、楼板、屋顶及地面的隔声性能与吸声性能。其中墙板的面密度将对其空气声隔声性能计算有重要影响，而围护结构的工程材料和构造做法最终会影响其面密度。附表C.1列出了最不利房间围护结构详细信息。

附表C.1　最不利房间围护结构材料清单

<table>
<tr><th>构　件</th><th>材　料</th><th>厚度/mm</th><th>密度/(kg/m³)</th><th>面密度/(kg/m²)</th><th>总面密度/(kg/m²)</th></tr>
<tr><td rowspan="3">外　墙</td><td>水泥砂浆</td><td>7</td><td>1800</td><td>13</td><td rowspan="3">224</td></tr>
<tr><td>蒸压加气混凝土砌块626～725(外墙灰缝≤3 mm)</td><td>250</td><td>700</td><td>175</td></tr>
<tr><td>水泥砂浆</td><td>20</td><td>1800</td><td>36</td></tr>
</table>

续表

构　件	材　料	厚度/mm	密度/(kg/m^3)	面密度/(kg/m^2)	总面密度/(kg/m^2)
隔　墙	水泥砂浆	20	1800	36	208
	加气混凝土 ALC 轻集料复合增强条板	200	700	140	
	石灰砂浆	20	1600	32	
屋　顶	碎石、卵石混凝土（ρ=2300）	40	2300	92	502
	难燃型挤塑聚苯板	60	29	2	
	SBS 改性沥青防水卷材	4	900	4	
	水泥砂浆	20	1800	36	
	烧结陶粒混凝土 1351～1450	30	1100	33	
	水泥砂浆	20	1800	36	
	钢筋混凝土	120	2500	300	
楼　板	水泥砂浆	20	1800	36	356
	钢筋混凝土	120	2500	300	
	难燃型挤塑聚苯板	50	30	2	
	水泥砂浆	10	1800	18	
挑空楼板	水泥砂浆	20	1800	36	360
	钢筋混凝土	120	2500	300	
	岩棉板	50	110	6	
	水泥砂浆	10	1800	18	

C.7　计算过程

如前所述，本项目通过对整栋建筑室内噪声级的计算，确定了主要功能房间中噪声级最不利的房间为 4003（多人办公室），下面将阐述其室内噪声级计算过程。

最不利房间楼层平面和房间围护结构示意分别如附图 C.6 和附图 C.7 所示。

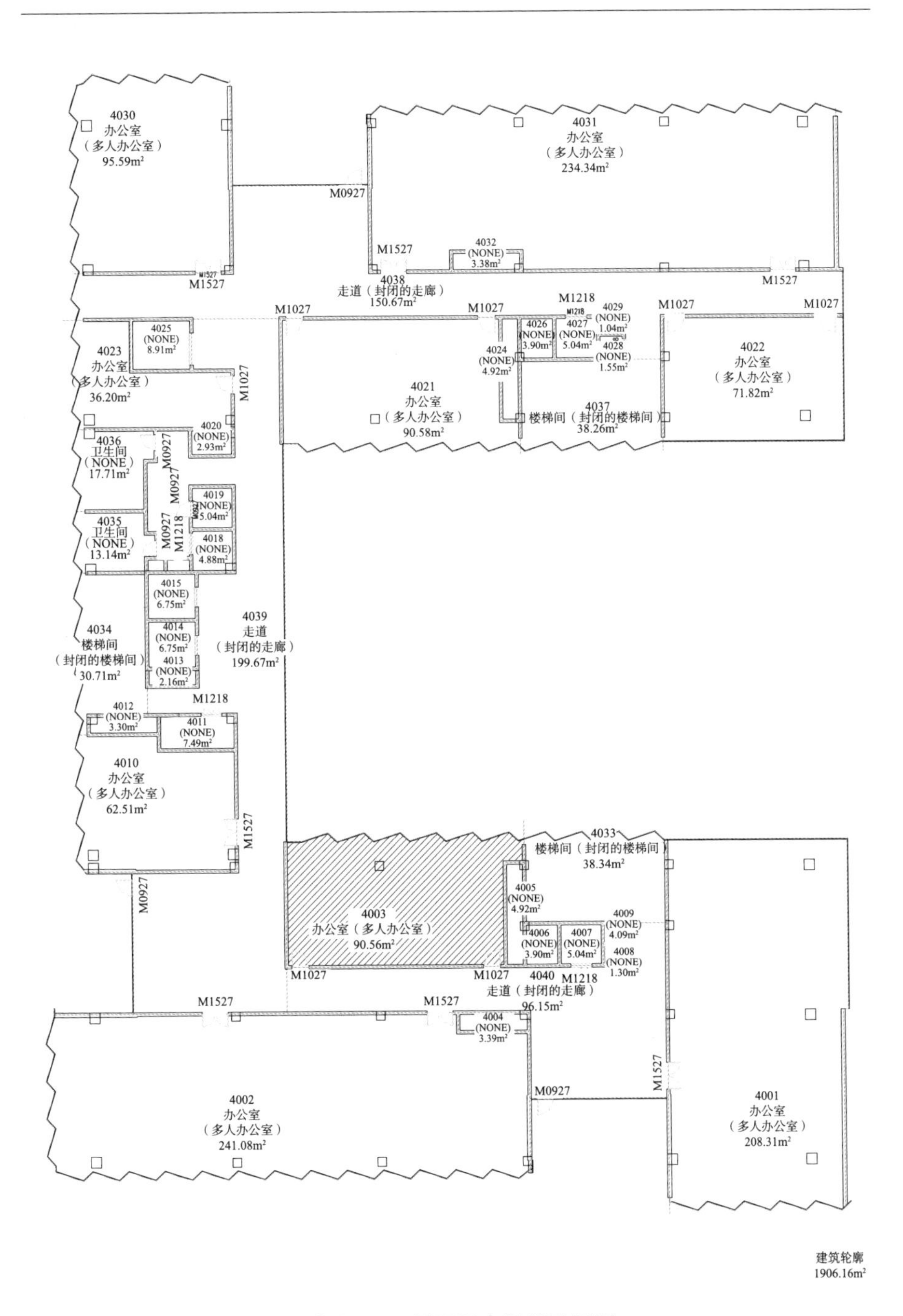

附图 C.6　最不利房间楼层平面

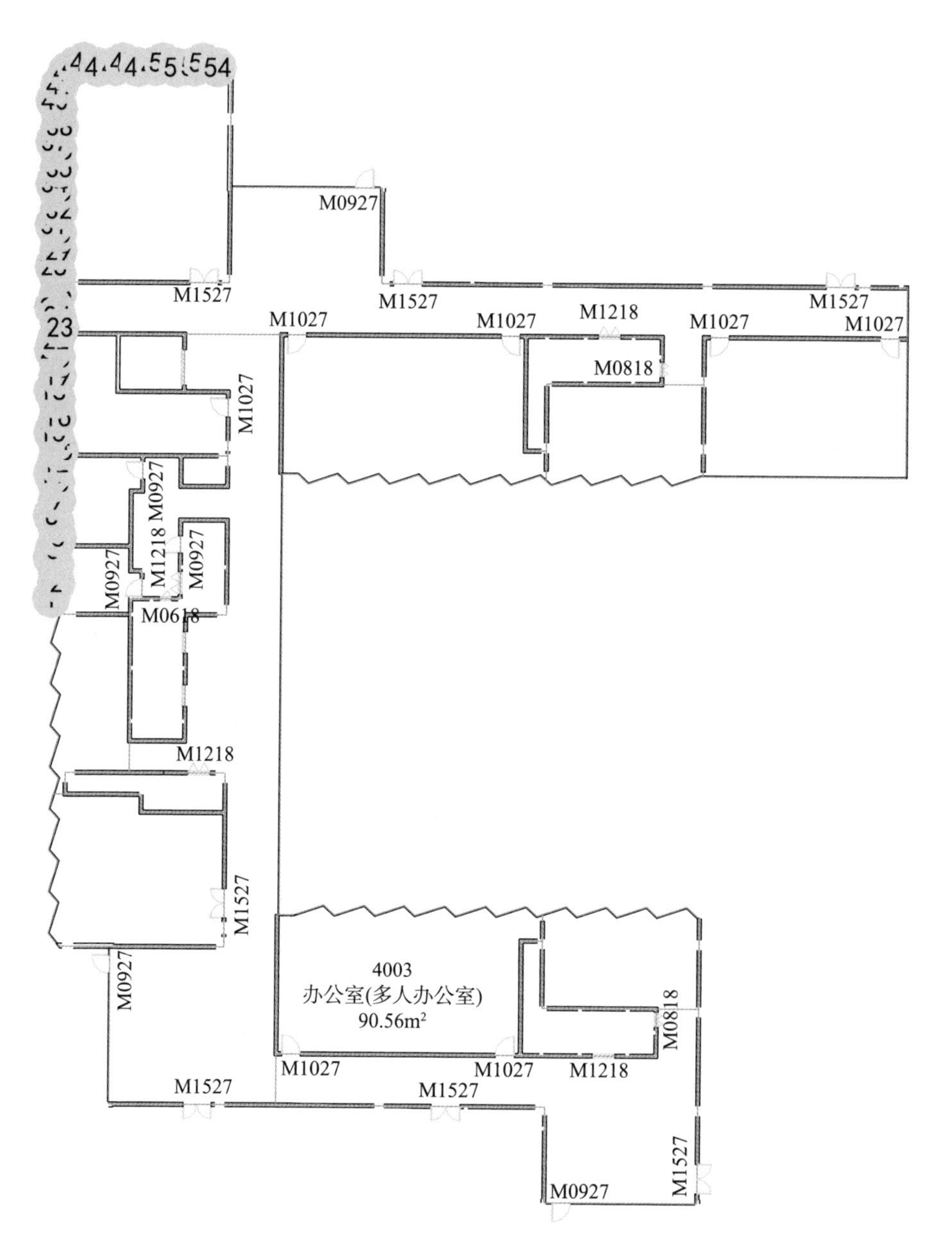

附图 C.7　房间围护结构示意

C.7.1 室外边界噪声值

通过前述环境噪声分析获得了该房间的室外边界噪声昼间为45 dB（A），夜间为43 dB（A）。

C.7.2 建筑构件空气声隔声

本项目墙板的空气声隔声量可以通过质量定律计算，或者直接通过构造数据库中给出的构造隔声参数选取合适的空气声隔声量；门窗的空气声隔声量直接参考相关声学资料，可从门窗隔声参数库中选取。

符合质量定律构件的空气声隔声量按下列公式计算：

$$R = 23\lg m + 11\lg f + (-41)(m \geqslant 200\ \mathrm{kg/m^2})$$

$$R = 13\lg m + 11\lg f + (-18)(m < 200\ \mathrm{kg/m^2})$$

式中 R——构件的空气声隔声量，dB；

f——入射声波的频率，Hz；

m——构件的面密度，$\mathrm{kg/m^2}$。

当构件满足质量定律时，将构件面密度带入上述构件空气声隔声量计算公式，即可得墙体的空气声隔声量；当从构造数据库中自定义构造隔声量参数时，将直接给出该构件空气声隔声量信息，如附表C.2所示。

附表C.2 墙板空气声隔声量

外墙构造-1	倍频程中心频率/Hz	125	250	500	1000	2000
	隔声量/dB	36.1	39.4	42.7	46.0	49.3
	面密度/($\mathrm{kg/m^2}$)	223.6				
	构造做法	水泥砂浆7 mm+蒸压加气混凝土砌块626～725（外墙灰缝≤3 mm）250 mm+水泥砂浆20 mm				
	隔声量来源	自动计算				

门窗的空气声隔声量直接参考相关声学资料（见附表C.3）。

附表 C.3　门窗空气声隔声量

幕　墙	倍频程中心频率/Hz	125	250	500	1000	2000
	隔声量/dB	32.0	38.0	40.0	45.0	50.0
	构　造	隔热铝合金型材（6 较低透光 Low－E＋12A＋6 透明）				
	隔声量来源	—				
外门（M0927）	倍频程中心频率/Hz	125	250	500	1000	2000
	隔声量/dB	27.0	23.0	32.0	39.0	43.0
	构　造	外　门				
	隔声量来源	—				

C.7.3　房间总吸声量计算

按照下式计算房间在各中心频率下的总吸声量：

$$A_j = \sum_{i=1}^{n} \alpha_{ij} S_i$$

式中　A_j——房间在中心频率为 j 时的总吸声量，m^2；

α_{ij}——构件 i 在中心频率为 j 时的吸声系数；

S_i——构件 i 的内表面积，m^2，这里包括内墙、内窗、地板和天花板。

将附表 C.4 中所列各构件吸声系数以及内表面积带入上述吸声量计算公式中，即可得出该房间在各中心频率下的总吸声量。

附表 C.4　房间构件吸声性能参数

构　件	面积/m^2	各中心频率下的吸声系数				
		125 Hz	250 Hz	500 Hz	1000 Hz	2000 Hz
隔　墙	4.2	0.100	0.100	0.050	0.050	0.060
隔　墙	29.0	0.100	0.050	0.060	0.070	0.090
隔　墙	78.0	0.100	0.100	0.050	0.050	0.060
隔　墙	240.9	0.100	0.050	0.060	0.070	0.090

续表

构 件	面积/m²	各中心频率下的吸声系数				
		125 Hz	250 Hz	500 Hz	1000 Hz	2000 Hz
隔 墙	49.9	0.100	0.100	0.050	0.050	0.060
隔 墙	121.4	0.100	0.050	0.060	0.070	0.090
隔 墙	39.1	0.100	0.100	0.050	0.050	0.060
隔 墙	23.5	0.100	0.050	0.060	0.070	0.090
隔 墙	20.8	0.100	0.100	0.050	0.050	0.060
隔 墙	8.4	0.100	0.050	0.060	0.070	0.090
隔 墙	30.0	0.100	0.100	0.050	0.050	0.060
隔 墙	18.9	0.100	0.050	0.060	0.070	0.090
隔 墙	14.3	0.100	0.100	0.050	0.050	0.060
隔 墙	26.9	0.100	0.050	0.060	0.070	0.090
隔 墙	48.9	0.100	0.100	0.050	0.050	0.060
隔 墙	125.9	0.100	0.050	0.060	0.070	0.090
隔 墙	63.6	0.100	0.100	0.050	0.050	0.060
隔 墙	14.9	0.100	0.050	0.060	0.070	0.090
隔 墙	47.9	0.100	0.100	0.050	0.050	0.060
隔 墙	36.3	0.100	0.050	0.060	0.070	0.090
隔 墙	22.7	0.100	0.100	0.050	0.050	0.060
隔 墙	77.1	0.100	0.050	0.060	0.070	0.090
隔 墙	29.4	0.100	0.100	0.050	0.050	0.060
隔 墙	74.3	0.100	0.050	0.060	0.070	0.090
外 墙	245.1	0.360	0.440	0.310	0.290	0.390
玻璃幕墙	520.7	0.180	0.060	0.040	0.030	0.020
内 门	8.4	0.160	0.150	0.100	0.100	0.100
内门（M0618）	1.1	0.160	0.150	0.100	0.100	0.100
内门（M0818）	2.9	0.160	0.150	0.100	0.100	0.100
内门（M0927）	2.4	0.160	0.150	0.100	0.100	0.100
内门（M0927）	4.9	0.160	0.160	0.150	0.150	0.100
内门（M1027）	18.9	0.160	0.160	0.150	0.150	0.100

续表

构　件	面积/m²	各中心频率下的吸声系数				
		125 Hz	250 Hz	500 Hz	1000 Hz	2000 Hz
内门（M1218）	8.6	0.160	0.150	0.100	0.100	0.100
内门（M1527）	12.2	0.160	0.150	0.100	0.100	0.100
内门（M1527）	4.1	0.160	0.160	0.150	0.150	0.100
内门（M1527）	8.1	0.160	0.150	0.100	0.100	0.100
内门（M1527）	4.1	0.160	0.160	0.150	0.150	0.100
外门（M0927）	7.7	0.100	0.110	0.110	0.090	0.090
楼　板	2026.5	0.010	0.010	0.010	0.020	0.020
挑空楼板	59.5	0.100	0.050	0.060	0.070	0.090
屋　顶	84.5	0.360	0.440	0.310	0.290	0.390
总吸声量/m²		376.1	296.8	227.1	244.0	291.8

C.7.4　组合墙空气声隔声量计算

本项目先计算组合墙的空气声有效隔声量，再通过公式法获取空气声隔声计权单值评价量，进而获得空气声频谱修正量，最终获得组合墙隔声量，如附图 C.8 所示。

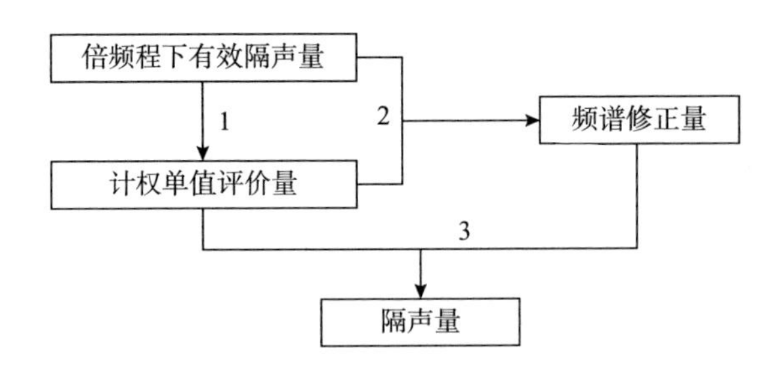

附图 C.8　组合墙空气声隔声量计算原理

C.7.4.1　组合墙空气声有效隔声量

下列公式展示了计算单面组合墙在各中心频率下的空气声有效隔声量的过程，先将 C.7.2 节所得构件空气声隔声量代入式（C.1）获得透射系数，再将构件相关尺寸代入式（C.2）中获得平均透射系数，再结合式（C.3）和式（C.4）获得空气声实际隔声量和空气声有效隔声量，结果分列于附表C.5中。

透射系数：

$$\tau_{kj} = 10^{-0.1R_{kj}} \tag{C.1}$$

平均透射系数：

$$\bar{\tau}_j = \frac{\sum_{k=1}^{n} \tau_{kj} S_k}{\sum_{k=1}^{n} S_k} \tag{C.2}$$

空气声实际隔声量：

$$R_{jS} = 10\lg \frac{1}{\bar{\tau}_j} \tag{C.3}$$

空气声有效隔声量：

$$R_{jY} = R_{jS} + 10\lg \frac{A_j}{\sum_{k=1}^{n} S_k} \tag{C.4}$$

式中 τ_{kj}——隔声构件 k 在中心频率为 j 时的透射系数；

R_{kj}——隔声构件 k 在中心频率为 j 时的空气声隔声量，dB；

$\bar{\tau}_j$——单面组合墙在中心频率为 j 时的平均透射系数；

S_k——隔声构件 k 的面积，m^2，如外墙、外窗、外门；

R_{jS}——单面组合墙在中心频率为 j 时的空气声实际隔声量，dB；

R_{jY}——单面组合墙在中心频率为 j 时的空气声有效隔声量，dB；

A_j——房间在中心频率为 j 时的总吸声量，m^2。

附表C.5 最不利房间组合墙隔声量计算详表

外墙1					
倍频程中心频率/Hz	125	250	500	1000	2000
外墙隔声量/dB	36.1	39.4	42.7	46.0	49.3
组合墙平均透射系数	0.000246	0.000115	0.000054	0.000026	0.000013

续表

外墙 1					
组合墙实际隔声量/dB	36.1	39.4	42.7	46.0	49.3
组合墙有效隔声量/dB	61.2	63.0	65.7	69.4	73.6
组合墙计权隔声量/dB	70				
组合墙频谱修正量/dB	−3				
组合墙隔声量/dB	67				
组合墙面积/m^2	1.3				
门/窗与墙缝隙面积/m^2	0.000				
门/窗与墙缝隙对隔声量影响/dB	0				
计算缝隙后组合墙隔声量/dB	67				
幕　墙					
倍频程中心频率/Hz	125	250	500	1000	2000
幕墙隔声量/dB	32.0	38.0	40.0	45.0	50.0
组合墙平均透射系数	0.000632	0.000159	0.000101	0.000033	0.000011
组合墙实际隔声量/dB	32.0	38.0	40.0	45.0	50.0
组合墙有效隔声量 dB	50.9	55.4	56.7	62.1	68.0
组合墙计权隔声量/dB	62				
组合墙频谱修正量/dB	−3				
组合墙隔声量/dB	59				
组合墙面积/m^2	5.5				
门/窗与墙缝隙面积/m^2	0.022				
门/窗与墙缝隙对隔声量影响/dB	35				
计算缝隙后组合墙隔声量/dB	24				
外墙 3					
倍频程中心频率/Hz	125	250	500	1000	2000
外墙隔声量/dB	36.1	39.4	42.7	46.0	49.3
组合墙平均透射系数	0.000246	0.000115	0.000054	0.000026	0.000013
组合墙实际隔声量/dB	36.1	39.4	42.7	46.0	49.3
组合墙有效隔声量/dB	57.5	59.3	61.9	65.7	69.8
组合墙计权隔声量/dB	66				

续表

外墙 3					
组合墙频谱修正量/dB	−3				
组合墙隔声量/dB	63				
组合墙面积/m^2	3.1				
门/窗与墙缝隙面积/m^2	0.000				
门/窗与墙缝隙对隔声量影响/dB	0				
计算缝隙后组合墙隔声量/dB	63				
外墙 4					
倍频程中心频率/Hz	125	250	500	1000	2000
外墙隔声量/dB	36.1	39.4	42.7	46.0	49.3
组合墙平均透射系数	0.000246	0.000115	0.000054	0.000026	0.000013
组合墙实际隔声量/dB	36.1	39.4	42.7	46.0	49.3
组合墙有效隔声量/dB	61.2	63.0	65.7	69.4	73.6
组合墙计权隔声量/dB	70				
组合墙频谱修正量/dB	−3				
组合墙隔声量/dB	67				
组合墙面积/m^2	1.3				
门/窗与墙缝隙面积/m^2	0.000				
门/窗与墙缝隙对隔声量影响/dB	0				
计算缝隙后组合墙隔声量/dB	67				
幕　墙					
倍频程中心频率/Hz	125	250	500	1000	2000
幕墙隔声量/dB	32.0	38.0	40.0	45.0	50.0
组合墙平均透射系数	0.000632	0.000159	0.000101	0.000033	0.000011
组合墙实际隔声量/dB	32.0	38.0	40.0	45.0	50.0
组合墙有效隔声量/dB	55.8	60.3	61.7	67.1	73.0
组合墙计权隔声量/dB	67				
组合墙频谱修正量/dB	−3				
组合墙隔声量/dB	64				
组合墙面积/m^2	1.8				
门/窗与墙缝隙面积/m^2	0.018				
门/窗与墙缝隙对隔声量影响/dB	44				
计算缝隙后组合墙隔声量/dB	20				

续表

幕墙					
倍频程中心频率/Hz	125	250	500	1000	2000
幕墙隔声量/dB	32.0	38.0	40.0	45.0	50.0
组合墙平均透射系数	0.000632	0.000159	0.000101	0.000033	0.000011
组合墙实际隔声量/dB	32.0	38.0	40.0	45.0	50.0
组合墙有效隔声量/dB	52.6	57.0	58.4	63.8	69.7
组合墙计权隔声量/dB	64				
组合墙频谱修正量/dB	—4				
组合墙隔声量/dB	60				
组合墙面积/m²	3.8				
门/窗与墙缝隙面积/m²	0.020				
门/窗与墙缝隙对隔声量影响/dB	37				
计算缝隙后组合墙隔声量/dB	23				
外墙 7					
倍频程中心频率/Hz	125	250	500	1000	2000
外墙隔声量/dB	36.1	39.4	42.7	46.0	49.3
组合墙平均透射系数	0.000246	0.000115	0.000054	0.000026	0.000013
组合墙实际隔声量/dB	36.1	39.4	42.7	46.0	49.3
组合墙有效隔声量/dB	57.5	59.3	61.9	65.7	69.8
组合墙计权隔声量/dB	66				
组合墙频谱修正量/dB	—3				
组合墙隔声量/dB	63				
组合墙面积/m²	3.1				
门/窗与墙缝隙面积/m²	0.000				
门/窗与墙缝隙对隔声量影响/dB	0				
计算缝隙后组合墙隔声量/dB	63				
外墙 8					
倍频程中心频率/Hz	125	250	500	1000	2000
外墙隔声量/dB	36.1	39.4	42.7	46.0	49.3
组合墙平均透射系数	0.000246	0.000115	0.000054	0.000026	0.000013

续表

外墙 8					
组合墙实际隔声量/dB	36.1	39.4	42.7	46.0	49.3
组合墙有效隔声量/dB	61.2	63.0	65.7	69.4	73.6
组合墙计权隔声量/dB	70				
组合墙频谱修正量/dB	−3				
组合墙隔声量/dB	67				
组合墙面积/m^2	1.3				
门/窗与墙缝隙面积/m^2	0.000				
门/窗与墙缝隙对隔声量影响/dB	0				
计算缝隙后组合墙隔声量/dB	67				
幕　墙					
倍频程中心频率/Hz	125	250	500	1000	2000
幕墙隔声量/dB	32.0	38.0	40.0	45.0	50.0
组合墙平均透射系数	0.000632	0.000159	0.000101	0.000033	0.000011
组合墙实际隔声量/dB	32.0	38.0	40.0	45.0	50.0
组合墙有效隔声量/dB	50.9	55.4	56.7	62.1	68.0
组合墙计权隔声量/dB	62				
组合墙频谱修正量/dB	−3				
组合墙隔声量/dB	59				
组合墙面积/m^2	5.5				
门/窗与墙缝隙面积/m^2	0.022				
门/窗与墙缝隙对隔声量影响/dB	35				
计算缝隙后组合墙隔声量/dB	24				
外墙 10					
倍频程中心频率/Hz	125	250	500	1000	2000
外墙隔声量/dB	36.1	39.4	42.7	46.0	49.3
组合墙平均透射系数	0.000246	0.000115	0.000054	0.000026	0.000013
组合墙实际隔声量/dB	36.1	39.4	42.7	46.0	49.3
组合墙有效隔声量/dB	57.5	59.3	61.9	65.7	69.8
组合墙计权隔声量/dB	66				
组合墙频谱修正量/dB	−3				

续表

外墙 10					
组合墙隔声量/dB	63				
组合墙面积/m²	3.1				
门/窗与墙缝隙面积/m²	0.000				
门/窗与墙缝隙对隔声量影响/dB	0				
计算缝隙后组合墙隔声量/dB	63				
外墙 11					
倍频程中心频率/Hz	125	250	500	1000	2000
外墙隔声量/dB	36.1	39.4	42.7	46.0	49.3
组合墙平均透射系数	0.000246	0.000115	0.000054	0.000026	0.000013
组合墙实际隔声量/dB	36.1	39.4	42.7	46.0	49.3
组合墙有效隔声量/dB	61.2	63.0	65.7	69.4	73.6
组合墙计权隔声量/dB	70				
组合墙频谱修正量/dB	−3				
组合墙隔声量/dB	67				
组合墙面积/m²	1.3				
门/窗与墙缝隙面积/m²	0.000				
门/窗与墙缝隙对隔声量影响/dB	0				
计算缝隙后组合墙隔声量/dB	67				
幕　墙					
倍频程中心频率/Hz	125	250	500	1000	2000
幕墙隔声量/dB	32.0	38.0	40.0	45.0	50.0
组合墙平均透射系数	0.000632	0.000159	0.000101	0.000033	0.000011
组合墙实际隔声量/dB	32.0	38.0	40.0	45.0	50.0
组合墙有效隔声量/dB	52.8	57.3	58.7	64.1	70.0
组合墙计权隔声量/dB	64				
组合墙频谱修正量/dB	−3				
组合墙隔声量/dB	61				
组合墙面积/m²	3.5				
门/窗与墙缝隙面积/m²	0.020				
门/窗与墙缝隙对隔声量影响/dB	39				
计算缝隙后组合墙隔声量/dB	22				

续表

幕　墙					
倍频程中心频率/Hz	125	250	500	1000	2000
幕墙隔声量/dB	32.0	38.0	40.0	45.0	50.0
组合墙平均透射系数	0.000632	0.000159	0.000101	0.000033	0.000011
组合墙实际隔声量/dB	32.0	38.0	40.0	45.0	50.0
组合墙有效隔声量/dB	55.3	59.8	61.2	66.6	72.4
组合墙计权隔声量/dB	67				
组合墙频谱修正量/dB	−4				
组合墙隔声量/dB	63				
组合墙面积/m^2	2.0				
门/窗与墙缝隙面积/m^2	0.019				
门/窗与墙缝隙对隔声量影响/dB	43				
计算缝隙后组合墙隔声量/dB	20				
外墙14					
倍频程中心频率/Hz	125	250	500	1000	2000
外墙隔声量/dB	36.1	39.4	42.7	46.0	49.3
组合墙平均透射系数	0.000246	0.000115	0.000054	0.000026	0.000013
组合墙实际隔声量/dB	36.1	39.4	42.7	46.0	49.3
组合墙有效隔声量/dB	57.5	59.3	61.9	65.7	69.8
组合墙计权隔声量/dB	66				
组合墙频谱修正量/dB	−3				
组合墙隔声量/dB	63				
组合墙面积/m^2	3.1				
门/窗与墙缝隙面积/m^2	0.000				
门/窗与墙缝隙对隔声量影响/dB	0				
计算缝隙后组合墙隔声量/dB	63				
外墙15					
倍频程中心频率/Hz	125	250	500	1000	2000
外墙隔声量/dB	36.1	39.4	42.7	46.0	49.3
组合墙平均透射系数	0.000246	0.000115	0.000054	0.000026	0.000013
组合墙实际隔声量/dB	36.1	39.4	42.7	46.0	49.3

续表

外墙 15					
组合墙有效隔声量/dB	61.2	63.0	65.7	69.4	73.6
组合墙计权隔声量/dB	70				
组合墙频谱修正量/dB	−3				
组合墙隔声量/dB	67				
组合墙面积/m²	1.3				
门/窗与墙缝隙面积/m²	0.000				
门/窗与墙缝隙对隔声量影响/dB	0				
计算缝隙后组合墙隔声量/dB	67				
幕　墙					
倍频程中心频率/Hz	125	250	500	1000	2000
幕墙隔声量/dB	32.0	38.0	40.0	45.0	50.0
组合墙平均透射系数	0.000632	0.000159	0.000101	0.000033	0.000011
组合墙实际隔声量/dB	32.0	38.0	40.0	45.0	50.0
组合墙有效隔声量/dB	50.9	55.4	56.7	62.1	68.0
组合墙计权隔声量/dB	62				
组合墙频谱修正量/dB	−3				
组合墙隔声量/dB	59				
组合墙面积/m²	5.5				
门/窗与墙缝隙面积/m²	0.022				
门/窗与墙缝隙对隔声量影响/dB	35				
计算缝隙后组合墙隔声量/dB	24				
外墙 17					
倍频程中心频率/Hz	125	250	500	1000	2000
外墙隔声量/dB	36.1	39.4	42.7	46.0	49.3
组合墙平均透射系数	0.000246	0.000115	0.000054	0.000026	0.000013
组合墙实际隔声量/dB	36.1	39.4	42.7	46.0	49.3
组合墙有效隔声量/dB	57.5	59.3	61.9	65.7	69.8
组合墙计权隔声量/dB	66				
组合墙频谱修正量/dB	−3				
组合墙隔声量/dB	63				

续表

外墙 17					
组合墙面积/m²	3.1				
门/窗与墙缝隙面积/m²	0.000				
门/窗与墙缝隙对隔声量影响/dB	0				
计算缝隙后组合墙隔声量/dB	63				
外墙 18					
倍频程中心频率/Hz	125	250	500	1000	2000
外墙隔声量/dB	36.1	39.4	42.7	46.0	49.3
组合墙平均透射系数	0.000246	0.000115	0.000054	0.000026	0.000013
组合墙实际隔声量/dB	36.1	39.4	42.7	46.0	49.3
组合墙有效隔声量/dB	61.2	63.0	65.7	69.4	73.6
组合墙计权隔声量/dB	70				
组合墙频谱修正量/dB	−3				
组合墙隔声量/dB	67				
组合墙面积/m²	1.3				
门/窗与墙缝隙面积/m²	0.000				
门/窗与墙缝隙对隔声量影响/dB	0				
计算缝隙后组合墙隔声量/dB	67				
幕　墙					
倍频程中心频率/Hz	125	250	500	1000	2000
幕墙隔声量/dB	32.0	38.0	40.0	45.0	50.0
组合墙平均透射系数	0.000632	0.000159	0.000101	0.000033	0.000011
组合墙实际隔声量/dB	32.0	38.0	40.0	45.0	50.0
组合墙有效隔声量/dB	50.9	55.4	56.7	62.1	68.0
组合墙计权隔声量/dB	62				
组合墙频谱修正量/dB	−3				
组合墙隔声量/dB	59				
组合墙面积/m²	5.5				
门/窗与墙缝隙面积/m²	0.022				
门/窗与墙缝隙对隔声量影响/dB	35				
计算缝隙后组合墙隔声量/dB	24				

续表

外墙 20					
倍频程中心频率/Hz	125	250	500	1000	2000
外墙隔声量/dB	36.1	39.4	42.7	46.0	49.3
组合墙平均透射系数	0.000246	0.000115	0.000054	0.000026	0.000013
组合墙实际隔声量/dB	36.1	39.4	42.7	46.0	49.3
组合墙有效隔声量/dB	57.5	59.3	61.9	65.7	69.8
组合墙计权隔声量/dB	66				
组合墙频谱修正量/dB	−3				
组合墙隔声量/dB	63				
组合墙面积/m^2	3.1				
门/窗与墙缝隙面积/m^2	0.000				
门/窗与墙缝隙对隔声量影响/dB	0				
计算缝隙后组合墙隔声量/dB	63				
外墙 21					
倍频程中心频率/Hz	125	250	500	1000	2000
外墙隔声量/dB	36.1	39.4	42.7	46.0	49.3
组合墙平均透射系数	0.000246	0.000115	0.000054	0.000026	0.000013
组合墙实际隔声量/dB	36.1	39.4	42.7	46.0	49.3
组合墙有效隔声量/dB	61.2	63.0	65.7	69.4	73.6
组合墙计权隔声量/dB	70				
组合墙频谱修正量/dB	−3				
组合墙隔声量/dB	67				
组合墙面积/m^2	1.3				
门/窗与墙缝隙面积/m^2	0.000				
门/窗与墙缝隙对隔声量影响/dB	0				
计算缝隙后组合墙隔声量/dB	67				
幕　墙					
倍频程中心频率/Hz	125	250	500	1000	2000
幕墙隔声量/dB	32.0	38.0	40.0	45.0	50.0
组合墙平均透射系数	0.000632	0.000159	0.000101	0.000033	0.000011
组合墙实际隔声量/dB	32.0	38.0	40.0	45.0	50.0

续表

幕　墙					
组合墙有效隔声量/dB	53.7	58.2	59.6	65.0	70.9
组合墙计权隔声量/dB	65				
组合墙频谱修正量/dB	－3				
组合墙隔声量/dB	62				
组合墙面积/m^2	2.9				
门/窗与墙缝隙面积/m^2	0.020				
门/窗与墙缝隙对隔声量影响/dB	40				
计算缝隙后组合墙隔声量/dB	22				
幕　墙					
倍频程中心频率/Hz	125	250	500	1000	2000
幕墙隔声量/dB	32.0	38.0	40.0	45.0	50.0
组合墙平均透射系数	0.000632	0.000159	0.000101	0.000033	0.000011
组合墙实际隔声量/dB	32.0	38.0	40.0	45.0	50.0
组合墙有效隔声量/dB	54.1	58.6	59.9	65.3	71.2
组合墙计权隔声量/dB	65				
组合墙频谱修正量/dB	－3				
组合墙隔声量/dB	62				
组合墙面积/m^2	2.6				
门/窗与墙缝隙面积/m^2	0.019				
门/窗与墙缝隙对隔声量影响/dB	41				
计算缝隙后组合墙隔声量/dB	21				
外墙24					
倍频程中心频率/Hz	125	250	500	1000	2000
外墙隔声量/dB	36.1	39.4	42.7	46.0	49.3
组合墙平均透射系数	0.000246	0.000115	0.000054	0.000026	0.000013
组合墙实际隔声量/dB	36.1	39.4	42.7	46.0	49.3
组合墙有效隔声量/dB	57.5	59.3	61.9	65.7	69.8
组合墙计权隔声量/dB	66				
组合墙频谱修正量/dB	－3				
组合墙隔声量/dB	63				

续表

外墙 24					
组合墙面积/m^2	3.1				
门/窗与墙缝隙面积/m^2	0.000				
门/窗与墙缝隙对隔声量影响/dB	0				
计算缝隙后组合墙隔声量/dB	63				
外墙 25					
倍频程中心频率/Hz	125	250	500	1000	2000
外墙隔声量/dB	36.1	39.4	42.7	46.0	49.3
组合墙平均透射系数	0.000246	0.000115	0.000054	0.000026	0.000013
组合墙实际隔声量/dB	36.1	39.4	42.7	46.0	49.3
组合墙有效隔声量/dB	61.2	63.0	65.7	69.4	73.6
组合墙计权隔声量/dB	70				
组合墙频谱修正量/dB	−3				
组合墙隔声量/dB	67				
组合墙面积/m^2	1.3				
门/窗与墙缝隙面积/m^2	0.000				
门/窗与墙缝隙对隔声量影响/dB	0				
计算缝隙后组合墙隔声量/dB	67				
幕　墙					
倍频程中心频率/Hz	125	250	500	1000	2000
幕墙隔声量/dB	32.0	38.0	40.0	45.0	50.0
组合墙平均透射系数	0.000632	0.000159	0.000101	0.000033	0.000011
组合墙实际隔声量/dB	32.0	38.0	40.0	45.0	50.0
组合墙有效隔声量/dB	51.2	55.7	57.1	62.5	68.4
组合墙计权隔声量/dB	63				
组合墙频谱修正量/dB	−4				
组合墙隔声量/dB	59				
组合墙面积/m^2	5.1				
门/窗与墙缝隙面积/m^2	0.022				
门/窗与墙缝隙对隔声量影响/dB	35				
计算缝隙后组合墙隔声量/dB	24				

续表

外墙 27					
倍频程中心频率/Hz	125	250	500	1000	2000
外墙隔声量/dB	36.1	39.4	42.7	46.0	49.3
组合墙平均透射系数	0.000246	0.000115	0.000054	0.000026	0.000013
组合墙实际隔声量/dB	36.1	39.4	42.7	46.0	49.3
组合墙有效隔声量/dB	57.5	59.3	61.9	65.7	69.8
组合墙计权隔声量/dB	66				
组合墙频谱修正量/dB	−3				
组合墙隔声量/dB	63				
组合墙面积/m²	3.1				
门/窗与墙缝隙面积/m²	0.000				
门/窗与墙缝隙对隔声量影响/dB	0				
计算缝隙后组合墙隔声量/dB	63				
外墙 28					
倍频程中心频率/Hz	125	250	500	1000	2000
外墙隔声量/dB	36.1	39.4	42.7	46.0	49.3
组合墙平均透射系数	0.000246	0.000115	0.000054	0.000026	0.000013
组合墙实际隔声量/dB	36.1	39.4	42.7	46.0	49.3
组合墙有效隔声量/dB	61.2	63.0	65.7	69.4	73.6
组合墙计权隔声量/dB	70				
组合墙频谱修正量/dB	−3				
组合墙隔声量/dB	67				
组合墙面积/m²	1.3				
门/窗与墙缝隙面积/m²	0.000				
门/窗与墙缝隙对隔声量影响/dB	0				
计算缝隙后组合墙隔声量/dB	67				
幕 墙					
倍频程中心频率/Hz	125	250	500	1000	2000
幕墙隔声量/dB	32.0	38.0	40.0	45.0	50.0
组合墙平均透射系数	0.000632	0.000159	0.000101	0.000033	0.000011
组合墙实际隔声量/dB	32.0	38.0	40.0	45.0	50.0

续表

幕　墙					
组合墙有效隔声量/dB	50.9	55.4	56.7	62.1	68.0
组合墙计权隔声量/dB	62				
组合墙频谱修正量/dB	—3				
组合墙隔声量/dB	59				
组合墙面积/m^2	5.5				
门/窗与墙缝隙面积/m^2	0.022				
门/窗与墙缝隙对隔声量影响/dB	35				
计算缝隙后组合墙隔声量/dB	24				
外墙 30					
倍频程中心频率/Hz	125	250	500	1000	2000
外墙隔声量/dB	36.1	39.4	42.7	46.0	49.3
组合墙平均透射系数	0.000246	0.000115	0.000054	0.000026	0.000013
组合墙实际隔声量/dB	36.1	39.4	42.7	46.0	49.3
组合墙有效隔声量/dB	57.5	59.3	61.9	65.7	69.8
组合墙计权隔声量/dB	66				
组合墙频谱修正量/dB	—3				
组合墙隔声量/dB	63				
组合墙面积/m^2	3.1				
门/窗与墙缝隙面积/m^2	0.000				
门/窗与墙缝隙对隔声量影响/dB	0				
计算缝隙后组合墙隔声量/dB	63				
外墙 31					
倍频程中心频率/Hz	125	250	500	1000	2000
外墙隔声量/dB	36.1	39.4	42.7	46.0	49.3
组合墙平均透射系数	0.000246	0.000115	0.000054	0.000026	0.000013
组合墙实际隔声量/dB	36.1	39.4	42.7	46.0	49.3
组合墙有效隔声量/dB	61.2	63.0	65.7	69.4	73.6
组合墙计权隔声量/dB	70				
组合墙频谱修正量/dB	—3				
组合墙隔声量/dB	67				

续表

外墙 31					
组合墙面积/m²	1.3				
门/窗与墙缝隙面积/m²	0.000				
门/窗与墙缝隙对隔声量影响/dB	0				
计算缝隙后组合墙隔声量/dB	67				
幕　墙					
倍频程中心频率/Hz	125	250	500	1000	2000
幕墙隔声量/dB	32.0	38.0	40.0	45.0	50.0
组合墙平均透射系数	0.000632	0.000159	0.000101	0.000033	0.000011
组合墙实际隔声量/dB	32.0	38.0	40.0	45.0	50.0
组合墙有效隔声量/dB	50.9	55.4	56.7	62.1	68.0
组合墙计权隔声量/dB	62				
组合墙频谱修正量/dB	−3				
组合墙隔声量/dB	59				
组合墙面积/m²	5.5				
门/窗与墙缝隙面积/m²	0.022				
门/窗与墙缝隙对隔声量影响/dB	35				
计算缝隙后组合墙隔声量/dB	24				
外墙 33					
倍频程中心频率/Hz	125	250	500	1000	2000
外墙隔声量/dB	36.1	39.4	42.7	46.0	49.3
组合墙平均透射系数	0.000246	0.000115	0.000054	0.000026	0.000013
组合墙实际隔声量/dB	36.1	39.4	42.7	46.0	49.3
组合墙有效隔声量/dB	57.5	59.3	61.9	65.7	69.8
组合墙计权隔声量/dB	66				
组合墙频谱修正量/dB	−3				
组合墙隔声量/dB	63				
组合墙面积/m²	3.1				
门/窗与墙缝隙面积/m²	0.000				
门/窗与墙缝隙对隔声量影响/dB	0				
计算缝隙后组合墙隔声量/dB	63				

续表

外墙 34					
倍频程中心频率/Hz	125	250	500	1000	2000
外墙隔声量/dB	36.1	39.4	42.7	46.0	49.3
组合墙平均透射系数	0.000246	0.000115	0.000054	0.000026	0.000013
组合墙实际隔声量/dB	36.1	39.4	42.7	46.0	49.3
组合墙有效隔声量/dB	61.2	63.0	65.7	69.4	73.6
组合墙计权隔声量/dB	70				
组合墙频谱修正量/dB	−3				
组合墙隔声量/dB	67				
组合墙面积/m²	1.3				
门/窗与墙缝隙面积/m²	0.000				
门/窗与墙缝隙对隔声量影响/dB	0				
计算缝隙后组合墙隔声量/dB	67				
幕　墙					
倍频程中心频率/Hz	125	250	500	1000	2000
幕墙隔声量/dB	32.0	38.0	40.0	45.0	50.0
组合墙平均透射系数	0.000632	0.000159	0.000101	0.000033	0.000011
组合墙实际隔声量/dB	32.0	38.0	40.0	45.0	50.0
组合墙有效隔声量/dB	50.9	55.4	56.7	62.1	68.0
组合墙计权隔声量/dB	62				
组合墙频谱修正量/dB	−3				
组合墙隔声量/dB	59				
组合墙面积/m²	5.5				
门/窗与墙缝隙面积/m²	0.022				
门/窗与墙缝隙对隔声量影响/dB	35				
计算缝隙后组合墙隔声量/dB	24				
外墙 36					
倍频程中心频率/Hz	125	250	500	1000	2000
外墙隔声量/dB	36.1	39.4	42.7	46.0	49.3
组合墙平均透射系数	0.000246	0.000115	0.000054	0.000026	0.000013
组合墙实际隔声量/dB	36.1	39.4	42.7	46.0	49.3
组合墙有效隔声量/dB	57.5	59.3	61.9	65.7	69.8

续表

外墙 36					
组合墙计权隔声量/dB	66				
组合墙频谱修正量/dB	−3				
组合墙隔声量/dB	63				
组合墙面积/m²	3.1				
门/窗与墙缝隙面积/m²	0.000				
门/窗与墙缝隙对隔声量影响/dB	0				
计算缝隙后组合墙隔声量/dB	63				
外墙 37					
倍频程中心频率/Hz	125	250	500	1000	2000
外墙隔声量/dB	36.1	39.4	42.7	46.0	49.3
组合墙平均透射系数	0.000246	0.000115	0.000054	0.000026	0.000013
组合墙实际隔声量/dB	36.1	39.4	42.7	46.0	49.3
组合墙有效隔声量/dB	61.2	63.0	65.7	69.4	73.6
组合墙计权隔声量/dB	70				
组合墙频谱修正量/dB	−3				
组合墙隔声量/dB	67				
组合墙面积/m²	1.3				
门/窗与墙缝隙面积/m²	0.000				
门/窗与墙缝隙对隔声量影响/dB	0				
计算缝隙后组合墙隔声量/dB	67				
幕　墙					
倍频程中心频率/Hz	125	250	500	1000	2000
幕墙隔声量/dB	32.0	38.0	40.0	45.0	50.0
组合墙平均透射系数	0.000632	0.000159	0.000101	0.000033	0.000011
组合墙实际隔声量/dB	32.0	38.0	40.0	45.0	50.0
组合墙有效隔声量/dB	50.9	55.4	56.7	62.1	68.0
组合墙计权隔声量/dB	62				
组合墙频谱修正量/dB	−3				
组合墙隔声量/dB	59				
组合墙面积/m²	5.5				

续表

幕　墙					
门/窗与墙缝隙面积/m²	0.022				
门/窗与墙缝隙对隔声量影响/dB	35				
计算缝隙后组合墙隔声量/dB	24				
外墙 39					
倍频程中心频率/Hz	125	250	500	1000	2000
外墙隔声量/dB	36.1	39.4	42.7	46.0	49.3
组合墙平均透射系数	0.000246	0.000115	0.000054	0.000026	0.000013
组合墙实际隔声量/dB	36.1	39.4	42.7	46.0	49.3
组合墙有效隔声量/dB	57.5	59.3	61.9	65.7	69.8
组合墙计权隔声量/dB	66				
组合墙频谱修正量/dB	−3				
组合墙隔声量/dB	63				
组合墙面积/m²	3.1				
门/窗与墙缝隙面积/m²	0.000				
门/窗与墙缝隙对隔声量影响/dB	0				
计算缝隙后组合墙隔声量/dB	63				
外墙 40					
倍频程中心频率/Hz	125	250	500	1000	2000
外墙隔声量/dB	36.1	39.4	42.7	46.0	49.3
组合墙平均透射系数	0.000246	0.000115	0.000054	0.000026	0.000013
组合墙实际隔声量/dB	36.1	39.4	42.7	46.0	49.3
组合墙有效隔声量/dB	61.2	63.0	65.7	69.4	73.6
组合墙计权隔声量/dB	70				
组合墙频谱修正量/dB	−3				
组合墙隔声量/dB	67				
组合墙面积/m²	1.3				
门/窗与墙缝隙面积/m²	0.000				
门/窗与墙缝隙对隔声量影响/dB	0				
计算缝隙后组合墙隔声量/dB	67				

续表

幕　墙					
倍频程中心频率/Hz	125	250	500	1000	2000
幕墙隔声量/dB	32.0	38.0	40.0	45.0	50.0
组合墙平均透射系数	0.000632	0.000159	0.000101	0.000033	0.000011
组合墙实际隔声量/dB	32.0	38.0	40.0	45.0	50.0
组合墙有效隔声量/dB	50.9	55.4	56.7	62.1	68.0
组合墙计权隔声量/dB	62				
组合墙频谱修正量/dB	−3				
组合墙隔声量/dB	59				
组合墙面积/m²	5.5				
门/窗与墙缝隙面积/m²	0.022				
门/窗与墙缝隙对隔声量影响/dB	35				
计算缝隙后组合墙隔声量/dB	24				
外墙 42					
倍频程中心频率/Hz	125	250	500	1000	2000
外墙隔声量/dB	36.1	39.4	42.7	46.0	49.3
组合墙平均透射系数	0.000246	0.000115	0.000054	0.000026	0.000013
组合墙实际隔声量/dB	36.1	39.4	42.7	46.0	49.3
组合墙有效隔声量/dB	60.6	62.4	65.0	68.8	72.9
组合墙计权隔声量/dB	69				
组合墙频谱修正量/dB	−2				
组合墙隔声量/dB	67				
组合墙面积/m²	1.5				
门/窗与墙缝隙面积/m²	0.000				
门/窗与墙缝隙对隔声量影响/dB	0				
计算缝隙后组合墙隔声量/dB	67				
外墙 43					
倍频程中心频率/Hz	125	250	500	1000	2000
外墙隔声量/dB	36.1	39.4	42.7	46.0	49.3
组合墙平均透射系数	0.000246	0.000115	0.000054	0.000026	0.000013
组合墙实际隔声量/dB	36.1	39.4	42.7	46.0	49.3

续表

外墙 43					
组合墙有效隔声量/dB	57.5	59.3	61.9	65.7	69.8
组合墙计权隔声量/dB	66				
组合墙频谱修正量/dB	−3				
组合墙隔声量/dB	63				
组合墙面积/m^2	3.1				
门/窗与墙缝隙面积/m^2	0.000				
门/窗与墙缝隙对隔声量影响/dB	0				
计算缝隙后组合墙隔声量/dB	63				
外墙 44					
倍频程中心频率/Hz	125	250	500	1000	2000
外墙隔声量/dB	36.1	39.4	42.7	46.0	49.3
组合墙平均透射系数	0.000246	0.000115	0.000054	0.000026	0.000013
组合墙实际隔声量/dB	36.1	39.4	42.7	46.0	49.3
组合墙有效隔声量/dB	61.2	63.0	65.7	69.4	73.6
组合墙计权隔声量/dB	70				
组合墙频谱修正量/dB	−3				
组合墙隔声量/dB	67				
组合墙面积/m^2	1.3				
门/窗与墙缝隙面积/m^2	0.000				
门/窗与墙缝隙对隔声量影响/dB	0				
计算缝隙后组合墙隔声量/dB	67				
幕　墙					
倍频程中心频率/Hz	125	250	500	1000	2000
幕墙隔声量/dB	32.0	38.0	40.0	45.0	50.0
组合墙平均透射系数	0.000632	0.000159	0.000101	0.000033	0.000011
组合墙实际隔声量/dB	32.0	38.0	40.0	45.0	50.0
组合墙有效隔声量/dB	50.9	55.4	56.7	62.1	68.0
组合墙计权隔声量/dB	62				
组合墙频谱修正量/dB	−3				
组合墙隔声量/dB	59				

续表

幕　墙					
组合墙面积/m²	5.5				
门/窗与墙缝隙面积/m²	0.022				
门/窗与墙缝隙对隔声量影响/dB	35				
计算缝隙后组合墙隔声量/dB	24				
外墙 46					
倍频程中心频率/Hz	125	250	500	1000	2000
外墙隔声量/dB	36.1	39.4	42.7	46.0	49.3
组合墙平均透射系数	0.000246	0.000115	0.000054	0.000026	0.000013
组合墙实际隔声量/dB	36.1	39.4	42.7	46.0	49.3
组合墙有效隔声量/dB	57.5	59.3	61.9	65.7	69.8
组合墙计权隔声量/dB	66				
组合墙频谱修正量/dB	−3				
组合墙隔声量/dB	63				
组合墙面积/m²	3.1				
门/窗与墙缝隙面积/m²	0.000				
门/窗与墙缝隙对隔声量影响/dB	0				
计算缝隙后组合墙隔声量/dB	63				
外墙 47					
倍频程中心频率/Hz	125	250	500	1000	2000
外墙隔声量/dB	36.1	39.4	42.7	46.0	49.3
组合墙平均透射系数	0.000246	0.000115	0.000054	0.000026	0.000013
组合墙实际隔声量/dB	36.1	39.4	42.7	46.0	49.3
组合墙有效隔声量/dB	61.2	63.0	65.7	69.4	73.6
组合墙计权隔声量/dB	70				
组合墙频谱修正量/dB	−3				
组合墙隔声量/dB	67				
组合墙面积/m²	1.3				
门/窗与墙缝隙面积/m²	0.000				
门/窗与墙缝隙对隔声量影响/dB	0				
计算缝隙后组合墙隔声量/dB	67				

续表

幕　墙					
倍频程中心频率/Hz	125	250	500	1000	2000
幕墙隔声量/dB	32.0	38.0	40.0	45.0	50.0
组合墙平均透射系数	0.000632	0.000159	0.000101	0.000033	0.000011
组合墙实际隔声量/dB	32.0	38.0	40.0	45.0	50.0
组合墙有效隔声量/dB	50.9	55.4	56.7	62.1	68.0
组合墙计权隔声量/dB	62				
组合墙频谱修正量/dB	−3				
组合墙隔声量/dB	59				
组合墙面积/m^2	5.5				
门/窗与墙缝隙面积/m^2	0.022				
门/窗与墙缝隙对隔声量影响/dB	35				
计算缝隙后组合墙隔声量/dB	24				
外墙49					
倍频程中心频率/Hz	125	250	500	1000	2000
外墙隔声量/dB	36.1	39.4	42.7	46.0	49.3
组合墙平均透射系数	0.000246	0.000115	0.000054	0.000026	0.000013
组合墙实际隔声量/dB	36.1	39.4	42.7	46.0	49.3
组合墙有效隔声量/dB	57.5	59.3	61.9	65.7	69.8
组合墙计权隔声量/dB	66				
组合墙频谱修正量/dB	−3				
组合墙隔声量/dB	63				
组合墙面积/m^2	3.1				
门/窗与墙缝隙面积/m^2	0.000				
门/窗与墙缝隙对隔声量影响/dB	0				
计算缝隙后组合墙隔声量/dB	63				
外墙50					
倍频程中心频率/Hz	125	250	500	1000	2000
外墙隔声量/dB	36.1	39.4	42.7	46.0	49.3
组合墙平均透射系数	0.000246	0.000115	0.000054	0.000026	0.000013
组合墙实际隔声量/dB	36.1	39.4	42.7	46.0	49.3

续表

外墙 50					
组合墙有效隔声量/dB	61.2	63.0	65.7	69.4	73.6
组合墙计权隔声量/dB	70				
组合墙频谱修正量/dB	−3				
组合墙隔声量/dB	67				
组合墙面积/m^2	1.3				
门/窗与墙缝隙面积/m^2	0.000				
门/窗与墙缝隙对隔声量影响/dB	0				
计算缝隙后组合墙隔声量/dB	67				
幕　墙					
倍频程中心频率/Hz	125	250	500	1000	2000
幕墙隔声量/dB	32.0	38.0	40.0	45.0	50.0
组合墙平均透射系数	0.000632	0.000159	0.000101	0.000033	0.000011
组合墙实际隔声量/dB	32.0	38.0	40.0	45.0	50.0
组合墙有效隔声量/dB	50.9	55.4	56.7	62.1	68.0
组合墙计权隔声量/dB	62				
组合墙频谱修正量/dB	−3				
组合墙隔声量/dB	59				
组合墙面积/m^2	5.5				
门/窗与墙缝隙面积/m^2	0.022				
门/窗与墙缝隙对隔声量影响/dB	35				
计算缝隙后组合墙隔声量/dB	24				
外墙 52					
倍频程中心频率/Hz	125	250	500	1000	2000
外墙隔声量/dB	36.1	39.4	42.7	46.0	49.3
组合墙平均透射系数	0.000246	0.000115	0.000054	0.000026	0.000013
组合墙实际隔声量/dB	36.1	39.4	42.7	46.0	49.3
组合墙有效隔声量/dB	57.5	59.3	61.9	65.7	69.8
组合墙计权隔声量/dB	66				
组合墙频谱修正量/dB	−3				
组合墙隔声量/dB	63				

续表

外墙 52					
组合墙面积/m²	3.1				
门/窗与墙缝隙面积/m²	0.000				
门/窗与墙缝隙对隔声量影响/dB	0				
计算缝隙后组合墙隔声量/dB	63				
外墙 53					
倍频程中心频率/Hz	125	250	500	1000	2000
外墙隔声量/dB	36.1	39.4	42.7	46.0	49.3
组合墙平均透射系数	0.000246	0.000115	0.000054	0.000026	0.000013
组合墙实际隔声量/dB	36.1	39.4	42.7	46.0	49.3
组合墙有效隔声量/dB	61.2	63.0	65.7	69.4	73.6
组合墙计权隔声量/dB	70				
组合墙频谱修正量/dB	−3				
组合墙隔声量/dB	67				
组合墙面积/m²	1.3				
门/窗与墙缝隙面积/m²	0.000				
门/窗与墙缝隙对隔声量影响/dB	0				
计算缝隙后组合墙隔声量/dB	67				
幕墙					
倍频程中心频率/Hz	125	250	500	1000	2000
幕墙隔声量/dB	32.0	38.0	40.0	45.0	50.0
组合墙平均透射系数	0.000632	0.000159	0.000101	0.000033	0.000011
组合墙实际隔声量/dB	32.0	38.0	40.0	45.0	50.0
组合墙有效隔声量/dB	50.9	55.4	56.7	62.1	68.0
组合墙计权隔声量/dB	62				
组合墙频谱修正量/dB	−3				
组合墙隔声量/dB	59				
组合墙面积/m²	5.5				
门/窗与墙缝隙面积/m²	0.022				
门/窗与墙缝隙对隔声量影响/dB	35				
计算缝隙后组合墙隔声量/dB	24				

C.7.4.2 组合墙空气声隔声计权单值评价量

通过上述计算获取组合墙在各中心频率下的有效隔声量之后，还需进一步求解其计权单值评价量，本项目依据《建筑隔声评价标准》(GB/T 50121—2005)，采用公式法计算计权单值评价量，以下为计算过程（见附图 C.9）。

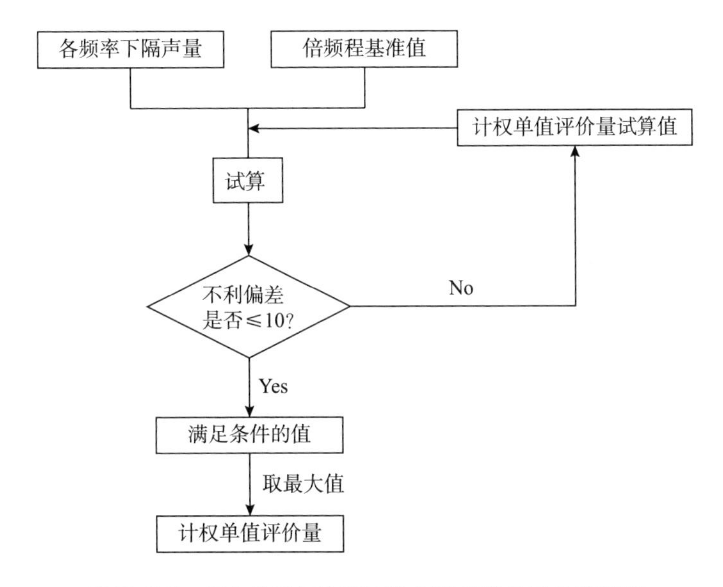

附图 C.9 组合墙空气声隔声计权单值评价量计算过程

现假设隔声量/声压级差为 X，且 X_i 为倍频程下的隔声量/声压级差，即对应上述有效隔声量，将上述所得倍频程下空气声有效隔声量代入式(C.5)中，同时参考附表 C.6 各频带基准值，先给定一个计权单值评价量的初始值 X_{W}，按式（C.5）进行试算得出不利偏差 P_i，并判定 P_i 是否满足式（C.6）小于或等于 10.0 的要求，如满足即可得空气声隔声计权单值评价量。

不利偏差 P_i的计算公式如下：

$$P_i = \begin{cases} X_{\mathrm{W}} + K_i - X_i & X_{\mathrm{W}} + K_i - X_i > 0 \\ 0 & X_{\mathrm{W}} + K_i - X_i \leqslant 0 \end{cases} \tag{C.5}$$

式中　X_W——空气声隔声计权单值评价量；

K_i——第 i 个频带的基准值；

X_i——第 i 个频带的隔声量/声压级差，精确到 0.1 dB。

通过上述公式试算所得计权单值评价量 X_W 必须为满足下式的最大值，精确到 1 dB：

$$\sum_{i=1}^{5} P_i \leqslant 10.0 \tag{C.6}$$

式中　i——频带的序号，$i=1\sim5$，代表 125～2000 Hz 范围内的 5 个倍频程。

附表 C.6　各频带基准值

频率/Hz	125	250	500	1000	2000
倍频程基准值 K_i/dB	－16	－7	0	3	4

C.7.4.3　组合墙空气声隔声频谱修正量

频谱修正量为计算组合墙隔声量的必要条件，下面阐述频谱修正量的计算过程。

频谱修正量 C_j 按下式计算：

$$C_j = -10\lg\sum 10^{(L_{ij}-X_i)/10} - X_W \tag{C.7}$$

式中　j——频谱序号，$j=1$ 或 2，1 为计算 C 的频谱 1，2 为计算 C_{tr} 的频谱 2；

X_W——空气声隔声计权单值评价量；

i——100～3150 Hz 的 1/3 倍频程或 125～2000 Hz 的倍频程序号；

L_{ij}——第 j 号频谱的第 i 个频带的声压级；

X_i——第 i 个频带的隔声量/声压级差，精确到 0.1 dB。

频谱修正量在计算时应精确到 0.1 dB，得出的结果应修约为整数。根据所用的频谱，其频谱修正量（见附表 C.7）：

（1）C 用于频谱 1（A 计权粉红噪声）。

（2）C_{tr} 用于频谱 2（A 计权交通噪声）。

附表 C.7　计算频谱修正量的声压级频谱

频率/Hz		125	250	500	1000	2000
声压级 L_{ij}/dB	用于计算 C 的频谱 1	−21	−14	−8	−5	−4
	用于计算 C_{tr} 的频谱 2	−14	−10	−7	−4	−6

将前述所得倍频程下有效隔声量、计权单值评价量以及附表 C.7 中各频程/频谱对应声压级代入式（C.7）中，即可得频谱修正量。

C.7.4.4　组合墙隔声量

根据附图 C.9 所述的组合墙隔声量计算过程，将前述计算所得组合墙计权单值评价量和频谱修正量进行相加之后，即可得组合墙隔声量。

C.7.4.5　门/窗与墙的间隙对组合墙隔声量的影响

在通常门/窗与墙之间在安装过程中都会留下缝隙，而一般的缝隙填充材料对降低隔声几乎没有实际的效果，所以该缝隙对组合墙的隔声性能影响较大。

缝隙的影响主要决定于其尺寸和声波波长的比值。当孔的尺寸大于声波波长时，透过缝隙的声能可近似认为与缝隙的面积成正比。缝隙导致的隔声量降低值用下列公式表示：

$$\Delta R = 10\lg \frac{1+\dfrac{S_0}{S_c}10^{0.1R_0}}{1+\dfrac{S_0}{S_c}} \tag{C.8}$$

式中　R_0——隔声结构的隔声量；

S_0、S_c——分别为缝隙和组合墙的面积。

注意：一般的门/窗与墙之间的缝隙为 0.5 cm（装配式）和 1 cm（非装配式）。

C.7.5　室外环境噪声通过单面组合墙传到室内的噪声级计算

室外环境噪声通过单面组合墙传到室内的噪声级按照式（C.9）计算，分析该公式可知，L_{mW}、R_{mW}、C_{mx}分别对应前面章节确定的室外边界噪声、组合墙空气声隔声计权单值评价量以及频谱修正量，将这些数值分别代入式中，即可算得室外环境噪声由墙 m 传到室内的噪声级，计算结果列于附表 C. 8 中。

$$L_{mW-N} = L_{mW} - (R_{mW} + C_{mx}) \tag{C. 9}$$

式中 L_{mW-N}——室外环境噪声由墙 m 传到室内的噪声级，dB（A）；

L_{mW}——墙 m 对应的室外环境噪声级，dB（A）；

R_{mW}——单面组合墙 m 的空气声计权隔声量，dB。

C_{mx}——根据室外环境噪声频谱特性，单面组合墙 m 的频谱修正量取 C_m 或 C_{mtr}。

附表 C. 8　室外环境噪声通过单面组合墙传到室内的噪声级

外围护结构	室外噪声级/dB（A）		隔声量/dB		传到室内噪声级/dB（A）	
	昼　间	夜　间	昼　间	夜　间	昼　间	夜　间
外墙 1	45	43	67	67	<5	<5
幕　墙	45	43	24	24	22	20
外墙 3	45	43	63	63	<5	<5
外墙 4	45	43	67	67	<5	<5
幕　墙	45	43	20	20	26	24
幕　墙	45	43	23	23	23	21
外墙 7	45	43	63	63	<5	<5
外墙 8	45	43	67	67	<5	<5
幕　墙	45	43	24	24	22	20
外墙 10	45	43	63	63	<5	<5
外墙 11	45	43	67	67	<5	<5
幕　墙	45	43	22	22	23	21
幕　墙	45	43	20	20	25	23
外墙 14	45	43	63	63	<5	<5
外墙 15	45	43	67	67	<5	<5
幕　墙	45	43	24	24	22	20
外墙 17	45	43	63	63	<5	<5
外墙 18	45	43	67	67	<5	<5

续表

外围护结构	室外噪声级/dB（A）		隔声量/dB		传到室内噪声级/dB（A）	
	昼　间	夜　间	昼　间	夜　间	昼　间	夜　间
幕　墙	45	43	24	24	22	20
外墙 20	45	43	63	63	<5	<5
外墙 21	45	43	67	67	<5	<5
幕　墙	45	43	22	22	24	22
幕　墙	45	43	21	21	24	22
外墙 24	45	43	63	63	<5	<5
外墙 25	45	43	67	67	<5	<5
幕　墙	45	43	24	24	22	20
外墙 27	45	43	63	63	<5	<5
外墙 28	45	43	67	67	<5	<5
幕　墙	45	43	24	24	22	20
外墙 30	45	43	63	63	<5	<5
外墙 31	45	43	67	67	<5	<5
幕　墙	45	43	24	24	22	20
外墙 33	45	43	63	63	<5	<5
外墙 34	45	43	67	67	<5	<5
幕　墙	45	43	24	24	22	20
外墙 36	45	43	63	63	<5	<5
外墙 37	45	43	67	67	<5	<5
幕　墙	45	43	24	24	22	20
外墙 39	45	43	63	63	<5	<5
外墙 40	45	43	67	67	<5	<5
幕　墙	45	43	24	24	22	20
外墙 42	45	43	67	67	<5	<5
外墙 43	45	43	63	63	<5	<5
外墙 44	45	43	67	67	<5	<5
幕　墙	45	43	24	24	22	20
外墙 46	45	43	63	63	<5	<5

续表

外围护结构	室外噪声级/dB（A）		隔声量/dB		传到室内噪声级/dB（A）	
	昼　间	夜　间	昼　间	夜　间	昼　间	夜　间
外墙 47	45	43	67	67	<5	<5
幕　墙	45	43	24	24	22	20
外墙 49	45	43	63	63	<5	<5
外墙 50	45	43	67	67	<5	<5
幕　墙	45	43	24	24	22	20
外墙 52	45	43	63	63	<5	<5
外墙 53	45	43	67	67	<5	<5
幕　墙	45	43	24	24	22	20

C.7.6　室外环境噪声通过多面组合墙传到室内的噪声级计算

上述室外环境噪声单面组合墙传到室内的噪声级代入式（C.10）可得通过多面组合墙传到室内的总噪声级，昼间为 41 dB（A），夜间为 39 dB（A）。

$$L_{\mathrm{W-N}} = 10\lg\sum_{m=1}^{n} 10^{0.1L_{m\mathrm{W-N}}} \tag{C.10}$$

式中　$L_{\mathrm{W-N}}$——室外环境噪声过多面组合墙传到室内的总噪声级，dB（A）；

$L_{m\mathrm{W-N}}$——室外环境噪声由墙 m 传到室内的噪声级，dB（A）。

C.7.7　建筑内声源传到室内的噪声级计算

建筑内声源传到目标房间内的噪声分为两部分，一部分为该房间内的所有噪声源对房间产生的噪声，一部分为建筑内部相邻房间的噪声源通过隔墙传到该房间的噪声。

其中室内多个声源噪声级通过式（C.11）进行叠加计算，获得室内声源的总噪声级：

$$L_{\mathrm{X}} = 10\lg\sum_{i=1}^{n} 10^{0.1L_{\mathrm{X}_i}} \tag{C.11}$$

式中　L_{X}——室内声源的总噪声级，dB（A）；

L_{X_i}——室内第 i 个噪声源。

本项目考虑相邻房间设备噪声传到该房间的噪声，其计算过程与室外环境噪声传入室内的噪声计算基本相同，仅是把相邻房间的设备噪声源等同于室外环境噪声源，因此本节不再赘述该计算过程。附表 C.9 列出室内声源和相邻房间设备传到室内的噪声级。

附表 C.9　建筑内声源传到室内噪声级

室内声源噪声级/dB（A）		相邻房间设备传到室内噪声级/dB（A）	
昼　间	夜　间	昼　间	夜　间
—	—	—	—

注："—"表示无设备噪声。

C.7.8　室内噪声级计算

根据前述计算原理和计算过程可得室外环境噪声传到室内的噪声级、室内声源的总噪声级以及相邻房间传到本房间的噪声级，这三项最终将影响室内噪声级，采用式（C.12）进行叠加计算，计算结果列于附表 C.10 中。

$$L_N = 10\lg(10^{0.1L_{W-N}} + 10^{0.1L_X} + 10^{0.1L_B}) \tag{C.12}$$

式中　L_N——室内噪声级，dB（A）；

L_{W-N}——室外环境噪声传到室内的噪声级，dB（A）；

L_X——室内声源的总噪声级，dB（A）；

L_B——相邻房间传到本房间的噪声级，dB（A），其中相邻房间是控声房间时不计算对本房间的影响。

附表 C.10　最不利房间室内噪声值

房间类型	室内噪声级/dB（A）		标准限值/dB（A）		结　论
	昼　间	夜　间	昼　间	夜　间	
多人办公室	41	39	低限：≤45， 高要求：≤40	—	满足平均要求

C.8 结论

根据上述计算可知，根据《绿色建筑评价标准》（GB/T 50378—2019）和《民用建筑隔声设计规范》（GB 50118—2010）的评价要求，本工程最不利房间［房间编号：4003（多人办公室）］的室内噪声级评价结论汇总如附表 C.11 所示。

附表 C.11 室内噪声级达标、得分情况

检查项	评价依据	结 论	得 分
室内噪声级	控制项： 5.1.4 主要功能房间的室内噪声级应满足现行国家标准《民用建筑隔声设计规范》GB 50118 中的低限要求。	满 足	—
	评分项： 5.2.6 噪声级达到现行国家标准《民用建筑隔声设计规范》GB 50118 中的低限标准限值和高要求标准限值的平均值，得 4 分；达到高要求标准限值，得 8 分。	满足平均要求	4